JN040715

サーバ/インフラエンジニア

Server / Infrastructure Engineer

の基本がこれ1冊でしっかり身につく本

a textbook on servers and IT infrastructure basics

馬場俊彰 Toshiaki Baba

技術評論社

●ご注意

・本書に記載された内容は、情報の提供のみを目的としています。したがって、本書を用いた開発、製作、運用は、必ずお客様自身の責任と判断によって行ってください。これらの情報による開発、製作、運用の結果について、技術評論社および著者はいかなる責任も負いません。
・本書記載の情報は2021年1月現在のものを掲載しておりますので、ご利用時には変更されている場合もあります。
・ソフトウェアに関する記述は、とくに断りのないかぎり、2021年1月時点での最新バージョンをもとにしています。ソフトウェアはバージョンアップされる場合があり、本書での説明とは機能内容などが異なってしまうこともあり得ます。

以上の注意事項をご承諾いただいたうえで、本書をご利用願います。これらの注意事項をお読みいただかずに、お問い合わせいただいても、技術評論社および著者は対処しかねます。あらかじめご承知おきください。

はじめに

インターネットが日本国内で広く一般利用されるようになって20年ほどが経ちます。20年の間に利用者が増え、利用時間が増え、インターネットは市民生活に浸透しました。とくにスマートフォンが広く普及したこの10年の変化は大きく、それに伴ってインフラエンジニアが持つべきスキルセットや心構えはがらりと変わりました。筆者は幸運にも20代・30代でこの激動期を経験することができ、インターネットや関連するシステム・技術と一緒に育ってきたような感覚を持っています。

本書は技術的な知識を軸にしつつ、インフラエンジニアという職業、あるいは生き方を選択するうえで基礎になるよう志向しています。みなさんのインフラエンジニア人生を充実させるために肝心だと思う知識や心構えを詰め込みました。

インフラエンジニアは縁の下の力持ち。サービス利用者を、共にサービスに携わる同僚を、サービスを実現しているシステムを支え、それぞれが存分に力を発揮して活躍するお膳立てをして、結果としてそれぞれが価値を創出する、その創出価値がインフラエンジニアの存在価値だと思います。インフラエンジニアは能動的・積極的・柔軟にやれば（できれば）とても面白くなるし、受動的・消極的・定型的にやればとても退屈になります。

本書では広範な内容を取り扱っています。個々のトピックに興味が出たら、ぜひ引き続き他の書籍などを利用し、自分で手を動かして検証し、知見を深めてください。査読にご協力いただいた元同僚の滝澤さん（@ttkzw）、ありがとうございました。

本書の執筆にあたり、根気よく支え応援してくれた妻と子どもたちに大変感謝しています。また、執筆の機会をいただいた技術評論社の鷹見さんにこの場を借りて御礼申し上げます。

2021年2月　馬場俊彰

インターネットの基礎知識

サーバの基礎知識

仮想化の基礎知識

ミドルウェアの基礎知識

Webサービス運用の基礎知識

セキュリティの基礎知識

クラウドの基礎知識

法律・ライセンスの基礎知識

エンジニアとして生きる

まずは本書で、インフラエンジニア、インフラ、エンジニア（技術者）、技術、技術力、成長などの単語をどのような意味で使うか明確にします。

1.1 インフラエンジニアとは

本書では**インフラエンジニア**という用語を、「ICT領域において、技術スタックを階層で切り、ミドルウェア以下の階層を専門領域とするエンジニア」という意味で使います。本書は職業としてのインフラエンジニアを想定し、主にインターネットに関わるシステムを取り扱うエンジニアを想定します。

インフラエンジニアという用語が成立しているのには、レイヤとして**インフラ**だけを切り出した職業が成立している時代であるという事実があります。

直近20年（2000年〜2020年）のサーバインフラは、仮想化やクラウドインフラが浸透し、ハードウェアによる素朴な構成を目で見ることが珍しくなってきました。サーバレス（Serverless）と呼ばれる形態のサービスも増えてきました。そのままハードウェアや低レイヤのことを気にしなくてよい世界がやってくるような言説もありますが、上モノをうまく使う時……とくにパフォーマンスチューニングやトラブルシューティングなどのややこしい課題に取り組むためには、それを支える部分（＝インフラ）の知識が必要不可欠です。

ソフトウェアもハードウェアも、光の速さのような世界の物理法則の制約からは逃れることはできません。とくに昨今の分散システムのように大規模なシステムにおいて効率のよいアーキテクチャを求める場合、低レイヤの知識なしには太刀打ちできません。安心してインフラを学んでください。

1.2 技術力とは

筆者がCTOを務めた株式会社ハートビーツでは、筆者が在任中にエンジニアの倫理規定を整理・体系化しました（技術とは・技術者とは・成長とは・倫理とは・結果を出すために重要な考え方......ハートビーツのエンジニアの倫理規定を公開します - インフラエンジニアway - Powered by HEARTBEATS https://heartbeats.jp/hbblog/2019/11/ethics-of-engineers.html）。その中では、結果を出す過程を構成し実現するもの・ことの全体を**技術**と呼び、技術を為す人を**技術者**と呼んでいます。また技術者を構成するスタックを以下のように整理しています（**図1.1、表1.1**）。

技術とは

- *結果を出す過程を構成し実現するもの・ことの全体を技術と呼びます*
  - *技術を為す人＝技術者＝エンジニア*
- *ちなみに判断と行動の品質・程度・速度を決定するのは技能*

図1.1 技術とは（出典：「技術とは・技術者とは・成長とは・倫理とは・結果を出すために重要な考え方......ハートビーツのエンジニアの倫理規定を公開します - インフラエンジニアway - Powered by HEARTBEATS」https://heartbeats.jp/hbblog/2019/11/ethics-of-engineers.html）

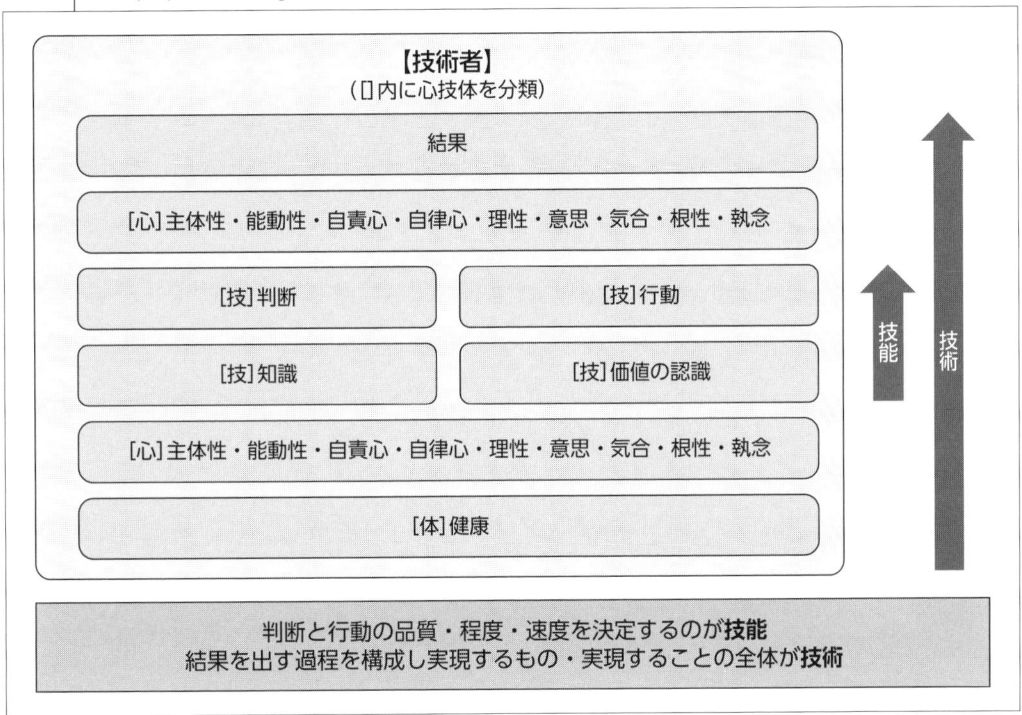

表1.1 技術者を構成するスタック（出典：「技術とは・技術者とは・成長とは・倫理とは・結果を出すために重要な考え方......ハートビーツのエンジニアの倫理規定を公開します - インフラエンジニアway - Powered by HEARTBEATS」https://heartbeats.jp/hbblog/2019/11/ethics-of-engineers.html）

レイヤー	解説
結果	技術者が技術を以て為すもの・ことを指します。
[心] 主体性・能動性・自責心・自律心・理性・意思・気合・根性・執念	根源的なものとは別に、技術者が判断や行動の出力を結果として結実させるためにもうひと押し [心] のレイヤーがあると考えます。
[技] 判断、[技] 行動	技術者は知識と価値の認識をもとに判断を設計し行動します。
[技] 知識、[技] 価値の認識	結果の選択肢の幅を左右する要素だと考えます。なお「価値の認識」は、誰にとって何がどのような価値を持つかの認識、を指します。
[心] 主体性・能動性・自責心・自律心・理性・意思・気合・根性・執念	技術者が技能・技術を習得・発揮するための根源的な動力源だと考えます。
[体] 健康	技術者の基礎だと考えます。

そしてエンジニアを以下のとおり定義しています。

> 技術者と同義と考えます。
>
> (特定のジャンルについて) 一定以上の**知識**と**価値の認識**を持ち、それらを前提として論理的かつ倫理的に・一定以上の技能を裏付けのもとで判断し行動を計画し行動し、結果を出す、一定以上心身を実現・発揮している人物を指します。
>
> またハートビーツにおいてはエンジニアの職責の中心は、これらの要素を**自ら切り拓くこと**、これらの要素を用いて**課題の発見と解決を創造・実現すること**だと考えます。
>
> 教わっていなければ自ら学び、世に適切な解決策がなければ自ら創るのがエンジニアです。

技術者 (エンジニア) が技術を成す能力全体を**技術力**と呼んでいます。

本書では**知識**と**価値の認識**についての情報提供を行い、読者のあなたが継続的に成長できるようになる下地作りを目指します。

インフラエンジニアに必要な知識は膨大です。本書の各章でとりあげるトピックは、掘り下げるとそれぞれ何冊も書籍が書けるくらい深く広いものです。本書で重要事項のさわりを網羅し、それぞれのジャンルの入口に立つための準備をしましょう。

1.3 成長とは

筆者が株式会社ハートビーツ在任中に整備したエンジニアの倫理規定では、社会人にとっての**成長**と、そのためのアプローチについて以下のとおり定義しています。

> 社会人の成長とは
>
> 端的に以下の3要素で説明できると考えます。
>
> ・結果を実現すること
> ・結果の期待値を維持すること
> ・結果の期待値を高めること
>
> 社会人の成長は相手からの信頼で構成されていると言ってもよいです。

結果を実現することだけでなく、次回以降の期待値も重要な要素です。結果の最高値だけでなく、最低値と中央値を保証し、引き上げることが必要です。成長が自己完結しないという点は学生時代の多くのシーンと大きく異なる点かもしれません。

また、成長するためのアプローチについて以下のとおり定義しています。

社会人が成長するためのアプローチ

社会人が成長するためには、着実な積み重ねと行動変容が必要不可欠です。

着実な積み重ねは期待値の維持のために必要不可欠です。
また期待値を高める土台・足場としても必要不可欠です。
知識・価値観・技能など、技術を積み重ねることで結果に至る可能性が出てきます。

こと社会人の場合、行動変容なくして成長はありえません。
あるべき姿と現在の自分のギャップを見つめ、
あるべき姿と現在の自分の非連続を認め、
「あるべき姿との連続性を持つ自分の姿」に変化する必要があります。

そのためには、コツコツと行動変容を積み重ね、
新しい自分になる・思考も行動も変える自己変革が必要です。

Note

学生時代の成長と社会人の成長

学生時代の「成長」は、パターン学習をベースに知識を習得することが重視されていたかもしれません。社会人の「成長」はパターン学習による知識の習得は前提として必要ですが、主題ではなく、それらをもとにした行動変容の積み重ねが主題となります。

実際に仕事をするうえでパターン学習した内容をそのまま適用できることは少なく、多くの場合は知識をもとにした抽象化や原理原則の発見、知識を応用した課題解決を行います。

学生から社会人にジョブチェンジする時は「価値の認識の習得＝価値観のメジャーアップデート」が必要になることが多いでしょう。

積み重ねること、行動を変えることが重要なのです。

筆者にとって身近な例だとダイエットの取り組みがわかりやすいです。毎日大量に食べてカロリーオーバーの人が、食べる量を減らしなさいと医師から指導を受けているのに、食べる量を減らさずウォーキングなど指導以外の方法ばかりを行うのは成長していない証です。専門家の指摘に従い食べる量を減らす（＝あるべき姿との連続性を持つ自分の姿に変化するために行動を変える＝行動変容）のは成長している証です。

インフラという言葉が指す対象

誰しも、自分の専門領域より低いレイヤはインフラと捉えるものです。Webアプリケーションのコードを書くことを専門としている人はランタイムやミドルウェアをインフラと捉え、OSを専門としている人はハードウェアやファシリティ（建物・設備・電気・空調など）をインフラと捉えます。会話の中で利用する時は、インフラという用語が具体的に何を指しているのかよく確認しましょう。

なお、ICT領域に限らない世間一般では、インフラというと上下水道、電気、ガス、公共交通機関、道路設備などの社会基盤・生活インフラを指すことが多いようです。

1.4 学びとはどういうことか

前出のとおり結果を出すことがエンジニアの職分であり、結果を出せるようになることが学習の成果です。

真っ当な結果に至るためには技術者スタックのすべての要素が必要です。加えて、結果を出せるようになる、ということは、知識と価値の認識をもとに、**論理的判断**（知識をもとに判断を計画し判断し行動する）と**倫理的判断**（価値の認識をもとに判断を計画し判断し行動する）をバランスよく行えるようになることを指します。

前提として、知識も価値の認識も全量を把握することは不可能です。どこまでいっても「ある程度」にしかなりません。世界に存在する知識は時間とともに増加し、その全量を把握することはできません。しかし知識が豊富であれば論理的判断の選択肢が増え、判断・行動の妥当性が向上しやすくなります。

価値の認識は、人の数だけ価値観があり、また時間や状況に従い変化することがあるのでバリエーションが無限にあります。しかし価値の認識が的確であれば倫理的判断の選択肢が増え、判断・行動の妥当性が向上しやすくなります。

学びのモデル

とくに知識領域は学びのモデル化が進んでいます。筆者の考えでは、学びは以下のサイクルを回すことで成立しています。といっても筆者完全オリジナルではなく、『エンジニアの知的生産術―効率的に学び、整理し、アウトプットする』（西尾泰和［著］／技術評論社／2018年）などの先人の知恵を参考に考察したものです（図1.2）。

1. 入力：読書などの知識獲得活動や、写経・チュートリアルなど型どおりの訓練をするフェーズ
2. 解釈：獲得した知識や体感をモデル化・抽象化し原理原則を得るフェーズ
3. 出力：構築したモデルを援用・応用し、設計・実装など具体化を実践し実際の課題を解くフェーズ
4. 検証：課題の解決状況、解決の仕方を検証するフェーズ（検証結果を次の周回の入力とする）

図1.2 学びのサイクル

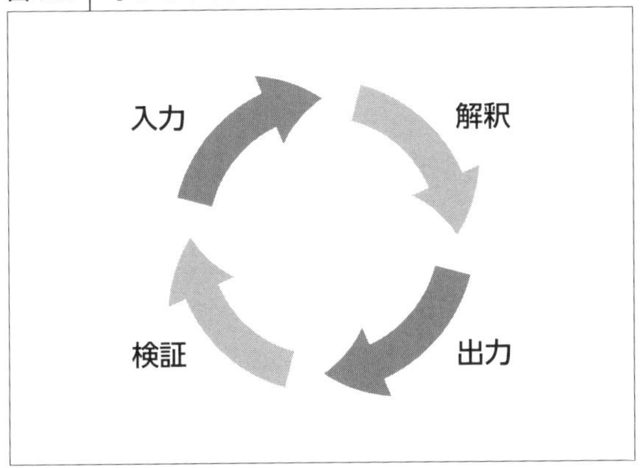

継続的に学ぶうえでは、まず鉄の意志でサイクルを回し切ること、検証の際に前述のスタックを参考にどの要素が不足していたのか・過剰だったのか、感性ではなく論理的に整理することが重要です。とくに検証フェーズでは、その領域に自分より詳しいエンジニアにレビューしてもらうと大変効果的です。

やっていく中で、学びのそれぞれの過程で自分がなぜそう考え・判断し・行動したのか、自分の心や頭の動きを説明すると検証フェーズでとても効率がよくなり、サイクル1周での学びが格段に増えます。

エンジニアの仕事は課題の発見と解決なので、とにかく常に考えることが必要です。学びの段階から、正解を当てるのではなく、考え判断する訓練をしましょう。

学ぶというと入力に焦点を置きがちですが、入力するだけでは何も学べていません。解釈し、実際に手を動かしてみて、結果を検証し、次周の入力とすることで初めて学びになります。検証を含めた周回を論理的にとりまとめて振り返るのも効果的です。振り返りを論理的に整った文章にするために、ブログなどの発信手段を利用するのもよい方法です。

どうなると「ある程度わかっている」か

筆者の考えでは、知識や価値の認識を「ある程度わかっている」かを評価できるのは、自分より技術力の高い他者です。しかし学びのサイクルを回し、そのスムーズさをもとにある程度の自己判断（＝ダメかどうかの判定）はできると考えます。

その分野・領域において学びのサイクルがスムーズに回せるようになれば、その分野・領域がある程度わかるようになったと言えると思います。サイクルがスムーズに回せるということは、入力から検証までひととおりできており、改善点をみつけて改善方法を調査・検討できています。サイクルを回すたびにわかることが増え、また同時にわからないことが増えていきます。そうなればあとは時間の問題なので心配ありません。あとは繰り返すだけです。上を見たらきりがないですが、自分の足元は固まったと考えましょう。

「拙くても自力で課題を発見し解決できる」「その中で学び・成長できる」という2点を、継続的に実現できるようになるといい感じです。

1.5 継続的な学び・成長のために重要なこと

「1.3　成長とは」にもありますが、継続的な学び・成長のために必要なことは、積み重ね続けることです。

積み重ね続け、高く積むうえで気をつけるべきことがあります。それは足元を固めることです。前述のとおりサイクルを回すことができるのは足元ができた証明のひとつです。下層が強固でないと高く積む前に崩れてしまいます。足場が強固な素材でしっかり組まれていると安心です。つまり基礎や基本を体系的に獲得していると強いです。

いきなり基礎や基本を体系的に獲得するのは、実は大変難易度が高い試みです。なにより飽きやすい。基礎は先人たちが試行錯誤して長い年月をかけて作り上げたものですから量が膨大です。基礎の重要性を認識しつつ、順番としての基礎⇒応用にはこだわりすぎないようにしましょう。基礎をやったり、他をやったりして、徐々に固めていきましょう。ただし基礎よりも強い建物は建たないので、そのときどきの基礎の強さによって全体の強さの上限が決まります。

強い基礎を獲得するには正しい情報・正しい行動が肝心です。具体的には、一次情報源、ログ、コード、規約・規格定義文書を読むことが重要です。一次情報源は英語の場合が多いですが、エンジニアとしてやっていくうえで避けて通れないのでがんばって読んでください。機械翻訳などの支援ツールを活用して構いません。英語が苦手でも、プログラムが苦手でも、必要なことは必要なのです。やってみたブログやとっつきやすい記事ばかりでなく、読むべきものを読みましょう。

一次情報源でない情報に触れた際は、必ず情報の裏をとります。環境・構成・バージョンなど、自分の想定と前提条件が揃っているか、丁寧に確認します。さっと調べて出てきたそれらしい情報を採用して楽をしたつもりが、逆に高コストになることがしばしばあります。最初のチュートリアル段階はさておき、遠からず正しい情報ときちんと向き合いましょう。

Note

正しい情報

「正しい」は人や立場の数だけあるので注意してください。仕様の解釈としてどちらもあり得るというケースがままあり、現場レベルで、正しい／誤りという軸で考えるのは不毛です。

筆者が思う「技術力が高い」人は、大それたアクロバティックなことを企図して実現したわけではなく、コツコツと当たり前のことを当たり前に実現する、を積み上げてきています。それが難しいのはそのとおりですが、愚直に当たり前のことを当たり前にやり続けると高い技術力を獲得できるというのはとても勇気づけられる話だと思います。レベルアップのための学習では量が重要です。ただし人類は経験値方式でレベルアップするわけではないので、量をこなすだけでよいということはありません。

まずは言われたとおりに受け止め・行動し、次に解釈・出力してみて、検証し、結果を入力としてまた解釈し……というサイクルを通して、質を伴わせていくことが必要です。

基礎が強いと応用も効いてその後の学習がスムーズです。それに基礎が強いと、状況の裏や背景について広く・深く想像できるようになるので、経験を重ねるとレバレッジが効きやすくなります。

1.6 インフラエンジニアをとりまく時代の流れ

かつて2000年代まではプログラマ（ソフトウェアを書く）とインフラ（ソフトウェアを使う・機材を使う）、あるいはシステム開発者とシステム運用者に分かれていました。

2010年代になり、スマートフォンが普及しインターネットが万人に身近になったこと、それに伴ってWebサービスやICTシステムの社会的価値が向上したこと、クラウドインフラが普及したことにより、業界でインフラエンジニアに求められる役割が大きく変化しました。キーワードは**DevOps**（デブオプス）と**SRE**（エスアールイー：Site Reliability Engineering）です。

DevOps

DevOpsの**Dev**はDeveloper（システム開発者）、**Ops**はOperator（システム運用者）を指します。Developerは機能開発などシステムの強化を志向しがち、Operatorは安定性や速度改善などシステムの安定化を志向しがち、という立場の違いからくる対立が起きがちです。システム利用者のことを第一に考えて、この不毛な内輪揉めはやめよう！　という呼びかけの標語がDevOpsです。

本来はプログラマ／インフラエンジニアという話ではないのですが、それぞれ志向が似ていて、もともとの立場に近かったDev⇒プログラマ／Ops⇒インフラエンジニアと読み替えて理解されることが多い印象です。

DevOpsについては2009年のO'Reilly Velocity Conferenceでの発表「10+ Deploys Per Day: Dev and Ops Cooperation at Flickr」が有名です。

▶ 10+ Deploys Per Day: Dev and Ops Cooperation at Flickr
https://www.slideshare.net/jallspaw/10-deploys-per-day-dev-and-ops-cooperation-at-flickr

上記Velocity Conferenceを主催したO'Reilly Mediaは、以下のようにまとめています。

> *Then, in 2008, O'Reilly Media ran the first Velocity conference. Velocity was founded on the same insight: that web developers and web operations teams were often in conflict, yet shared the same goals and the same language. It was an effort to gather the tribe into one room, to talk with each other and share insights. Much of the DevOps movement grew out of the early Velocity conferences, and shares the same goal: breaking down the invisible wall that separates developers from IT operations.*
>
> *(出典)The evolution of DevOps/Mike Loukides/O'Reilly Media https://oreilly.com/radar/the-evolution-of-devops*

重要なのはbreaking down the invisible wall that separates developers from IT operationsです。

SRE

2016年にSREについての書籍、『Site Reliability Engineering』注1.1が発売されました。これはGoogleでのSRE（Site Reliability Engineering）とSREs（Site Reliability Engineers）の取り組みをまとめた書籍で、原文がWebサイトで公開注1.2されていたこと、テクノロジ先端企業の典型であるGoogleでの取り組みであること、多くのエンジニアの課題感に合致し共感を得たことなどから、SREという言葉と考え方が爆発的に広まりました。

SREは、複雑で大規模なコンピュータシステムを運用する時にシステムの成長・拡大に比例して

注1.1 『Site Reliability Engineering』(Betsy Beyer, Chris Jones, Niall Richard Murphy, Jennifer Petoff［著］／O'Reilly Media／2016年) ▶ https://www.oreilly.com/library/view/site-reliability-engineering/9781491929117/

注1.2 Google - Site Reliability Engineering ▶ https://sre.google/

運用系エンジニア数がどんどん増えてしまうのをなんとかしたいというモチベーションのもと、複雑で大規模なコンピュータシステムの運用をソフトウェアエンジニアリングの観点であるべき姿にすること、組織構造的な対立をなくすことを基本的なコンセプトとしています。

システムの成長・拡大に比例して作業量や複雑さが増大する作業方法を伝統的オペレーションと呼び、この伝統的オペレーションをソフトウェアエンジニアリングでなんとかします。そのために、伝統的オペレーションの世界線にいるオペレーションエンジニアを全廃し、ソフトウェアエンジニアがソフトウェアエンジニアリングを用いて伝統的オペレーションの破壊・再定義・置換を行うこと、伝統的オペレーションを排するために会社がSREを支持・支援することをコアプラクティスとしています。

class SRE implements DevOpsという言葉もあり、GoogleはDevOpsを実際に実装したものがSREだとしています[注1.3]。DevOpsの、breaking down the invisible wall that separates developers from IT operationsを実現するための手法がSREです。

breaking down the invisible wall

この標語自体は、エンジニアに限らず組織一般でよく言われることです。

現代社会は複雑になり、エンジニアだけでなく接客・営業・法務・経理などそれぞれの役割に高度な専門性が必要になってきました。有望な市場には参入が多く、競争は激化しがちです。お互いの専門分野の価値基準をぶつけ合うことでは組織が目指したいところへ届かなくなってきたので、同じゴールの下にいる認識をあらためて持ち、それぞれの専門分野の価値基準を持ち寄って実現を目指すことが必要です。このような抱合的な態度をInclusiveと呼びます。Inclusiveの対義語はExclusive(排他的)です。Inclusiveな行動の具体例は、できない理由ではなく何が欠けていてどうやったらできるのかという視点で話す、自分の専門分野や管掌ではないからと無下にせず共に解決を目指す、などが挙げられます。

似たような語感の言葉に「経営者目線」や「自分ごと」がありますが、筆者の解釈ではDevOpsやSREの文脈におけるInclusiveはこれらとは異なる考え方です。全員が財務会計や管理会計に精通する必要はないし、技術的に実現可能なことはなんでもかんでも抱え込んで実現するべきとは思いません。

しかし専門家たるエンジニアが専門性を職業と成すためには、その専門性が価値を生み対価を獲得する(=誰かがその専門性を価値と認めお金を払ってくれる)必要があります。専門性を持つだけ・発揮するだけではお金にならないので、自分の専門性を社会における価値に変換するために必要なことは、なんでもやりましょう。

注1.3 class SRE implements DevOps - YouTube ▶ https://www.youtube.com/playlist?list=PLIivdWyY5sqJrKl7D2u-gmis8h9K66qoj

1.7 インフラエンジニアが扱うテクノロジのオーバービュー

最近のWebシステムは、おおむね**表1.2**のテクノロジスタックで構成されています。本書ではミドルウェア以下の部分を中心に取り扱いますが、インフラエンジニアの守備範囲としてその他の階層が含まれたり除外されたりすることがあるので、環境に応じて柔軟に思考・行動してください。

表1.2 Webシステムのテクノロジスタック

レイヤ	例
フロントエンドアプリケーション	フロントエンド（ブラウザ・アプリなど）のアプリケーションそのもの
バックエンドアプリケーション	バックエンド（サーバサイド）のアプリケーションそのもの
アプリケーションフレームワーク	React.js、Vue.js、Laravel、Spring Boot、Ruby on Rails、Django など
アプリケーションランタイム	JVM（Java Virtual Machine）、CRuby、CPython など
ミドルウェア	Apache（Apache HTTP Server）、Apache Tomcat、gunicorn、unicon、php-fpm、MySQL、Redis など
OS	Linux（RHEL、CentOS、Debian、Ubuntu）、Windows など
ネットワーク	10Gbps フルメッシュ、40Gbps InfiniBand など
ハードウェア	DELL R240、FUJITSU PRIMAGY など
コロケーション／ファシリティ	データセンタ、ラック、空調、電源設備など

最近のほとんどのWebシステムはパブリッククラウドを利用しています。パブリッククラウドを利用する場合、パブリッククラウドがコロケーション／ファシリティ・ハードウェアのほぼすべてと、ネットワーク・OS・ミドルウェアの一部の面倒を見てくれます。

本書では主にネットワーク〜ミドルウェアとその周辺領域を取り扱います。パブリッククラウドをうまく使う（とくにトラブルシュートの時）には、適切な知識が利用者の武器になります。まずは本書で知識を獲得し、手を動かして身につけていきましょう。

ここまでのまとめ

- 技術力は、知識だけでなく、さまざまな要素の総合的結果
- 社会人の成長は結果の実現・期待値維持・期待値向上のこと
- 社会人の成長には行動変容が必要不可欠
- 成長するために、学びのサイクルを軌道に乗せる
- 現代のインフラエンジニアはInclusiveな思考・行動が必要不可欠

ネットワークの基礎知識

コンピュータネットワーク技術はインターネットが登場する以前から数多存在しましたが、本書ではインターネットで利用されている技術に焦点を絞って学習します。

わたしたちがネットワークを利用する目的は、独立した2つのコンピュータの間でデータをやりとりすることです。データの実体（特定のbit列＝0／1の並び）を別の物理機器にそっくりそのままコピーすることでデータを共有したりバックアップしたり、必要な時に必要なデータだけを取り出すことで手元機器に必要な保存領域の容量を削減したりできます（**図2.1**）。ネットワークを利用することで遠隔地からデータの実体を利用でき利便性が向上するとともに、データの実体がある機器と手元機器のセキュリティレベルを変えることができます。

インターネットは数多の機器が参加する巨大ネットワークですが、2つのコンピュータ間でデータのやりとりをするという点は変わりません。このしくみの裏側を学びましょう。

図2.1 インターネット

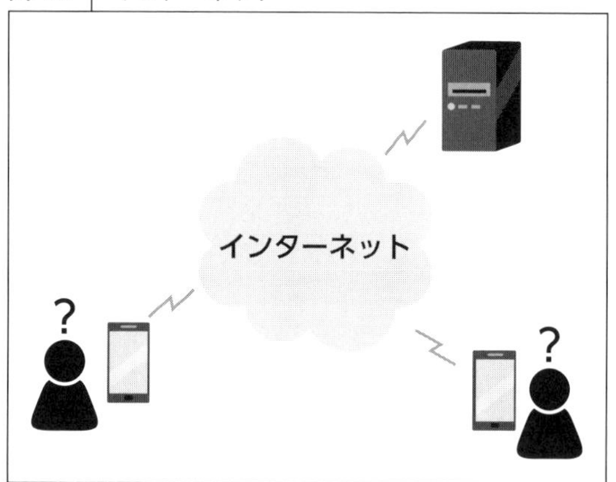

2.1 巨大ネットワーク「インターネット」の形

インターネットは世界を股にかける巨大なひとつながりのネットワークです（**図2.2**）。インターネットを使うと、日本で入力したデータを瞬時に地球の裏側のブラジルにも届けることができます。

図2.2 世界に繋がるインターネット

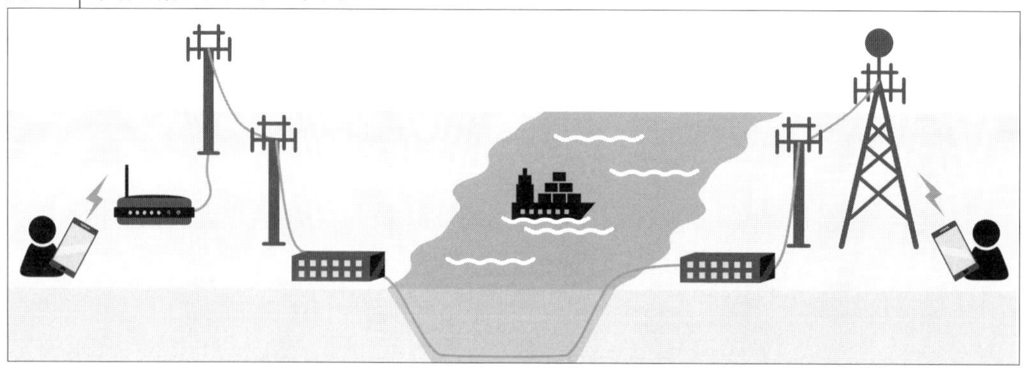

インターネットは巨大なひとつながりのネットワークですが、繋がり方は非常に有機的であり、特定の指揮命令系統のもとで統制されているわけではありません。図2.3のように包含関係はありますが、上位ネットワークのどことどこが接続されているかはよくわかりませんし、刻一刻と変わります。

図2.3　インターネットの有機的な繋がり方

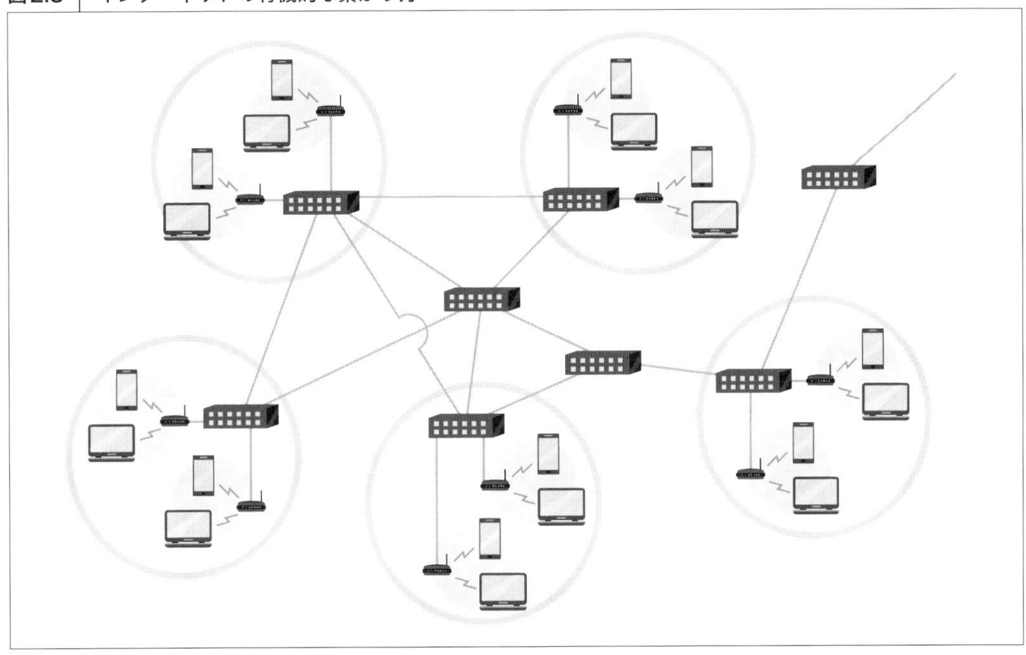

なおネットワーク構成においてインターネット側を俗に上流（アップリンク：uplink）と呼びます。ネットワークを代表して上流と接続している機器は、上流同士を仲介する機器とだけ接続している場合もあれば、他のネットワークの機器と直接接続している場合もあります。本章と次章を通じてこのあたりの知識と理解を深めましょう。

Note

あいまい表現は要注意

本文で、「ネットワークを通じて瞬時に地球の裏側のブラジルにも」と書きましたが、瞬時とは一体どのくらいでしょうか？　経路の状況にもよりますが、日本－ブラジルでもおそらく1秒もかからずデータを届けることができます。地球の裏側まで1秒というと物凄く速いですね。

しかし昨今のWebサービスは1リクエストの処理を数百ミリ秒で済ませることがほとんどです。この世界観だと、日本－ブラジルの通信は遅すぎて（時間がかかりすぎて）、リアルタイムで密に連携するのは厳しいレベル感です。瞬時、一瞬など、自然言語での表現はわかりやすい反面、定量的ではありません。「即時」の実態が0.1秒後だったり、1秒後だったり、1分後だったりします。技術的な会話の際には注意して話しましょう・聞きましょう。

コンピュータネットワークではない方法で コンピュータ間のデータをやりとりする方法

Column

「コンピュータネットワークではない方法でコンピュータ間のデータをやりとりする方法」として何が思いつくでしょうか？

おそらく事前準備が一番少ないのは人間による書き写しです。元データがあるコンピュータの画面を見ながら新しいコンピュータに入力作業を行うと、なんということでしょう！　データが新しいコンピュータで利用できます。極めて原始的な方法です。不正確で手間と時間のかかる、とくにメリットは見当たらない方法ですが、なぜか現代においても未だ多数採用されています。理由は推測するしかないのですが、視覚的にわかりやすい、コンピュータのことを知らなくてよい、というのが採用理由でしょうか。エンジニアが採用するには極めて不適切な手法です。なおこの方法には、一度印刷しそれを見ながら入力する、FAX（電話回線を通じて画像データを送信する技術。大企業やコンビニに送信機が設置してあることが多い）で送りそれを見ながら入力するなどの亜流があります。

このような原始的な方法以外でも、データの移送に人力を使うことはあります。俗にスニーカーネットと呼ばれる手法です。大容量のデータを遠隔地に移送する場合に、長距離通信の転送速度よりも、リムーバブルメディアに書き込んでそのリムーバブルメディアを物理的に運ぶほうが速い、あるいは費用対効果が高い場合があります。これはクラウドサービスの時代になっても変わっていません。たとえばAWS（Amazon Web Services）のAWS Snowballは、クラウドへのデータ投入のために物理メディアを経由できるサービスです。

▶ AWS Snowball | Physically Migrate Petabyte-scale Data Sets | Amazon Web Services
https://aws.amazon.com/snowball/

2.2 階層と規格

わたしたちが日常使う通信機器はスマートフォンやパソコン・タブレットですね。それらを利用する際、選択肢がたくさんあります。OSはAndroid[注2.1]、iOS[注2.2]、Windows[注2.3]、macOS[注2.4]、Linux[注2.5]、Chrome OS[注2.6]などがあり、ブラウザもMicrosoft Edge、Google Chrome、Mozilla Firefoxなどがあります。異なる開発元が同じ用途のソフトウェアを開発でき、同じWebサイトを

注2.1　https://www.android.com/
注2.2　https://www.apple.com/ios/
注2.3　https://www.microsoft.com/windows/
注2.4　https://www.apple.com/macos/
注2.5　https://www.kernel.org/
注2.6　https://www.google.com/chromebook/chrome-os/

表示できるのには理由があります。キーワードは**階層**（Layer：レイヤ）と**規格**です。

図2.4 ネットワーク利用イメージ

ネットワークの階層と規格

実はネットワークはいくつもの技術の組み合わせで動いています。最も身近に利用されているものは**OSI参照モデル**に基づいています。ただしインターネットではOSI参照モデルそのものではなく、主に以下の5階層を利用する**TCP/IP**が利用されています（**表2.1**）。

表2.1 TCP/IPの階層モデル

OSI階層	OSI名称	実装例	直接利用する実装の例	TCP/IPモデルでの階層
7	アプリケーション層	HTTP、SMTP	アプリケーションソフトウェア（ブラウザ、メーラなど）	アプリケーション層
4	トランスポート層	TCP、UDP	OS（カーネル）	トランスポート層
3	ネットワーク層	IP、ICMP、ARP	OS（カーネル）	インターネット層
2	データリンク層	Ethernet	OS（デバイスドライバ）、デバイス（ファームウェア）	ネットワークアクセス層
1	物理層	RJ-45	コネクタ（接続端子）、ケーブル	（同上）

用語を簡単に解説します。詳細は本書の後の章を参照してください。

- **アプリケーションソフトウェア**：OSの上で動くプログラム
- **カーネル**：OSの核となる部分のこと
- **デバイスドライバ**：OSがデバイス（機器）を制御するために利用するOS側のソフトウェア
- **ファームウェア**：デバイス（機器）の動作を司る、デバイス側のソフトウェア

現場ではL3（Layer 3：エルスリーまたはエルさん）、L4（Layer 4：エルフォーまたはエルよん）、L7（Layer 7：エルセブン またはエルなな）などと呼ばれます。階層の番号が小さいほうが物理的な制約（物理法則の影響）を強く受けます。階層の番号が小さいほうを俗に低いレイヤ（低レイヤ）と呼びます。階層になっているので、利用者は通常は自分が直接触れるレイヤのみを意識し、それより低いレイヤは意識せず透過的に利用しています（**図2.5**）。

図2.5 スタックを意識したネットワーク利用イメージ

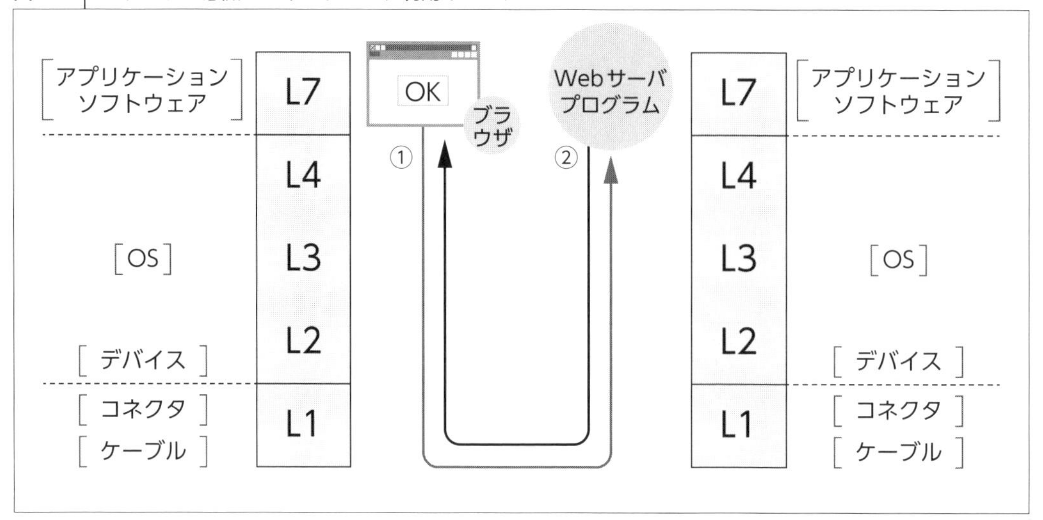

階層を実現するために、下の階層が上の階層に提供する機能や、やりとりの方法を**規格**として規定しています。規格は階層間だけでなく階層内でも通信を行う際に利用されます。これらの規格を**プロトコル**と呼びます。プロトコルという単語は、ICT領域に限らず一般的に「一連の手続きや取り決め」を指します。

階層を分けることで、階層ごとに実装を独立させることができます。独立させることで、階層ごとに実装技術を組み合わせ・組み替えることができるようになります。以下のような状況が実現できるのは階層化しているがゆえです。

- スマートフォンは携帯電話網でもWi-Fiでもインターネットに接続できる
  - L1実装を複数の選択肢から選択できる
- 暗号化通信を利用し既存ネットワークの上に仮想的なプライベートネットワークを構築できる（VPN：Virtual Private Network）
  - L7でL3を再提供することでネットワークの二階建てを実現できる
- Windows上のChromeとmacOS上のFirefoxで同じWebサイトを同じように閲覧・利用できる
  - HTTPプロトコルは公開され自由に利用可能なので、誰でも自由に互換ソフトウェアを開発できる

プロトコル探訪

プロトコルを探検してみましょう。インターネットで利用されているプロトコルの多くはIEEE（アイトリプルイー）などの団体で規定されています。

インターネットにまつわるコンピュータネットワーク関連の事柄（コンセプトや手続き、プロトコル、意見表明、ユーモアなど）は、RFC（Request for Comments）として公開されています。インターネットのしくみを知るには、RFCを読むのが有効な手段です。

- IETF | How to Read an RFC
  https://ietf.org/blog/how-read-rfc/
- IETF | RFCs
  https://ietf.org/standards/rfcs/

最近ブラウザでよく使うプロトコルは**HTTPS**です。今回はHTTPSに関するRFCを読んでみます。HTTPSに関するRFCは、まずRFC2818[注2.7]があります（**図2.6**）。

図2.6 RFC2818の冒頭部分

```
[Docs] [txt|pdf] [draft-ietf-tls-...] [Tracker] [Diff1] [Diff2] [Errata]

Updated by: 5785, 7230                                     INFORMATIONAL
                                                            Errata Exist
Network Working Group                                        E. Rescorla
Request for Comments: 2818                                    RTFM, Inc.
Category: Informational                                         May 2000


                             HTTP Over TLS

Status of this Memo

   This memo provides information for the Internet community.  It does
   not specify an Internet standard of any kind.  Distribution of this
   memo is unlimited.

Copyright Notice

   Copyright (C) The Internet Society (2000).  All Rights Reserved.

Abstract

   This memo describes how to use TLS to secure HTTP connections over
   the Internet. Current practice is to layer HTTP over SSL (the
   predecessor to TLS), distinguishing secured traffic from insecure
   traffic by the use of a different server port. This document
   documents that practice using TLS. A companion document describes a
   method for using HTTP/TLS over the same port as normal HTTP
   [RFC2817].
```

RFC2818は「Updated by: 5785, 7230」です（**図2.7**）。

注2.7 https://tools.ietf.org/html/rfc2818

図2.7 RFC2818からの繋がり①

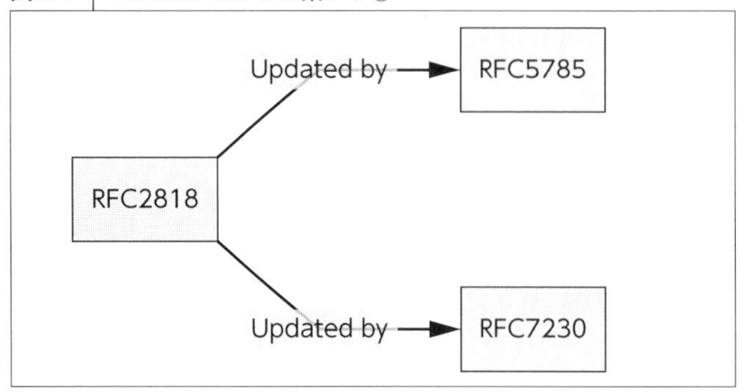

RFC5785は「Obsoleted by 8615、Updates: 2616, 2818」、RFC7230は「Updated by 8615、Obsoletes: 2145, 2616、Updates: 2817, 2818」です。RFC2818はスタートなので、新たに有効なRFC8615、RFC2817を発見しました（**図2.8**）。

図2.8 RFC2818からの繋がり②

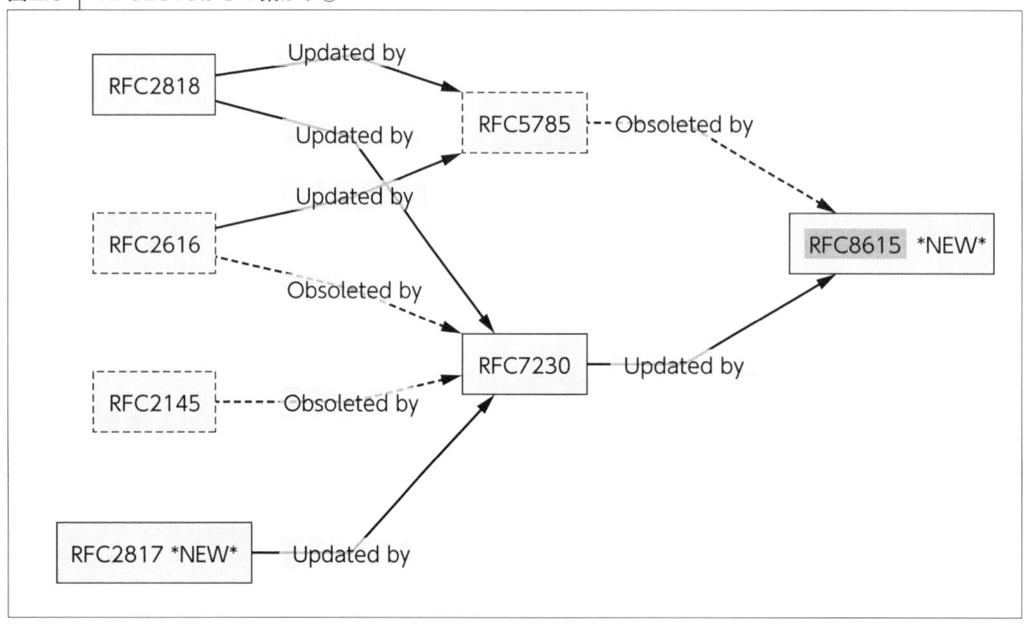

ObsoletedなRFCはもう無効なので深堀をやめて、Updates関連を追いかけます。RFC8615は「Obsoletes: 5785、Updates: 7230, 7595」で、RFC7595は「Obsoletes: 4395」です。RFC2817は「Updates: 2616、Updated by: 7230, 7231」で す。RFC7231は「Obsoletes: 2616、Updates: 2817」です（**図2.9**）。

図2.9 RFC2818からの繋がり③

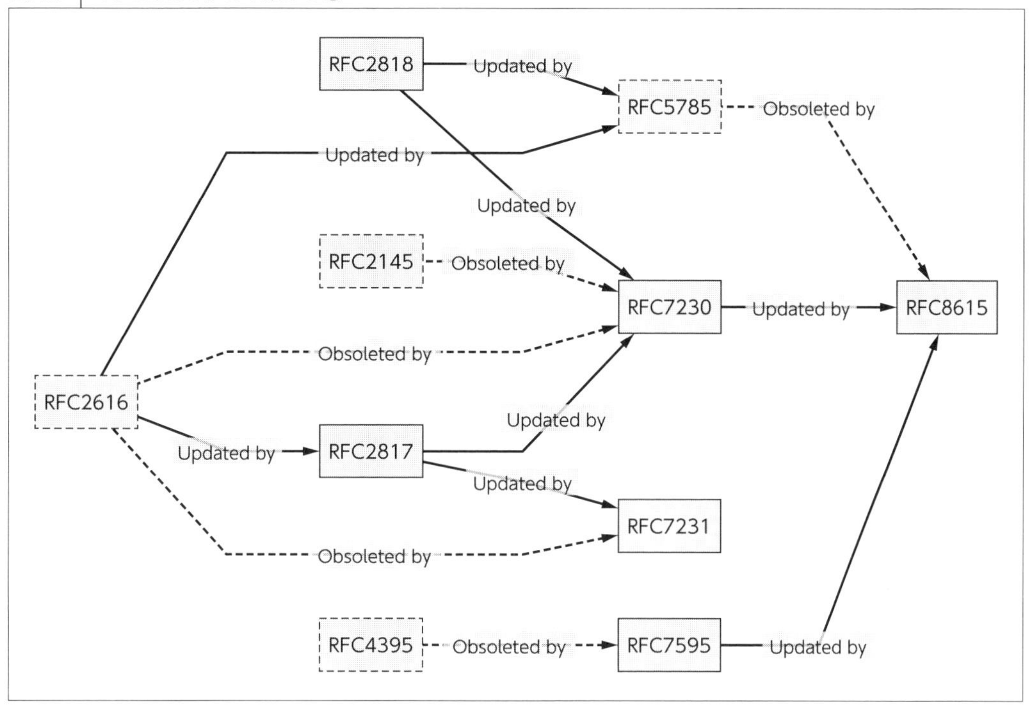

というわけで、HTTPSプロトコルに関連するRFCは**表2.2**のとおりです。これらすべてのRFCを満たす動作をするアプリケーションはHTTPSを実装したと言えます。

表2.2 HTTPSプロトコルに関連するRFC

RFC番号	タイトル
RFC2817	Upgrading to TLS Within HTTP/1.1
RFC2818	HTTP Over TLS
RFC7230	Hypertext Transfer Protocol (HTTP/1.1): Message Syntax and Routing
RFC7231	Hypertext Transfer Protocol (HTTP/1.1): Semantics and Content
RFC7595	Guidelines and Registration Procedures for URI Schemes
RFC8615	Well-Known Uniform Resource Identifiers (URIs)

普段の業務でRFCの番号や詳細を気にしておく必要があるのは、OSやデバイスドライバ、ミドルウェア、ブラウザなどのインターネットを利用する基盤になるアプリケーションプログラムを書くエンジニアくらいのもので、単にネットワークを利用する立場のエンジニアがここまで気にしなくてはならないシーンは多くありません。しかし、込み入った話題になった時や正確な定義を知りたくなった時に立ち戻る場所があるということは覚えておきましょう。

ここまでのまとめ

- インターネットは世界中で繋がっている
- インターネットは小さなネットワークの集合体
- 通信技術は階層化されている
- 上位階層に提供する機能ややりとりの方法を規格として定義している

いわゆる相性問題

とくにプロトコルを取り扱っていると、仕様の解釈にブレがありどちらも間違っているとは言えない、しかし解釈がブレているため通信が成立しない、いわゆる相性問題に遭遇することがままあります。どちらが悪いという話でもなく、仕様に完璧を求めるのも筋違いです。現実的にうまくやっていくためのコツとして「送る時は厳密に、受け取る時は寛容に」ということがよく言われます。受け取る時に寛容になるのはかなりハイコストですが、寛容でなくても的確なエラーを返してあげるのは重要です。

2.3 IPアドレス

P.29の**表2.1**のとおり、インターネットではTCP/IPが多く利用されています。本書ではまずL1～L4を中心に説明します。

通信関係では通信を行うコンピュータを**ノード**と呼びます。ノードは物理的な機器の場合もあれば、物理機器上で仮想的に実現された（論理的に独立した）機器の場合もあります。ともあれ通信の始端あるいは終端になるのがノードです。始端側（送信元）ノードを**src**（Source）、終端側（送信先）ノードを**dst**（Destination）と表記することがよくあります。

前述のとおり、通信は2つのコンピュータ間でのデータのやりとりです。インターネットは巨大なひとつながりのネットワークで、繋がり方は非常に有機的であり特定の指揮命令系統のもとで統制されたものではありません。インターネットには数多のノードが参加しており、通信する際は通信相手を直接一意に識別しなければなりません。また返事をもらうために、自分を一意に識別してもらわなければなりません。

インターネットでは**IPアドレス**を利用してノードを識別します。具体的には**IPv4**（アイピーブイフォー）と、IPv4の課題を解決すべく策定された**IPv6**（アイピーブイシックス）の2種類があります。IPアドレスはL3の技術です。

執筆中の2021年1月時点ではまだIPv4が主流ですが、一般のユーザがあまり意識しないところで徐々にIPv6の導入が進んでいます。本書ではシンプルで身近なIPv4を解説します。学習の段取りは、IPv4をひと回りしたあとにIPv6に取り組むとスムーズです。

IPv4アドレスの基礎

IPv4アドレスは8bit×4桁（＝32bit）で表現されます。各桁をオクテットと呼び、それぞれが0〜255の値をとります。

```
第1オクテット.第2オクテット.第3オクテット.第4オクテット
```

つまりIPアドレスは、256種類の4乗個＝4,294,967,296（約43億個）あります。かなり大量に思えますが、世界中の人々がスマートフォンを持ち、さらにPCやIoT機器を利用し……となると全然足りません[注2.8]。

ノードの位置を効率よく特定するために、連続したIPv4アドレスをグルーピングして管理しています。ネットマスク（netmaskあるいはサブネットマスク）というしくみを利用し、32bitの値に秩序を与えています。

このようにネットマスクを利用しIPv4アドレスをグルーピングするしくみを**CIDR**（Classless Inter-domain Routing：サイダー）と呼びます[注2.9]。

このClasslessのClass（クラス）とは、かつて利用されていた「オクテットごとにIPv4アドレスをグルーピングして管理するしくみ」のことです。第2オクテット以降をまとめたものをクラスA（a.*.*.*）、第3オクテット以降をまとめたものをクラスB（a.b.*.*）、第4オクテットをまとめたものをクラスC（a.b.c.*）と呼びます。インターネットの普及に伴い、オクテットごとではざっくりしすぎで非効率・不便・不公平になったのでCIDRが誕生しました。

ネットマスクは、IPアドレスの後の「/」に続いてIPアドレスのうち上位何bitまでをネットワークのアドレスにするかの指定を、IPv4アドレス同様にオクテット方式で記述します。たとえば192.0.2.0/24の場合、上位24bitまで（＝8bit×第3オクテットまで）がネットワーク自体のアドレスで、第4オクテットがそのネットワーク内で利用可能なアドレスです。「/24」は全32bitのうち上位24bitが1なので「255.255.255.0」です。前述のClassでいうとクラスAは/8、クラスBは/16、クラスCは/24です（**表2.3**）。

表2.3 IPアドレスの表記

/表記	ネットマスク表記	そのネットワークのIPv4アドレス
192.0.2.0/24	addr: 192.0.2.0 netmask: 255.255.255.0	192.0.2.0 ~ 192.0.2.255
192.0.2.0/25	addr: 192.0.2.0 netmask: 255.255.255.128	192.0.2.0 ~ 192.0.2.127
192.0.2.128/25	addr: 192.0.2.128 netmask: 255.255.255.128	192.0.2.128 ~ 192.0.2.255
192.0.2.0/26	addr: 192.0.2.0 netmask: 255.255.255.192	192.0.2.0 ~ 192.0.2.63

注2.8 IPv6により、この数不足の問題が解消あるいは大幅に緩和される予定です。

注2.9 RFC 4632 - Classless Inter-domain Routing (CIDR): The Internet Address Assignment and Aggregation Plan ▶ https://tools.ietf.org/html/rfc4632

前半のネットワークのアドレスを示す部分を**ネットワーク部**、それ以降のホスト（ノード）のアドレスを示す部分を**ホスト部**と呼びます。ネットワークを設計・運用するうえで、規模感がぱっとイメージできるようになるまで計算練習するとよいでしょう。

特別なIPv4アドレス

IPv4アドレスは32bitですが、その値のすべてをインターネットのノードに利用はしません。いくつかのIPv4アドレスはあらかじめ特定用途向けに予約されています[注2.10]。そのうち、**表2.4**に挙げたIPアドレスを**プライベートIPアドレス**といいます。

表2.4 プライベートIPアドレス

IPv4アドレス	用途
10.0.0.0 ~ 10.255.255.255	プライベートIPアドレス（大規模ネットワーク用）
172.16.0.0 ~ 172.31.255.255	プライベートIPアドレス（中規模ネットワーク用）
192.168.0.0 ~ 192.168.255.255	プライベートIPアドレス（小規模ネットワーク用）

プライベートIPアドレスは、組織内でのネットワークでのみ利用可能なIPアドレスです。そのため、インターネット上のノードから**表2.4**のIPv4アドレスに対して通信を試みても、相手を発見できません。インターネット上のノードから直接通信可能なIPv4アドレスを俗に**グローバルIPアドレス**[注2.11]、上記プライベートIPアドレスを俗に**ローカルIPアドレス**と呼びます。

Note

LAN

家庭内や企業内などの狭い範囲で構成したネットワークを**LAN**（Local Area Network）と呼びます。ほとんどの場合、LANはプライベートIPアドレス（ローカルIPアドレス）で構成します。LANは用途を指す用語ではないので、家庭内ネットワークもLANだし、企業内ネットワークもLANだし、Webサービスのサーバサイドネットワークも LANと呼びます。類語として**WAN**（Wide Area Network）もあります。

たとえば、無線LANは無線接続方式のLANで、典型的にはWi-Fiを利用したローカルネットワークを指し、無線WANは無線接続方式のWANで、典型的には携帯電話網を利用したインターネット接続を指します。

なお、広域イーサネット技術を利用したWANを広域LANと呼ぶことがあります。LANかWANかを厳密に区別する実用上の意味はあまりありません。

上記とは別の観点で、CIDRでネットワークを区切った時の最初（最小）のIPv4アドレスはネットワー

注2.10 RFC 6890 - Special-Purpose IP Address Registries ▶ https://tools.ietf.org/html/rfc6890
注2.11 RFC 8190 - Updates to the Special-Purpose IP Address Registries ▶ https://tools.ietf.org/html/rfc8190

クアドレス、最後（最大）のIPv4アドレスはブロードキャストアドレスとなり、ノードには利用できません。

ネットワークアドレスはネットワーク自体を指します。ブロードキャストアドレスはネットワーク全体（ネットワーク内の全ノード）へのブロードキャスト（広報）用で、ブロードキャストアドレス宛てに送信されたデータはネットワーク内の全ノードが受け取ります。

ブロードキャストが届く範囲を**セグメント**と呼びます。同一ネットワーク、同じネットワークといった場合、それは「同一セグメントである」ことを指します。

プライベートIPアドレスの他にも、あらかじめ特定用途向けに予約されているIPv4アドレスがあります（**表2.5**）。

表2.5 プライベートIPアドレス以外の、特定用途向けIPv4アドレス

IPv4アドレス	用途
127.0.0.1 ~ 127.255.255.254	ループバックアドレス
169.254.0.0 ~ 169.254.255.255	リンクローカルアドレス
192.0.2.0 ~ 192.0.2.255	例示用IPアドレス
198.51.100.0 ~ 198.51.100.255	例示用IPアドレス
203.0.113.0 ~ 203.0.113.255	例示用IPアドレス

ループバックアドレスは各ノードが自分自身を指すアドレスです。Webアプリケーション開発をしたことがあれば、127.0.0.1というアドレスを見たことがあるかもしれません。

リンクローカルアドレスは同一リンク（ネットワークセグメント）内で利用できるアドレスです。よくある用途はDHCPでの自動IPアドレス付与に失敗した時に利用します。他には、最近はクラウドサービスにおいてメタデータなどの動作設定・状況をクラウド基盤側からクラウド利用者に対して提供するための窓口として利用することがあります。

例示用IPアドレスは、本書のような書籍、ブログ、各種ドキュメントなどで利用するものです[注2.12]。実在のIPv4アドレスでドキュメントを記載するのは、たとえゾロ目のような妙に切りのよいIPv4アドレスであっても、実際にそのIPv4アドレスを利用している人に迷惑なのでやってはいけません。たとえば1.1.1.1や8.8.8.8は実際に利用されているグローバルIPアドレスです。例示では例示用のIPアドレスを利用しましょう。

グローバルIPアドレスの管理

グローバルIPアドレスは、大元はIANA（Internet Assigned Numbers Authority：イアナ、アイアナ）[注2.13]により登録管理されています。IANAの役割はドメイン名、番号資源、プロトコルパラメータの管理で、具体的には以下のとおりです。

注2.12 RFC 5737 - IPv4 Address Blocks Reserved for Documentation ▶ https://tools.ietf.org/html/rfc5737
注2.13 Internet Assigned Numbers Authority ▶ https://www.iana.org/

- **ドメイン名**：トップレベルドメインの委任状況の管理、逆引き用TLD（.arpa）の運用など
- **番号資源**：IPアドレスやAS番号などの地域インターネットレジストリ（RIR：Regional Internet Registry）への割り当て管理
- **プロトコルパラメータ**：ポート番号やプロトコル番号などの割り当て管理

前述のとおり、IPアドレスは連続するIPアドレスをまとめたブロックで管理します。IPアドレスの割り当て管理は階層構造になっており、IANAがまず地域別のインターネットレジストリ：RIR（Regional Internet Registry）にブロックの管理を委譲します。RIRはブロックを細かく分割しLIR（Local Internet Registry）に細かくなったブロックの管理を委譲します。LIRは、具体的には企業や学校、研究機関などです。LIRはIPアドレス管理指定事業者と呼ばれています。

日本の場合、国別のインターネットレジストリ：NIR（National Internet Registry）があり、RIRであるAPNIC（Asia-Pacific Network Information Centre）がNIRに細かくなったブロックの管理を委譲します。NIRはブロックをさらに細かく分割しLIRに細かくなったブロックの管理を委譲します（**図2.10**）注2.14。なおLIRはRIRから直接委譲を受けることもあります。

図2.10 IPアドレス管理体系：日本の場合

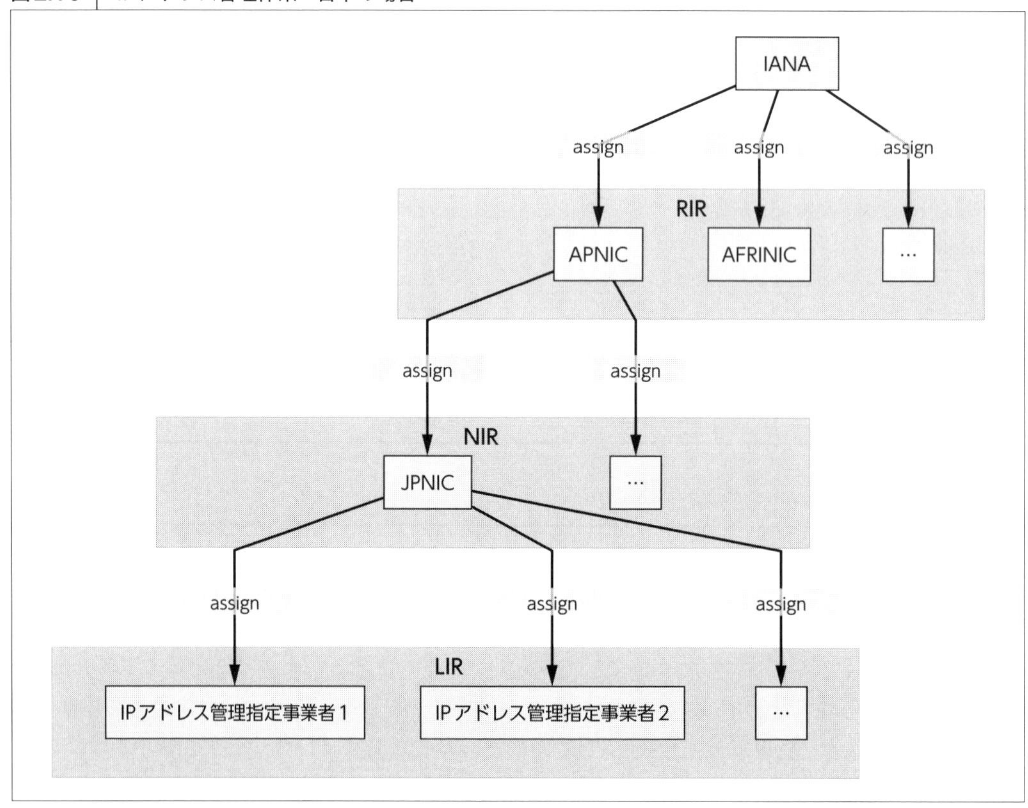

注2.14 IPアドレス管理指定事業者 ▶ https://www.nic.ad.jp/ja/ip/member/cidr-block-list.txt

Note

IANAとICANN

IANAについて調べると、ICANN（Internet Corporation for Assigned Names and Numbers）の話題が登場します。IANAもICANNも「ドメイン名、番号資源、プロトコルパラメータを管理している」と説明されます。具体的な内容は以下のとおりです。

- **ドメイン名**：トップレベルドメインの委任状況の管理、逆引き用TLD（.arpa）の運用など
- **番号資源**：IPアドレスやAS番号などの地域インターネットレジストリ（RIR：Regional Internet Registry）への割り当て管理
- **プロトコルパラメータ**：ポート番号やプロトコル番号などの割り当て管理

これらの内容は「IANAの機能」と呼ばれています。ICANNが「IANAの機能」を管理する組織、IANAが「IANAの機能」を執行する組織なのです。詳しい経緯は参考URLを参照してください。

- **ICANN**：https://www.icann.org/
- **ICANNの歴史 - JPNIC**：https://www.nic.ad.jp/ja/icann/about/history.html
- **IANA機能の監督権限の移管について - JPNIC**：https://www.nic.ad.jp/ja/governance/iana.html

2.4 ポート番号

前節ではインターネットではIPアドレスを利用してノードを特定していることを説明しましたが、さらに**ポート番号**を利用して特定のノード間で同時に複数の通信を行うことができます。

ポート番号の基礎

ポート番号はL4の技術で、0～65535の整数値をとります。そのうち0～1023は**Well Known Ports**（ウェルノウンポート）と呼ばれ、特別扱いされています。たとえば多くのOSでは1～1023番ポートを利用するには管理者権限が必要です。

また、1024～49151は**User Ports**（ユーザポート）と呼ばれます。User PortsはWell Known Portsのような特別扱いはされていません。49152～65535は**Dynamic Ports**と呼ばれます。**Private Ports**または**Ephemeral Ports**とも呼ばれ、登録管理しないこととして空けてあります。

ポート番号とサービス名（用途）とプロトコルの組み合わせはIANAで登録管理されています。プロトコルについては後述します。一般に利用される代表的なポート番号は**表2.6**のとおりです（実

際にはTCP・UDPなどプロトコルごとに規定されています)。全容はIANAのWebサイト[注2.15]で確認できます。

表2.6 一般に利用される代表的なポート番号

ポート番号	サービス名	詳細	用途・備考
22	ssh	The Secure Shell Protocol	主にシステム管理のための暗号化通信
25	smtp	Simple Mail Transfer Protocol	メール送信
53	domain	DNS (Domain Name System)	IPアドレスとドメイン名の名前解決(詳細は後述)
80	http	World Wide Web HTTP	Webサイト利用
443	https	http protocol over TLS/SSL	Webサイト利用のための暗号化通信
587	submission	Message Submission	メール送信
993	imaps	IMAP (Internet Message Access Protocol) over TLS protocol	メールクライアントソフトでのメール受信のための暗号化通信。暗号化なしはimap (143)
995	pop3s	POP3 (Post Office Protocol - Version 3) over TLS protocol	メールクライアントソフトでのメール受信のための暗号化通信。暗号化なしはpop3 (110)

またWebシステムにおいては**表2.7**のポート番号もよく見かけます。

表2.7 Webシステムでよく見られるポート番号

ポート番号	サービス名	詳細	用途・備考
8080	http-alt	HTTP Alternate	HTTP (主にProxyからApplication Serverへの接続の待ち受けに利用)
3306	mysql	MySQL	RDBMS (Relational DataBase Management System)
5432	postgresql	PostgreSQL Database	RDBMS (Relational DataBase Management System)
6379	redis	An advanced key-value cache	KVS (Key-Value Store)
11211	memcached	Memory cache service	KVS (Key-Value Store)

よく登場するポート番号は、覚えておくとトラブルシュートなどの際にスムーズです。

Note

登録名の確認方法

Linuxや macOSの場合は、/etc/servicesファイルにポート番号とサービス名、プロトコルが記載されています。

注2.15 Service Name and Transport Protocol Port Number Registry ▶ http://www.iana.org/assignments/port-numbers

実際の通信

「ポート番号で通信を区別する」というわけで、通信のために接続する時はIPアドレスとポート番号をセットで取り扱います。接続を受ける側は特定のポート番号で待ち受けておき、接続する側はDynamic Portsの中からその時に空いている（他の用途で利用されていない）ポートを1つ選択し、そのポートを接続元ポートにして接続し、通信を行います。

Port 443で接続を待ち受けているIPアドレス192.0.2.102のノード（**図中ノードC**）に、IPアドレス192.0.2.100のノード（**図中ノードA**）と192.0.2.101のノード（**図中ノードB**）が接続すると**図2.11**のようになります。ノードAとノードBは、Dynamic Portsの中から1つ接続元ポートを選択して、ノードCのPort 443に対して接続します。

図2.11 ポート番号を利用した通信のしくみ

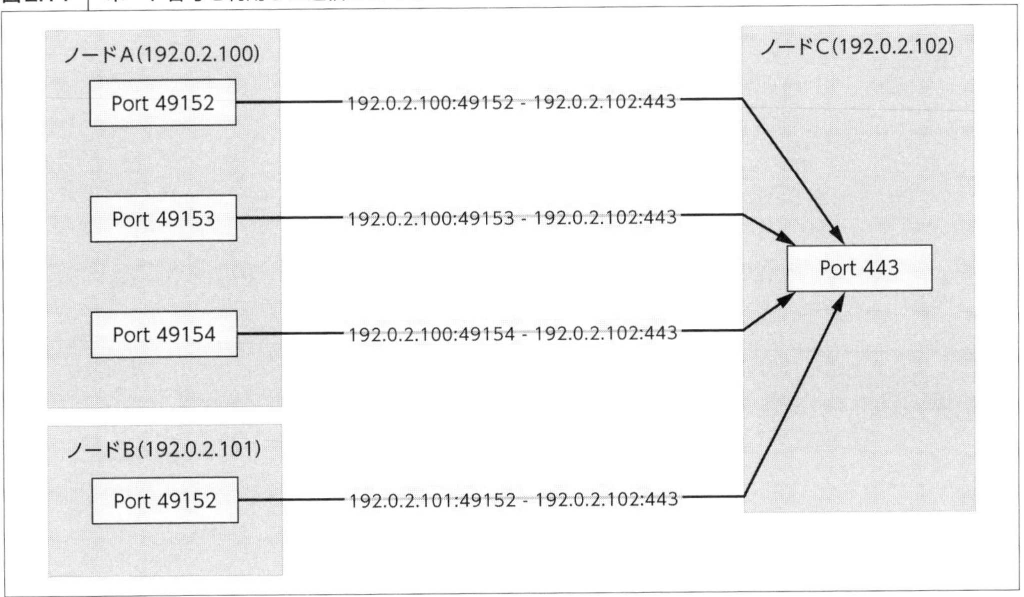

Note

ノード1台あたりの接続元ポート数を増やす工夫

技術的にはDynamic Portsのレンジ外のポート番号を接続元として利用することができます。外部に対して多数の接続を行うサーバでは、接続元として利用するポートの範囲を広げるよう設定することがあります。Linuxの場合は、カーネルパラメータ「net.ipv4.ip_local_port_range」を変更します。

2.5 マルチキャスト、エニーキャスト、ブロードキャスト

1対1の通信を**ユニキャスト**（unicast）と呼びます。ユニキャストのユニは1という意味です。ユニコーン（一角）と同じユニですね。普段利用する多くの通信はユニキャストです。

実は通信は、1対1ではないパターンがあります。1対Nの通信を**マルチキャスト**（multicast）と呼びます。複数のノードに対して一斉同報するイメージです。

特定のネットワーク内の全ノードに対してマルチキャストを行うことを**ブロードキャスト**（broadcast）と呼びます。ブロードキャストは条件付きマルチキャストのイメージです。ネットワークに接続した時にIPアドレスなどを自動的に設定するDHCPは、ブロードキャストを利用して設定情報を持つノードを探します。

マルチキャストは1対Nの通信を想定したものですが、「1対1で特定ノードと通信しているつもりが、実は通信相手と同じIPアドレスを持つノードが世の中に複数あるパターン」を**エニーキャスト**（anycast）と呼びます。同じデータを持つノードをネットワーク上に分散して多数配置しておき、ネットワーク的に近いノードが応答するためによく利用されます。特定の情報を広く配布する目的に適しており、**CDN**（Content Delivery Network）や**DNS**、**NTP**（Network Time Protocol）などでよく利用されます。

2.6 NAT、NAPT

前述のとおりIPv4アドレスはたかだか43億個しかありません。全世界での活用を考えた時にこれでは全然足りません。というわけで、グローバルIPアドレスをうまく共有するニーズが生まれました。

このニーズを満たす技術が**NAT**（Network Address Translation：ナット）や**NAPT**（Network Address Port Translation：ナプト）です。家庭のルータでも、会社や学校などの事業所でも、ISP（Internet Service Provider）でも、大規模Webサービスでも利用されています。ちなみに、ISPや携帯電話事業者などものすごく多くのノードを抱えるネットワークのNAT＝超大規模NATをLSN（Large Scale NAT）やCGN（Carrier Grade NAT）と呼びます。

NATには、送信元IPアドレスを変換する**SNAT**（Source NAT：エスナット）や、送信先IPアドレスを変換する**DNAT**（Destination NAT：ディーナット）があります。

プライベートIPアドレスを利用して家庭内・事業所内・組織内など内部向けのネットワークを構築し、その中で特定のノードだけはグローバルIPアドレスとプライベートIPアドレスを両方持っておきます。内部ネットワークのノードが内部ネットワークの外にアクセスする際には、グローバルIPアドレスとプライベートIPアドレスを両方持つノードが中継します。

内部ノードA (192.0.2.101) と内部ノードB (192.0.2.102) が同時に、外のノード (外部ノード) 203.0.113.150:443に接続した場合は以下のようになります (図2.12)。

- 内部ノードA
  - A-1：内部ノードAが外部ノードに向けてデータ送信
  - A-2：NATノードでアドレス変換を実施
  - A-3：NATノードが外部ノードに向けてデータを送信
  - A-4：外部ノードがNATノードに向けてデータを返信
  - A-5：NATノードでアドレス変換を実施
  - A-6：NATノードが内部ノードAに向けてデータを返信
- 内部ノードB
  - B-1：内部ノードBが外部ノードに向けてデータ送信
  - B-2：NATノードでアドレス変換を実施 (もともとの通信と同じポートは内部ノードAの通信が利用しており空いていないので、別のポートを利用)
  - B-3：NATノードが外部ノードに向けてデータを送信
  - B-4：外部ノードがNATノードに向けてデータを返信
  - B-5：NATノードでアドレス変換を実施
  - B-6：NATノードが内部ノードBに向けてデータを返信

図2.12　NATによる通信

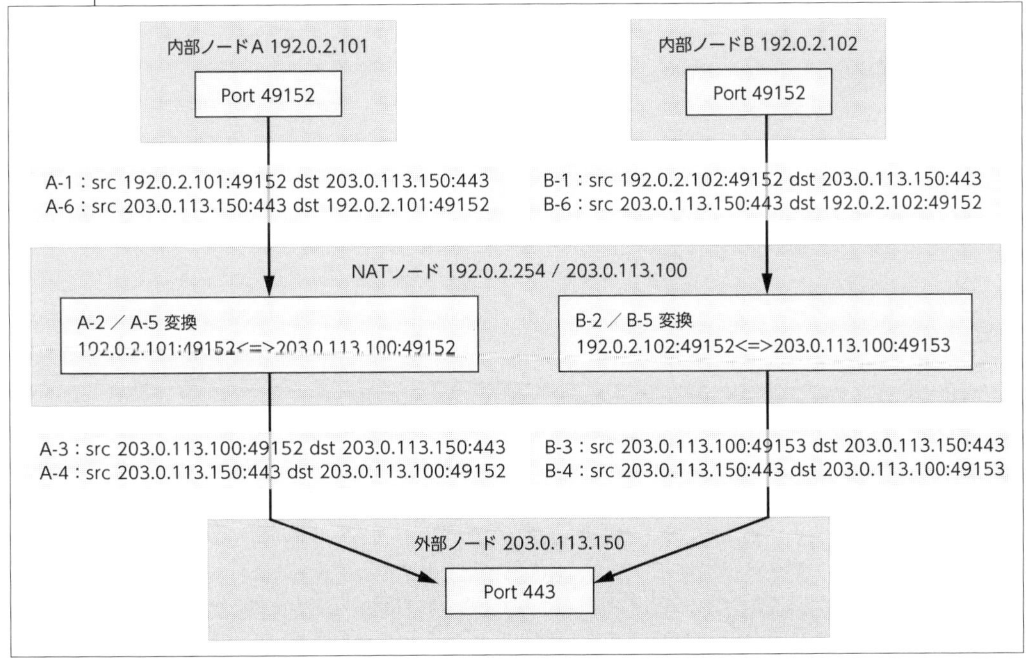

各内部ノードは、接続先の203.0.113.150:443に向けて通信を試みます。NATノードが送信元IPアドレスとポートを変換して外部ノードに届けます。外部ノードは、おおもとの送信元である内部ノードのIPアドレスや送信元ポートはわかりませんが、NATノードがアドレスとポートの変換を行い、対応を記録しておくので、外部ノードは外部ノードが知る接続元（＝NATノードのグローバルIPアドレスとポート番号）にデータを返信すると、送信元（内部ノード）にデータを届けることができます。

NATノードでポート番号をどのように変更するかは決まりがありませんが、前述のとおりノード間ではIPアドレスとポート番号の組み合わせで通信を区別するので、異なる通信を1つの送信元IPアドレス・ポート番号で行うことはできません。

図2.12では、片方の通信（内部ノードAのほう）は接続元ポート番号が同じままですが、もう片方の通信（内部ノードBのほう）はおおもとのポート番号49152ではなく49153を利用して外部に接続しています。このように、おおもとの送信元ポート番号とNAT後のポート番号は、同じこともあれば異なることもあります。

NATノードが送信元ポート番号として利用できる数は、Dynamic Portsの数だけです。設定により拡張はできますが、ポート番号として利用できる可能性があるのが0～65535だけなので、それ以上の数の通信を同時に扱うことはできません。最近はクラウドサービスなどインターネット越しのサービス利用が頻繁になったため、1つのノードが100～200同時接続を行うことは珍しくありません。PC、スマートフォン、スマートスピーカー、その他IoT機器など1人あたりの機器も増えており、NATノードのような中継機器が取り扱う接続数は飛躍的に増加しています。

Note

NAT/NAPTの意味・意義

本書ではNAT/NAPTを、グローバルIPアドレスを共有する手法として紹介していますが、NAT/NAPTの目的はIPアドレスの共有だけではなく、ノードを隠蔽することでセキュリティ向上のための管理がしやすくなるなど、さまざまなものがあります。

ここまでのまとめ

- インターネットではIPアドレスで自分と通信相手のノードを一意に識別して通信する
- IPアドレスはひとつながりの1つの番号体系だが、サブネットマスクで区切って管理している
- IPアドレスの中には、用途を限定して確保された専用区画がある（プライベートアドレスなど）
- IPアドレスとポート番号の組み合わせで通信を識別するので、同時に複数の通信ができる
- 通信スタイルとして、ユニキャスト（お互いを識別した1対1）だけでなく、マルチキャスト（1対N）、エニーキャスト（1対1だが特定の誰かではなくてよい）、ブロードキャスト（対N）がある
- IPv4アドレスの不足によりIPv6が登場したが、緩和・回避策としてのNATも大活躍している

2.7 パケット

ここまでで、インターネットではIPアドレスとポート番号を利用して通信を行っていることを説明しました。今度は通信の中を見てみます。

インターネットでは、送受信しているのは**パケット**（Packet＝小包）です。1つのパケットに収まる小さなデータはそのまま、1つのパケットに収まらない大きなデータは複数のパケットに分割してやりとりします（**図2.13**）。パケットを用いた通信は、パケットをネットワーク上の通信機器から通信機器へとバケツリレーしていくことで実現しています。

図2.13 パケットのやりとり

前述のとおりネットワークは階層型の技術で実現されています。そのためパケットの最大サイズ（1パケットあたりのデータ容量）は下の階層によって決まります。大きなデータを送る場合は1つのパケットが大きいと少ない分割数で済み効率的ですし、小さなデータを送る場合は1つのパケットが小さいと無駄がありません。パケットの最大サイズを**MTU**（Maximum Transmission Unit）と言います。MTUは、実質的にはEthernetフレームの最大サイズです。インターネットを利用する際のMTUはたいてい1400〜1500バイトです。

各階層は、自分が使える領域の中に自分の階層用の管理情報を埋め込み、残りを上の階層用の領域とします（**図2.14**）。

図2.14 パケットに管理情報を埋め込む

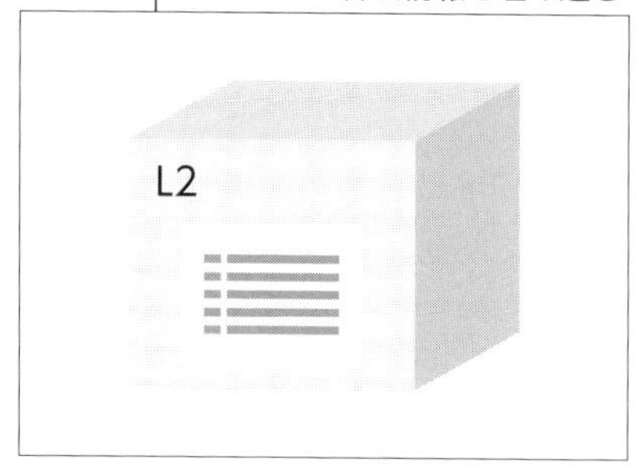

Webサイトを閲覧するためのHTTPS通信の場合、「L2：Ethernet」「L3：IP」「L4：TCP」「L7：HTTPS」という階層構造になっています（**図2.15**）。……実際に荷物が入る箱の容量がずいぶん小さく見えますね。

図2.15 パケットの階層

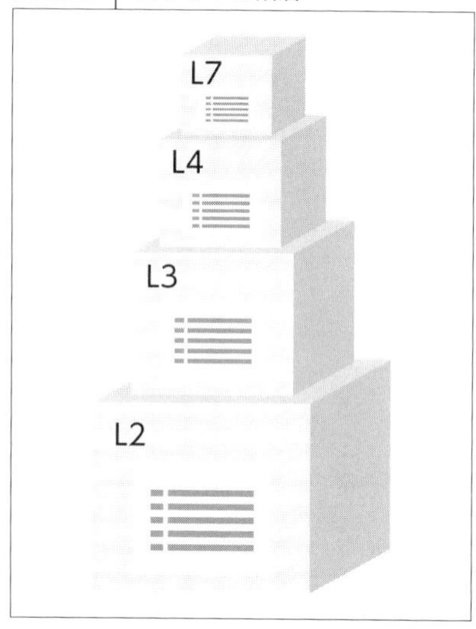

そのとおり。基本的に階層が多ければ多いほど1パケットで送信できるデータ量は少なくなります。また、各階層の管理領域のサイズが大きければ大きいほど、上の階層で利用できる領域のサイズが小さくなります。階層でやることが高機能であれば、必然的に大きな管理領域が必要になります。管理領域のことを**ヘッダ**と言います（**図2.16**）。

図2.16 ヘッダ＝管理領域

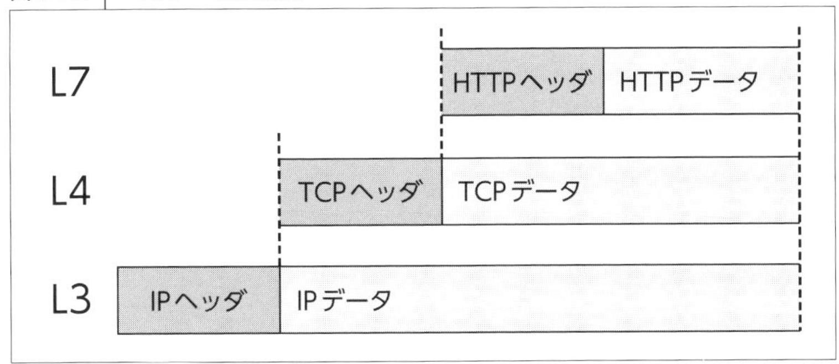

取り扱うことができるパケットの大きさは、機器性能や設定などによりさまざまです。インターネットでは、パケットが通信相手に届くまでに数多くの、管理者が異なる機器を経由します。そのため、経路の中で小さいパケットしか通らない箇所があった場合、手元から大きなパケットを送信しても、データが欠損するか、パケットが分割されるか、ということになります（図2.17）。

図2.17 大きなパケットが通ることができない機器もある

途中で分割処理が入ると、そのぶん遅延が生じて効率が悪くなりますが、だからといってやみくもに小さなパケットにするというのも非効率です。この点はPath MTU Discoveryという、経路上で利用できるMTUの最大値を探索する技術により解決できます。

Note

ICMPは大事

Path MTU DiscoveryはICMPを利用して最適化を行います。稀に「ICMPは不要なのですべて遮断すべし」という説明を見ることがありますが、そんなことはありません。ICMPと言えば、疎通可否確認用のping（ピン＝ICMP Echo Request/Reply）と思われがちですが、このように重要な仕事を担っているのでむやみに遮断しないでくださいね。

パケットの様子は、tcpdumpやWiresharkなどのソフトウェアを利用して確認できます。パケットのやりとりの様子の例は図2.18のとおりです（利用しているオプションの意味は表2.8）。このようにパケットを（通信当事者間からすると）盗み見ることをスニフィングと言います。

図2.18 tcpdumpの実行例

```
$ sudo tcpdump -n -i eth0 port 443 and host 203.0.113.172
tcpdump: verbose output suppressed, use -v or -vv for full protocol decode
listening on eth0, link-type EN10MB (Ethernet), capture size 262144 bytes
00:34:49.563625 IP 192.0.2.31.47674  > 203.0.113.172.443: Flags [S],  seq 2129687162,
win 64240, options [mss 1460,sackOK,TS val 3521526305 ecr 0,nop,wscale 7], length 0
00:34:49.613259 IP 203.0.113.172.443 > 192.0.2.31.47674:  Flags [S.], seq 3960495361,
ack 2129687163, win 28960, options [mss 1414,sackOK,TS val 1001895046 ecr
3521526305,nop,wscale 7], length 0
00:34:49.613311 IP 192.0.2.31.47674  > 203.0.113.172.443: Flags [.],  ack 1, win 502,
options [nop,nop,TS val 3521526355 ecr 1001895046], length 0
00:34:49.624444 IP 192.0.2.31.47674  > 203.0.113.172.443: Flags [P.], seq 1:518, ack
1, win 502, options [nop,nop,TS val 3521526366 ecr 1001895046], length 517
00:34:49.676016 IP 203.0.113.172.443 > 192.0.2.31.47674:  Flags [.],  ack 518, win
235, options [nop,nop,TS val 1001895108 ecr 3521526366], length 0
00:34:49.677003 IP 203.0.113.172.443 > 192.0.2.31.47674:  Flags [P.], seq 1:3147, ack
518, win 235, options [nop,nop,TS val 1001895110 ecr 3521526366], length 3146
00:34:49.677028 IP 192.0.2.31.47674  > 203.0.113.172.443: Flags [.],  ack 3147, win
478, options [nop,nop,TS val 3521526418 ecr 1001895110], length 0
...
```

表2.8 図2.18で使ったtcpdumpのオプション

オプション	意味
-n	名前解決をしない
-i eth0	ネットワークインターフェイスeth0のパケットを見る
port 443 and host 203.0.113.172	IPアドレス203.0.113.172かつポート443に該当するパケットのみを見る

-X（大文字のX）オプションでパケットの中身も表示できます（図2.19）。

図2.19 tcpdumpの-Xオプション実行例

```
$ sudo tcpdump -X -n -i eth0 port 443 and host 203.0.113.172
tcpdump: verbose output suppressed, use -v or -vv for full protocol decode
listening on eth0, link-type EN10MB (Ethernet), capture size 262144 bytes
00:44:36.762802 IP 192.0.2.31.47896 > 203.0.113.172.443: Flags [S], seq 3398612645,
win 64240, options [mss 1460,sackOK,TS val 3522113502 ecr 0,nop,wscale 7], length 0
        0x0000:  4500 003c 0ef8 4000 4006 6c87 c0a8 0b1f  E..<..@.@.l.....
        0x0010:  23c9 cfac bb18 01bb ca92 b6a5 0000 0000  #...............
        0x0020:  a002 faf0 4df8 0000 0204 05b4 0402 080a  ....M...........
        0x0030:  d1ef 2fde 0000 0000 0103 0307            ../.........
00:44:36.812006 IP 203.0.113.172.443 > 192.0.2.31.47896: Flags [S.], seq 3693012165,
ack 3398612646, win 28960, options [mss 1414,sackOK,TS val 1002482246 ecr 3522113502,
nop,wscale 7], length 0
        0x0000:  4560 003c 0000 4000 3406 871f 23c9 cfac  E`.<..@.4...#...
        0x0010:  c0a8 0b1f 01bb bb18 dc1e e4c5 ca92 b6a6  ................
        0x0020:  a012 7120 30fa 0000 0204 0586 0402 080a  ..q.0...........
        0x0030:  3bc0 aa46 d1ef 2fde 0103 0307            ;..F../.....
00:44:36.812066 IP 192.0.2.31.47896 > 203.0.113.172.443: Flags [.], ack 1, win 502,
options [nop,nop,TS val 3522113551 ecr 1002482246], length 0
        0x0000:  4500 0034 0ef9 4000 4006 6c8e c0a8 0b1f  E..4..@.@.l.....
        0x0010:  23c9 cfac bb18 01bb ca92 b6a6 dc1e e4c6  #...............
        0x0020:  8010 01f6 ce91 0000 0101 080a d1ef 300f  ..............0.
        0x0030:  3bc0 aa46                                ;..F
```

Note

パケット交換

実は、2020年時点で30代後半以上の世代にとってパケットという単語は比較的身近な存在でした。1990年代終盤～2000年代にかけて、スマートフォンが普及する前の携帯電話端末での音声以外の通信は、料金カウント単位がパケットでした（例：10,000パケットあたり5,000円）。そのため、携帯電話端末でのデータ通信利用料は俗にパケ代（パケット代）と呼ばれており、パケ死（通信しすぎてパケット代が高額になること）などの流行語が生まれるほど生活に浸透していました。最近で言うところの「ギガが足りない」のような感じです。

2.8 ルーティング

IPネットワークでは、通信相手が同じネットワークにいれば直接パケットをやりとりできます。通信相手が同じネットワークにいない場合、複数のネットワークに所属しパケットを仲介するノードが必要です。このノードを**ルータ**（Router）と呼び、ルータがパケットを仲介する処理を**ルーティング**と呼びます。具体的には、パケットのルート（route：経路）を決定、つまりルータがパケットを自分の次にどのノードに送出するかを決定し、パケットを送出します。

各ノードは基本的に、それぞれが持つ**ルーティングテーブル**(経路制御表)と呼ばれるルーティング規則集に則りルートを決定します。ルーティングテーブルに記載されたルールをもとに、longest match(ロンゲストマッチ：最長一致優先)でどのルートが適切か判断します。どのルーティング規則にも該当しなかった場合に採用する宛先を**デフォルトゲートウェイ**と呼びます。たいていの場合は、デフォルトゲートウェイの先はインターネットです。

Note

デフォルトルールとキャッチオール

ルーティングテーブルに限らず、メール振り分けなどたいていのフィルタは「a. 指定した適用順」「b. 最長一致優先」のいずれかでルール適用順を決定します。フィルタのどれにも当てはまらなかった場合に適用するデフォルトルールを設定する場合、そのルールまたは手法をcatch-all(キャッチオール)と呼ぶことがあります。たとえばデフォルトゲートウェイはルーティングテーブルにおけるキャッチオールのルールです。ただし、キャッチオールという言葉だけ出てきた場合、どのルールにも当てはまらなかった場合の動作を指すこともあれば、ルールに当てはまるかに関係なくすべてを対象とする動作を表すこともあるので、文脈や用途を都度確認してください。

以下の**図2.20**では、192.0.2.0/24、198.51.100.0/24、203.0.113.0/28という3つのネットワークがあり、203.0.113.0/28の先がインターネットです。

図2.20 解説に用いるネットワークの構成

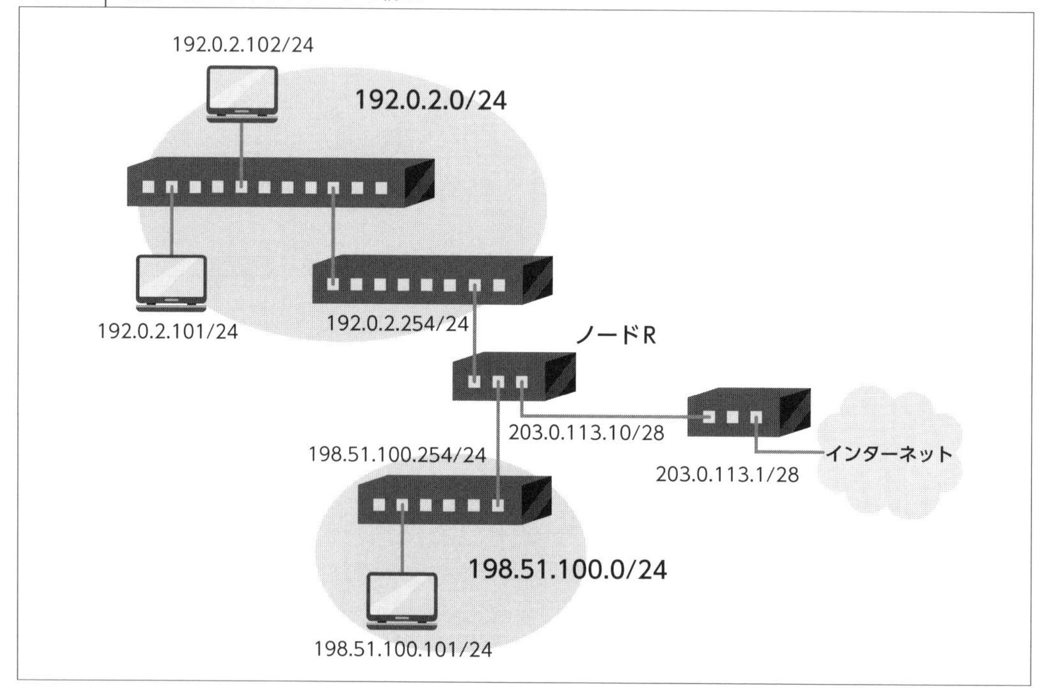

192.0.2.101/24のノードは、192.0.2.102/24のノードと直接パケットをやりとりできます。192.0.2.0/24内のノードは、デフォルトゲートウェイを192.0.2.254に設定しておくことで、同一ネットワーク外との通信を実現します（**表2.9**）。同様に198.51.100.0/24内のノードは、デフォルトゲートウェイを198.51.100.254に設定しておくことで、同一ネットワーク外との通信を実現します。

図中、ノードRのルーティングテーブルは、192.0.2.0/24宛てはネットワークインターフェイス1（eth0）へ、198.51.100.0/24宛てはネットワークインターフェイス2（eth1）へ、その他はネットワークインターフェイス3（eth2）から203.0.113.1へとしておきます。ノードRのデフォルトゲートウェイは203.0.113.1です（**表2.10**）。こうすることで、192.0.2.0/24内のノードと198.51.100.0/24のノードがやりとりでき、またネットワークインターフェイス1、ネットワークインターフェイス2の先にいるそれぞれのノードがインターネットを利用できます。

表2.9 図2.20中のノード192.0.2.101のルーティングテーブル例

アドレス	ネットワークインターフェイス	ゲートウェイ
192.0.2.0/24	eth0	−
default(0.0.0.0/0)	eth0	192.0.2.254

表2.10 図2.20中のノードRのルーティングテーブル例

アドレス	ネットワークインターフェイス	ゲートウェイ
192.0.2.0/24	eth0	−
198.51.100.0/24	eth1	−
203.0.113.0/28	eth2	−
default(0.0.0.0/0)	eth2	203.0.113.1

このようにあらかじめルーティングテーブルを定義しておく手法を、**スタティックルーティング**（静的ルーティング）と呼びます。静的があれば動的もある、ということで**ダイナミックルーティング**（動的ルーティング）もあります。ダイナミックルーティングはスタティックルーティングと比べて上級編です。2010年以前はダイナミックルーティングをがっつり使うのはネットワークを専門とするエンジニアのごく一部でしたが、2010年以降クラウドコンピューティングの時代になりインフラが動的なリソースとして扱われるようになったため、ネットワークを専門としないエンジニアも含めダイナミックルーティングを取り扱うことが格段に増えました。

ダイナミックルーティングは、**BGP**（Border Gateway Protocol）が頻出なので名前だけでも覚えておきましょう。BGPはネットワークの集合を**AS**（Autonomous System：自律システム）としてまとめ、AS単位で経路を制御します。ASごとに一意な**AS番号**（ASN：Autonomous System Number）が割り当てられており、日本ではJPNICがAS番号を管理しています。BGPでは各ASは他のASと直接接続の可否を交渉します。ここで言う交渉は文字どおり人間と人間の対話や契約を指します。直接接続が可能になると、経路制御情報を交換し適切な経路決定が実現できるようになります。インターネット上のすべての経路情報（＝フルルート）を持てば適切な経路決定ができます。

クラウドコンピューティングや大規模システムにおいてはシステム内での経路制御にBGPを利

用することがよくあります。この場合は、フルルートは不要です。システム内で利用する場合は公的なAS番号は取得せず、プライベートIPアドレスのように自組織内で自由に利用できるプライベートAS番号（Private Use ASNs）を利用します。

> **Note**
>
> **ネットワークインターフェイスとIPアドレス**
>
> ここでは、ネットワークインターフェイスごとに1つのIPアドレスを付与していますが、実は1つのネットワークインターフェイスに複数のIPアドレスを付与することができます。Linuxではiproute2コマンドで設定できます（かつてはIPエイリアスという機能を利用していました）。ネットワークインターフェイスに複数のIPアドレスを付与した場合、どちらのIPアドレスでもデータを送受信できます。
>
> 逆に複数のネットワークインターフェイスを束ねて1本の接続とみなす技術もあります。興味が湧いたらリンクアグリゲーション、ボンディングをキーワードに調べてみてください。

2.9 ARP

クラウドサービスを利用するうえではL3以上を意識することが多いです。今まではL3以上の話をしてきましたが、ここではL2以下の話をします。L3以上の世界では、同一セグメントであれば直接通信可能でした。しかしL2以下の世界はまた少し事情が違います。

L2以下の世界では、直接通信可能なのは接続仲介機器までの間です。L1の世界では、ケーブルの長さが足りない（対向機器まで届かない）、ネットワークインターフェイスのポートが足りない（ケーブルの挿入口が足りない）、といった問題が起きることが多々あります。このような物理的な距離やポート数の問題を解決するための接続仲介機器を**ネットワークスイッチ**と呼びます。ネットワークスイッチの主な役割は、電気信号の中継（ケーブルの延伸）と接続端子の集約・分化です（図2.21、図2.22）。

図2.21 ケーブルの延伸

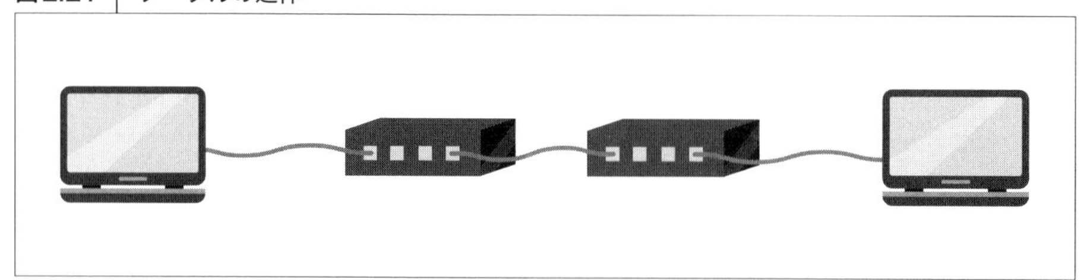

図2.22 接続端子の集約・分化

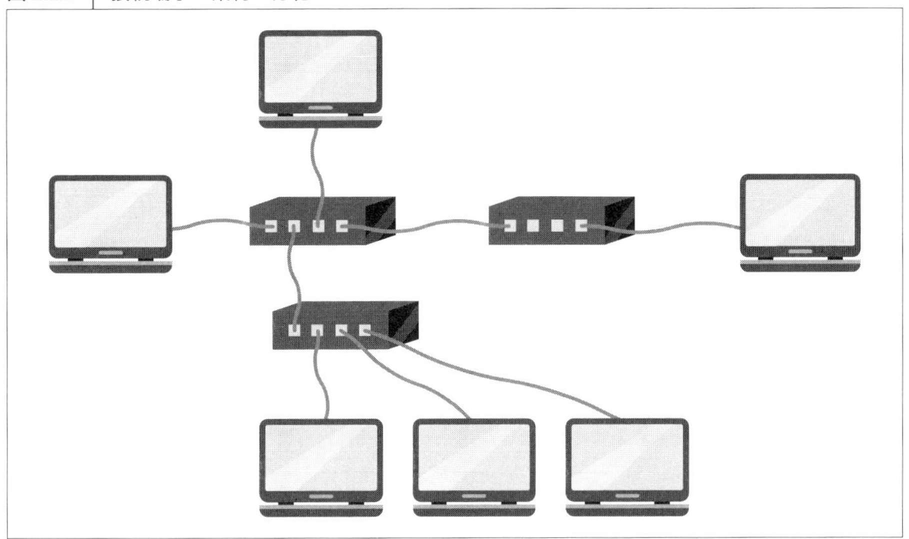

ひとくちにネットワークスイッチと言っても、厳密には持つ役割によっていろいろな種類があります。L2以下だけでなくL3やL4の機能を持つ機器も俗にスイッチと呼ばれることがあります。また、設定やモニタリングなどの管理機能を持つネットワークスイッチを俗にインテリジェントスイッチと呼びます（例：インテリジェントL2スイッチ）。主に家庭や小規模オフィスで利用されているものはL2スイッチ（スイッチングハブ）、本格的な家庭やオフィスで利用されているものはインテリジェントL2スイッチまたはインテリジェントL3スイッチが多いと思います（**表2.11**）。

表2.11 主なネットワークスイッチ

守備範囲	名称・俗称
L1	L1スイッチ、リピーターハブ、ダムハブ
～L2	L2スイッチ、スイッチングハブ
～L3	L3スイッチ
～L7	L7スイッチ

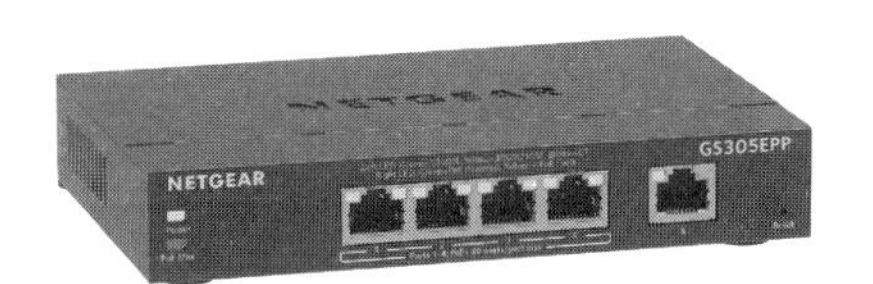

一般家庭用のスイッチングハブ
（写真提供：ネットギアジャパン）

業務用のスイッチ（写真提供：ネットギアジャパン）

Dive into L1

まずはイメージしやすいよう、有線接続でのネットワークで説明します。身近で利用されているいわゆるLANケーブルはツイストペアケーブル（Twisted Pair Cable：撚り対線）です。その名のとおり、ケーブルを（こよりのように）撚っているのが特徴で、8本のケーブルを2本ずつ撚っています。規格で何番目の線を何のために利用するか決まっており、自分で作る時に接続を間違えると正常な通信が期待できないのでご注意ください。

ケーブルの規格はカテゴリ分けされており、カテゴリ5（Cat5）、カテゴリ5e（Cat5e）、カテゴリ6（Cat6）などがあります。カテゴリによって利用可能なイーサネット規格が異なります。たとえばカテゴリ5eのケーブルであれば1000BASE-Tは利用可能ですが、10GBASE-Tは対応外です。カテゴリは、家電量販店などで販売されているLANケーブルのパッケージにも記載されています。なお、コネクタ部分はRJ-45という規格が主に利用されています。

LANケーブル

L2以下の世界では、通信するために物理ネットワークインターフェイスを識別して通信相手を特定します。ノードやスイッチ、ルータのIPアドレスを持つNIC（Network Interface Card／Network Interface Controller）は**MACアドレス**（Media Access Control Address）を持ちます。MACアドレスは48bitで、前半24bitが**OUI**（Organizationally Unique Identifier：組織識別子）、後半24bitがOUI内での識別子です。OUIは機器ベンダなどがIEEEに申請し取得しています。

OUIはIEEEが登録管理しているので、同じOUIを複数の機器ベンダが利用することはありません。後半24bitのほうはデバイス数の増加や仮想化技術の普及、MACアドレスが変更できないとなるとプライバシーの懸念が浮上する（たとえばスマートフォンのMACアドレスを追跡することでそのデバイス（そして人）を追跡できてしまう）、などの課題があり、AndroidやiOSなどはデフォルトで無線LAN接続時に利用するMACアドレスをランダム化するようになってきています。MACアドレスはデバイスやインターフェイスを固定的に指すものとしてまったく不適当になっており、またMACアドレスは必ずしも世界中で一意とは言えません（同じMACアドレスを利用する機器が同時に複数存在しえます）。なお、MACアドレスが世界中で一意でなくても、L2セグメント内で一意であれば、通信するうえでとくに支障はありません。

> **Note**
>
> **ポート**
>
> 「ポート」という用語は、ここまでTCPやUDPのポート番号で利用しました。しかしサーバやルータやスイッチなどのネットワークノードにあるネットワークケーブルの挿入口のこともポートと呼びます（例：48ポートの業務用スイッチ）。

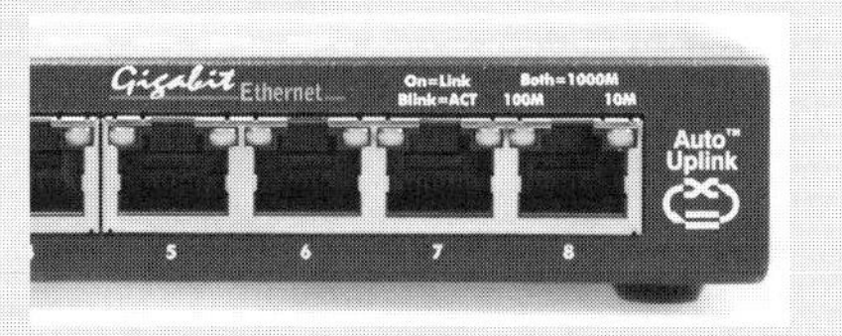

スイッチのポート

Dive into L2

L2の世界観では、データの塊をパケットではなくEthernetフレームと呼びます。送信元ノードはデータを送信する前に**ARP**（Address Resolution Protocol）により送信先ノードのMACアドレスを取得し、宛先MACアドレスをEthernetフレームのヘッダ部分に書き込んでデータを送信します。

ARPはブロードキャストで「IPアドレスがXの機器のMACアドレスを教えてください！」と投げかける方式なので、あまり効率がよくないです。そのためL2スイッチは、どのポートにどのMACアドレスの機器が接続されているかを一定時間記録しておき、MACアドレスをもとに効率的にデータを送信します。また各ノードも取得したMACアドレスを一定時間保持します（キャッシュ）。前述のとおりMACアドレスはグローバルIPアドレスのように世界中で一意に識別できるものではありませんが、セグメント内で重複がなければとくに問題はありません。

ノードでキャッシュしているMACアドレスは、arpコマンドで確認できます（**図2.23**）。ちなみにMACアドレスも例示用のレンジがあります[注2.16]。

図2.23 arpコマンド実行例

```
[baba@linux ~]$ arp -n
Address                  HWtype  HWaddress           Flags Mask            Iface
203.0.113.1              ether   00:00:5E:00:53:01   C                     eth0
203.0.113.3              ether   00:00:5E:00:53:03   C                     eth0
```

しくみ上、ARPではブロードキャストが届く範囲＝同一セグメントのMACアドレスしか取得できません。ただし前述のとおり、別セグメントへの通信の場合は同一セグメント内のゲートウェイを経由するため、送信元ノードはゲートウェイのMACアドレスをEthernetフレームに書き込み送信します（**図2.24**）。

注2.16 RFC 7042 - IANA Considerations and IETF Protocol and Documentation Usage for IEEE 802 Parameters ▶ https://tools.ietf.org/html/rfc7042

図2.24 Ethernetフレームにおける宛先

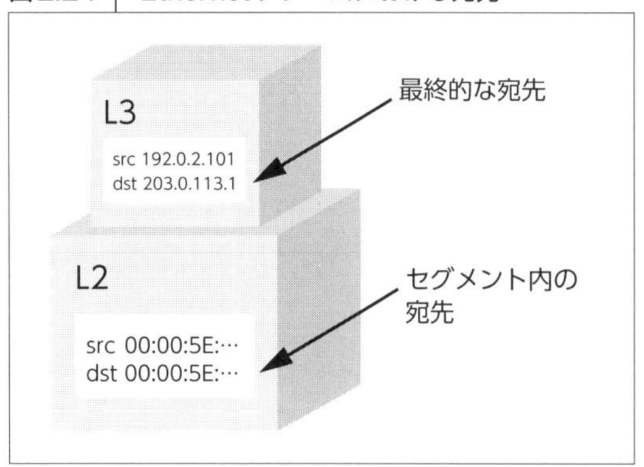

ネットワークスイッチの中には、複数台のネットワークスイッチを1台のネットワークスイッチとして動作させるスタッキング構成が作れるものもあります。機器1のポートと機器2のポートを同じように扱うことができたり、キャッシュしたMACアドレスを共有できたりします。品質・耐久性に加えて、ベンダ独自機能の有無が価格差の要因となることが多くあります。

Note

VIPを利用した冗長化

前述のとおりネットワークインターフェイスには複数のIPアドレスを付与することができます。他ノードからの接続を受け付けるIPアドレスをあえて2番目以降のIPアドレスとして扱い、そのネットワークインターフェイスを持つノードが故障などで不達になった場合に、別のノードがIPアドレスを引き継ぐことで機器を冗長化[注2.17]する方法があります。この時の接続を受け付けるIPアドレスのように、複数機器で共有されるIPアドレスをVIP（Virtual IP Address：仮想IPアドレス）と呼びます。

VIPが一度ネットワーク上で認識されると、スイッチはその時点の接続ポートとMACアドレスを学習（記録）するため、VIPが別の機器に移ったタイミングでスイッチの学習済みMACアドレスをリセットしなければなりません。VIPを受け継いだノードがGARP（Gratuitous ARP）を送信すると、GARPを受信したスイッチはMACアドレスを再学習してくれます。

待機系のノードが不達に気づいた後に、「1. 待機系のノードが自身にVIPを付与」「2. 待機系のノードがGARPを送信」「3. GARPを受けてスイッチがMACアドレスを再学習」の手順がすべて完了すると、待機系のノードがVIPで通信できるようになります（図2.25）。

注2.17 情報システム一般において冗長化とは、可用性を高めるためにサーバなどのシステム構成要素に余剰を確保しておき、問題発生時にその余剰を使って可用性を維持するしくみを構築・運用することを指します。

図2.25 VIPを利用した冗長化

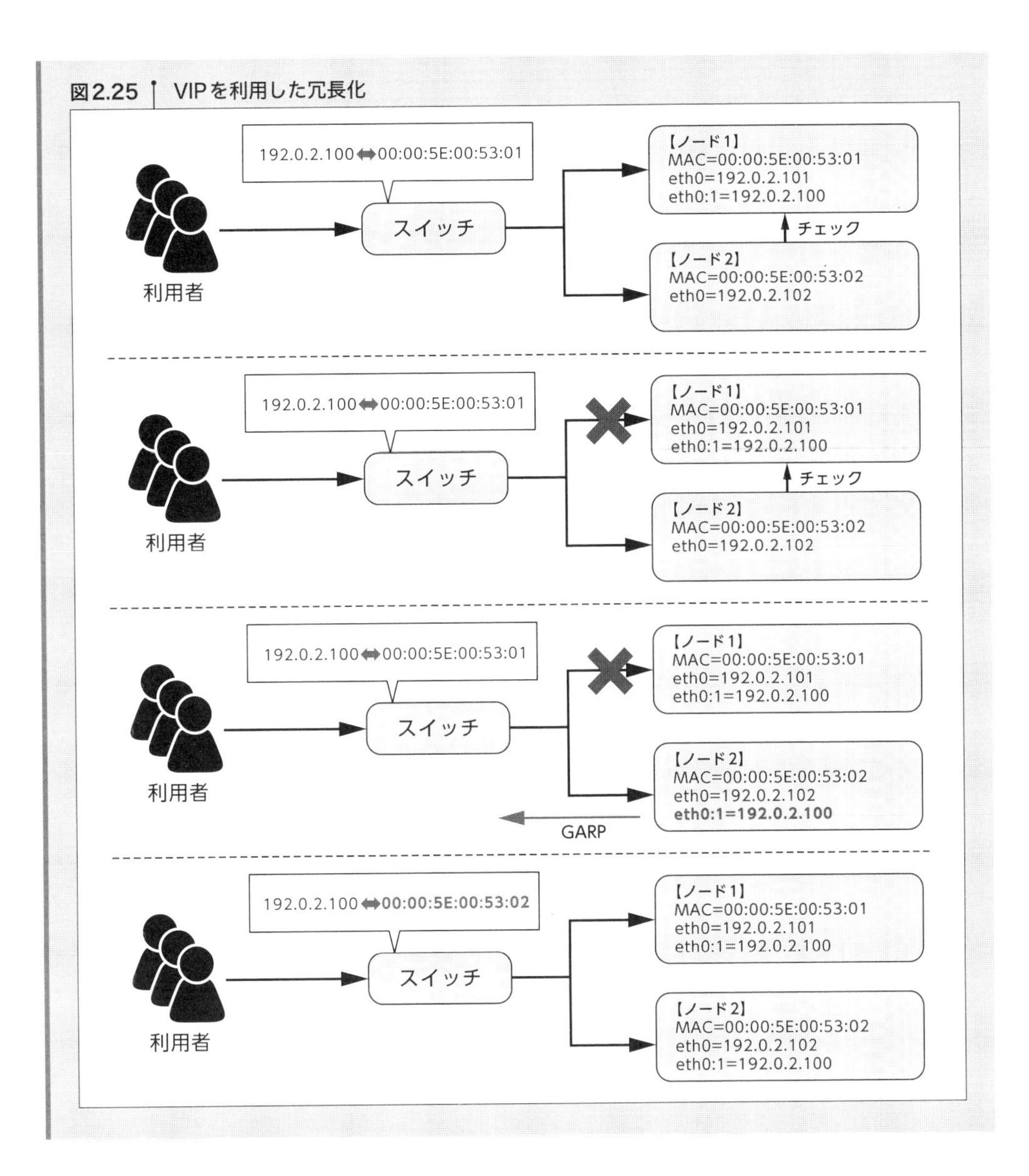

ここまでのまとめ

- インターネットではデータをパケットにして送受信している
- 大きなデータは複数個口のパケットに分割して送受信している
- パケットをバケツリレーすることで世界中と通信できる
- バケツリレーの配送経路制御をルーティングと呼ぶ
- L2において同一セグメントではMACアドレスでNICを識別する
- バケツリレー網の初手としてARPで自分の次の通信相手を探す

2.10 TCPとUDP

前述のとおり、現代のインターネットで主に使われているL4のプロトコルは**TCP** (Transmission Control Protocol) と**UDP** (User Datagram Protocol) です。それぞれを一言で表すと、TCPは丁寧なプロトコル、UDPはシンプルなプロトコルです。

TCP、UDPそれぞれの主な特徴は**表2.12**のとおりです。

表2.12 TCPとUDPの主な特徴

プロトコル	長所	短所
TCP	再送や輻輳制御などの機能を提供しており信頼性が高い	手順が多いぶんプロトコルが複雑で処理に時間がかかる
UDP	TCPのような機能を持たないため軽量で処理の所要時間が短い	通信品質が悪い時にどうしようもない

UDPの特徴：シンプル

UDPはとてもシンプルなプロトコルです。送信側は送信したい時に通信相手に向かってパケットを送出します。送出したパケットが相手に届く保証はありません。たとえば、回線の瞬断や一時的な遅延、経路上の機器の過負荷などによりパケットが破棄されても、UDPはとくに何もしません。

不可逆でよいところ、即時性がなにより重要なところが使いどころで、典型的な用途は音楽や動画のライブストリーミングです。たとえば再生中に10秒間パケットが破棄されたとします。ライブイベント配信中の10秒であれば、追いかけ再生になって世間のSNSの反応と10秒ズレるよりは、10秒飛ばしてリアルタイムに追いついたほうが嬉しいですよね。

なお、UDPを利用すると通信の信頼性が……というのは、UDPが通信の信頼性に関与しないという話であって、上位のプロトコルで信頼性を担保すれば通信自体の信頼性は担保できます。たとえば2021年1月現在策定中のHTTP/3では、L4にTCPではなくUDPを採用しています。

TCPの特徴：丁寧① コネクション

TCPでの通信は**コネクション**の概念があり、開始 (コネクション確立) と終了 (コネクション切断) の手続きがあります。TCPで言うコネクションとは、データを送受信するための一連のやりとりを指します (**図2.26**)。

図2.26 TCPコネクション

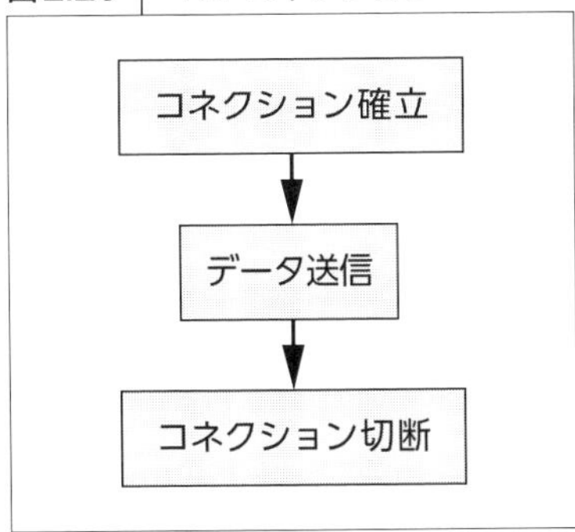

コネクションのメリットは、始まりと終わりが明確なのでエラー判断がしやすいことです。UDPだと、データが来なくなったとしてそれが経路などのトラブルによるタイムアウトなのか、たまたま間隔が空いたのか、もうデータがないのか、受信側で判断できません。しかしTCPは、通信が終わったらコネクションを切断することになっているため、切断処理がないのにデータが来なくなったら、なにがしか異常が発生しているであろうとL4で判断できます。

デメリットは時間と手間がかかることです。コネクション確立と切断の負荷的・時間的オーバーヘッドが発生します。小さなデータを頻繁にやりとりする時にとくに問題になりやすく、そういう場合にはコネクションをいちいち切断せず接続したままにする**コネクションプーリング**という回避方法がとられます。

Note

コネクションとセッション

コネクションと似た言葉として**セッション**があります。通常、コネクションはTCPなどL4での、セッションはHTTPなどL7での一連のやりとりを指します。ただしあまり通ぶって使い分けてわかりづらくなっても仕方がないので、わかりやすく「TCPコネクション」や「HTTPセッション」と呼ぶことが多いです。

コネクション確立、データ送信、コネクション切断のそれぞれのフェーズは、**図2.27**のようなやりとりが行われます。

図2.27 TCPコネクションの各フェーズでのやりとり

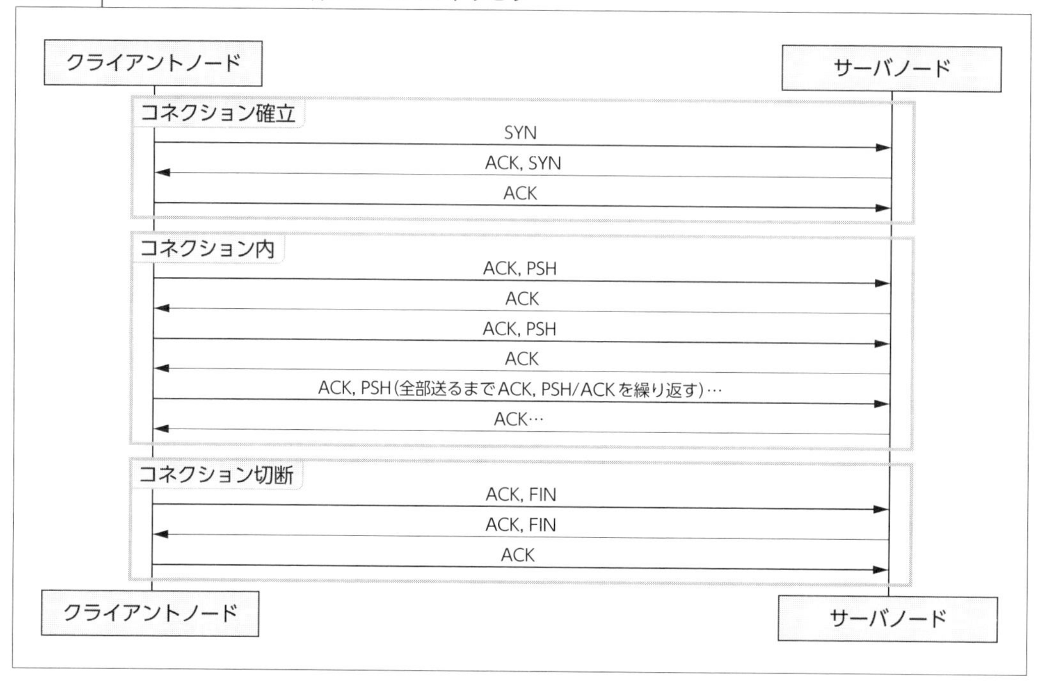

コネクション確立フェーズで**SYN**、**ACK**が登場しました。これは俗に制御フラグ(Control bit)と呼ばれるもので、コネクションの状態遷移を発生させるものです。単にフラグと呼ばれることもあります。TCPヘッダの特定箇所に制御フラグ用の領域が確保されており、**表2.13**の6種類のフラグに対応しています。該当箇所のbitを1にすることを、俗に「フラグを立てる」と言います。

表2.13 TCPヘッダの制御フラグ

フラグ	意味	利用シーン
URG	Urgent Pointer field significant	urgent領域を利用する場合
ACK	Acknowledgment field significant	了解しましたを意味する返事
PSH	Push Function	データ送信
RST	Reset the connection	コネクションリセット(強制切断)
SYN	Synchronize sequence numbers	コネクション確立
FIN	No more data from sender	コネクション切断

ACK(Acknowledgment:アック)がよく登場します。ACKは「了解しました」という意味です。

コネクション確立フェーズを見ると、まずクライアントノードからサーバノードにSYNを送信します。サーバノードからクライアントノードに返事をする時はACKだけでなくSYNのフラグも立てて返事をします。クライアントノードからサーバノードにACKで返事をしたらコネクション確立成功です。このコネクション確立までのやりとりを**three-way handshake**と言います(**図2.28**)。

図2.28　three-way handshake

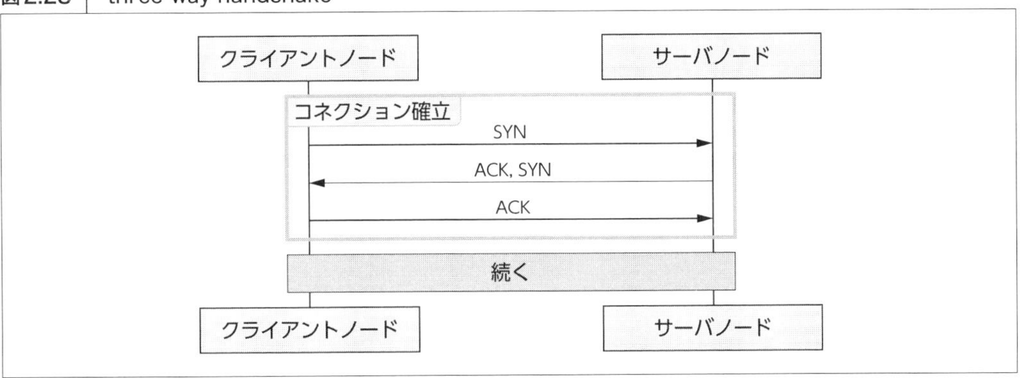

コネクション確立以降のやりとり（**図2.29**）を見るとわかるとおり、ACKでの返信はコネクション切断まで毎回必ず実施されます。丁寧ですね。このようにTCPは状態（ステート）を持ち通信を行う**ステートフル**（Stateful）なプロトコルです。対してシンプルなUDPは**ステートレス**（Stateless）なプロトコルです。

図2.29　コネクション確立以降のやりとり（TCP Connection State Diagram Figure 6.より）
https://tools.ietf.org/html/rfc793

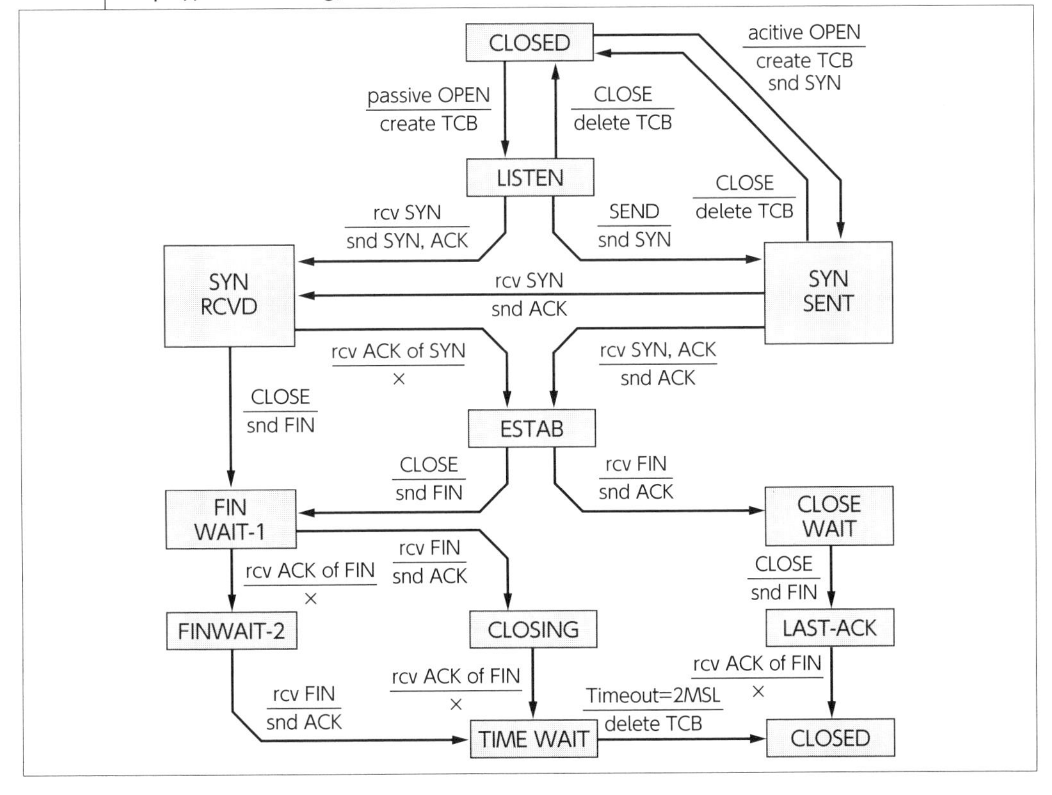

TCPの特徴：丁寧② 進捗確認

TCPでは、送信側・受信側それぞれが個々のパケットのTCPヘッダ内にシーケンス番号（Sequence number：任意の値から始まる連番）を設定してパケットを送信します。それぞれ通信開始時にランダムな値をシーケンス番号として設定し、以降は送信時のシーケンス番号にデータ長を足した値を次のパケットのSequence numberとします。

パケットを受け取った側はデータ長（TCP Segment Length）をシーケンス番号に加算し、その値を戻りパケット（ACK）のAcknowledgment number欄に載せて返信します。送信側は送信した時にシーケンス番号と送信データ量がわかっているので、戻りパケットに記載されたAcknowledgment numberを見ることで、送信側が送った分を受信側がすべて受信できたか判断することができます。また、送信側で欠けているデータがどこかわかるので、再送することができます。

図2.30 シーケンス番号による進捗確認

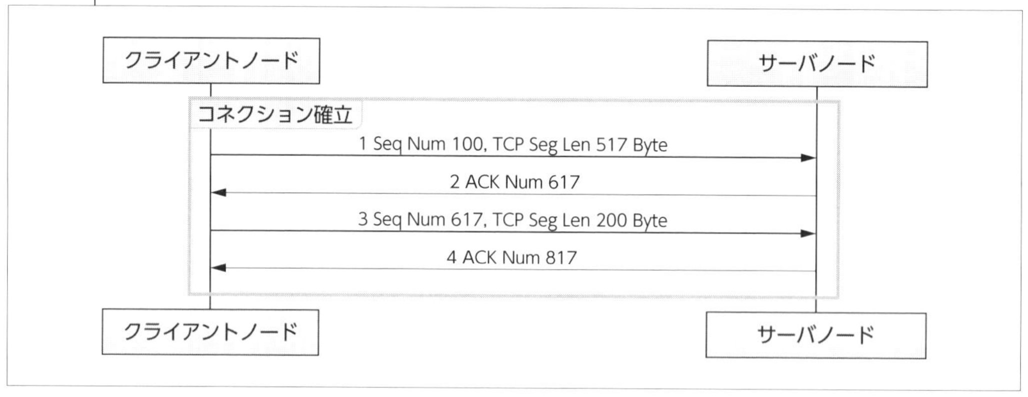

図2.30は、1と3にAcknowledgment numberの記載がなく、2と4にSequence numberの記載がありませんが、実際には通常の通信においてほとんどのパケット（PSHやFINフラグが立ったパケットを含め）はACKフラグも立ったパケットです。実際にパケットを覗くと、1と3にもAcknowledgment numberが記載されており、2と4にもSequence numberが記載されています。

特徴の話に戻ると、このように丁寧なので、とても手間がかかります。

2.11 通信の質とは[速度と品質]

通信速度

通信速度（データ転送速度）は、1秒あたりのデータ転送量（Byteまたはbit）を用いてByte/秒（俗にBps）またはbit/秒（俗にbps）で表します。これは**帯域幅**（Bandwidth）といい、理論上の最大性能を示す値としてよく利用されます。この「最大」というのが値を読むうえでのポイントです。

TCP/IPを前提に通信速度の構成要素を考えます。TCP/IPではデータをパケットに分割してやりとりするので、通信速度は「1秒あたりのパケット往復回数（RT/秒）×パケットのサイズ（Byte/RT）」に分解できます（RT：Round Trip＝往復）。TCPでは前のパケットの戻りが来てから次を送出するので、1秒あたりに往復できるパケット数は1往復にかかる時間によります。

1往復にかかる時間を分解すると、「1. 往路の所要時間」「2. 相手内での処理時間」「3. 復路の所要時間」の3つになります。つまり1RTの所要時間は、「往路の所要時間＋相手内での処理時間＋復路の所要時間」で、1秒あたり何RTできるかは「1÷（往路の所要時間＋相手内での処理時間＋復路の所要時間）」です。

1RTの所要時間を仮に10ms（10ミリ秒＝10/1000秒）とすると「1÷0.01＝100」となり1秒あたり100RTできます。1パケットで送るデータ量を仮に1400Byteとすると、この通信相手とは最速で「100RT/秒×1,400Byte/RT＝140,000Byte/秒＝1,120,000bit/秒（約1Mbps）」で通信できます。

1RTの所要時間は、通信相手との距離によってある程度決まってしまいます。光速は秒速30万kmなので、1万km離れた北米（往復2万km）とは1秒に15RTが限界です（なお、実際には物理的な距離で上限が決まり、ネットワーク的な距離で実際の所要時間が決まります）。

ネットワークの性能を示す指標は**表2.14**のとおりです。

表2.14 ネットワークの性能指標

性能指標	値の意味	単位
大容量	一定時間内に転送できるデータ量の多寡	bpsなどの「データ量/単位時間」
低遅延	1つのデータを届ける所要時間の長短	秒などの「時間」

1往復に時間がかかるのなら、1度に送る量（＝パケットのサイズ）を増やせばよさそうに思えます。すべて自分たちで管理しているローカルネットワークならジャンボフレームなどを利用してパケットのサイズを大きくできる可能性がありますが、管理者が異なる多くの機器を経由するインターネットでは、そううまくはいきません。そのため、1RTの所要時間（RTT＝Round Trip Time）は通信速度を考えるうえでとても重要です。

パケットのサイズはある程度以上は大きくできない、RTTはある程度以上は短くできない、という制約の中で通信速度を上げる方法が模索されてきました。TCP/IPで利用されているのは複数のパケットをまとめて管理するウィンドウ方式[注2.18]です。

たとえばウィンドウサイズが3の時、1番目のパケットの戻りを確認してから2番目のパケットを送るのではなく、3番目までは戻りを待たず連続して送ります。相手からも1番目〜3番目のパケットの戻りが来れば成功で、次に4〜6番目のパケットを送信します。もし欠損が見つかった場合は

注2.18 ウィンドウは、何かを束ねるという意味の用語です。ウィンドウの概念はSQLなどでも登場します。

欠損部分を再送します。

ウィンドウサイズをどの大きさにするかは、通信相手との調整が必要です。受信側がウィンドウサイズを指定することで、受信側が対処可能な量だけを送信するようになります。受信側からするとRTTとパケットサイズは制御しづらいですが、ウィンドウサイズを調整すると簡単に通信の流量を制御できます。

ネットワークや高速道路などの道(路)が混雑し、流れが滞ることを**輻輳**(ふくそう)といいます。混雑時でも輻輳を避け、いかに流れをスムーズに保つかというのは道(路)に関わる技術者の腕の見せどころです。TCP/IPでの輻輳制御には、CUBICやBBRなどさまざまな方式があります。ここで紹介したRTT計測や欠損検出やウィンドウサイズ調整を利用して、シンプルで実用的な方式が模索されてきました。興味が出たら、解説書[注2.19]をとっかかりに掘り下げてみてください。

安定した通信

安定した通信には、パケットが欠損しない(少ない)、RTTのゆらぎ(jitter=ジッタ)が小さいという2つの観点があります。

パケットの欠損による品質低下はわかりやすいですね。パケットが欠損した場合は再送が必要なので、送信先にデータ一式が揃うための所要時間が1RTT分以上長くなります。一方、ジッタが大きいと、音声・動画・ゲームなどのリアルタイムでデータをやりとりする時に、スムーズになったり突然止まったりが頻繁に発生する状態になります。

パケットの欠損やジッタの増大は、さまざまな理由で発生します。代表的なものはネットワーク上の機器や回線の処理性能不足です。ほとんどのネットワークでは、処理能力の限界を超えてパケットを送信されても受け取り切れないため、ある程度以上は破棄します。他にも、Wi-Fiや携帯電話の電波の強さ、移動したことによる基地局の切り替わりなど、さまざまな要因で発生します。

ここまでのまとめ

- **TCPとUDPはIPの1階層上**
- **TCPはステートフル。安全安心の機能がたくさん**
- **UDPはステートレス。軽量・高速だが安全安心の機能なし**
- **通信の速さには同時転送容量、RTTなどいろいろな観点がある**
- **通信の品質にはRTTのゆらぎ、パケットロスなどいろいろな観点がある**

注2.19 『TCP技術入門——進化を続ける基本プロトコル』(安永遼真、中山悠、丸田 一輝[著]/技術評論社/2019年) ▶ https://gihyo.jp/book/2019/978-4-297-10623-2

Note

ルータなどのネットワーク機器の主な性能指標

以下のようなポイントがあります。

・ポート数
・ポートの接続規格
・同時に処理可能な接続数
・同時に処理可能な帯域幅（bps）
・同時に処理可能なパケット数（pps：packets per second）
・同時に処理可能なイーサネットフレーム数（frames per second）
・同時に処理可能なBGP経路情報数

ネットワーク機器は、パケット処理の大部分をASIC（Application Specific Integrated Circuit：エーシック）という専用チップで行っています。ASICで処理できないパケットはCPUで処理します。CPUでの処理は（ASICと比較して）著しく遅くなることがままあります。何らかの理由でCPUで処理するパケットが増えた場合、機器全体の処理速度が遅くなる可能性があります。

なお、性能以外の差別化ポイントには管理容易性（集中管理のしやすさ）、冗長構成のとりやすさ、サポート、シェア（世の中に、あるいはリーチ可能な範囲に、その機器に習熟したエンジニアの人数がどの程度いるか）などがあります。

インターネットの基礎知識

3.1 HTTP

HTTP (Hypertext Transfer Protocol) は、現代のインターネットでおそらく一番利用されているプロトコルです。ブラウザで行う通信のほとんどがHTTP (あるいは後述のHTTPS) です。HTTP/1.0、HTTP/1.1、HTTP/2、HTTP/3が主なバージョンです。本書では基本的にHTTP/1.1を取り扱います。

HTTP/1.1はTCPの上で利用するL7のプロトコルです。クライアントからサーバに接続してリクエストを送信し、サーバからクライアントにレスポンスを返信します (図3.1)。

図3.1 HTTP通信の例

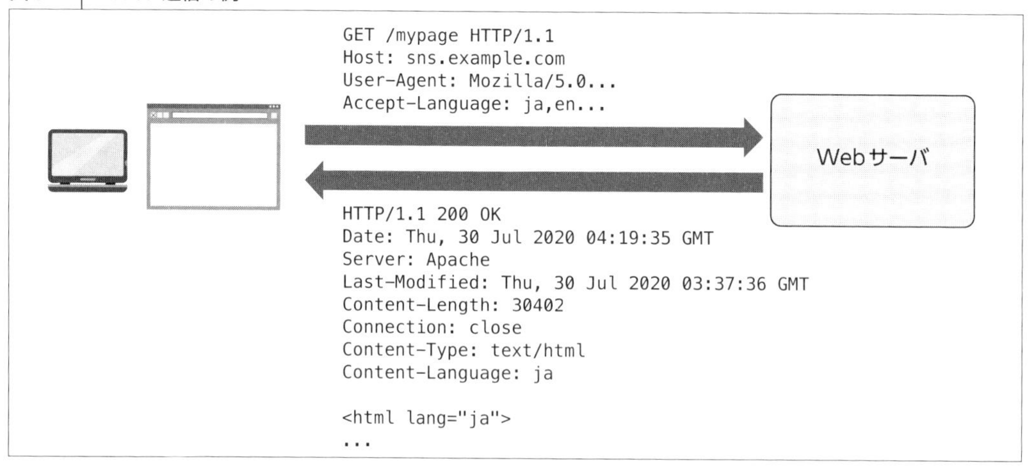

HTTPリクエストは、1行目がリクエストライン、2行目〜空行までがリクエストヘッダ、空行以降がリクエストボディです (図3.2)。HTTPレスポンスは、1行目がステータスライン、2行目〜空行までがレスポンスヘッダ、空行以降がレスポンスボディです (図3.3)。やりとりはブラウザの開発者ツールで確認できます。

図3.2 HTTPリクエストの概要([] は省略可能、<> は変更する値の意味)

- リクエストライン：<メソッド> <URI> <プロトコル>
  - メソッド：GET、POST、HEAD、PUT、DELETE、TRACEなど
  - URI：/、/mypage、/foo?key=valueなど (後述)
  - プロトコル：HTTP/1.0、HTTP/1.1など
- リクエストヘッダ：<ヘッダ名>: <値>
  - ヘッダ名：Host、User-Agentなど
  - 値：sns.example.com、Mozilla/5.0...など
- リクエストボディ：<キー名>=<値>[&<キー名>=<値>]
  - リクエストでのデータ送信用。POSTメソッドなどで利用する

図3.3 HTTPレスポンスの概要([]は省略可能、<>は変更する値の意味)

- ステータスライン:<プロトコル> <ステータス番号> <メッセージ>
  - プロトコル:HTTP/1.0、HTTP/1.1など
  - ステータス番号:200, 404, 500など
  - メッセージ:200ならOK、404ならNot Found、500ならInternal Server Errorなど
- レスポンスヘッダ:<ヘッダ名>: <値>
  - ヘッダ名:Date、Serverなど
  - 値:Thu, 30 Jul 2020 04:19:35 GMT、Apacheなど
- レスポンスボディ
  - レスポンスの本体(たとえばWebページをリクエストした場合はHTML)

どんなに複雑なWebサイトも、このシンプルなプロトコルの上で実現されています。メソッドやヘッダの考え方は、Webシステムを適切に構築・管理するうえで必要不可欠なので覚えておいてください。

Note

手動HTTP通信

前述のとおりHTTPはシンプルなプロトコルなので、実は手動での動作確認が簡単です。以下のようにコマンドラインで簡単に試せます。example.comのところを、身近なドメイン名に変更して試してみてください。

```
$ printf "GET / HTTP/1.1\nHost: example.com\n\n" | curl telnet://example.com:80
```

HTTPだけでなく、電子メールのためのSMTPやPOPも上記同様に手動でやりとりできます。こちらもぜひ試してみてください。

3.2 URLとURI

ブラウザのアドレスバーに表示されている文字列がURL(Uniform Resource Locator)です(図3.4)。

図3.4 ブラウザとURL

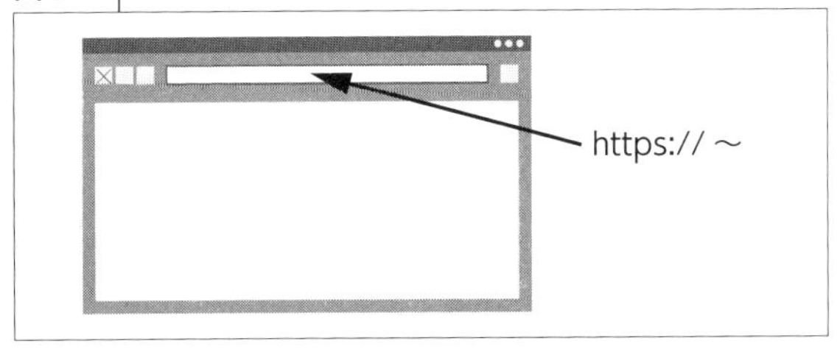

広く一般にURLと言われているこの文字列は、URI (Uniform Resource Identifier) という表記体系の部分集合です。ここで言うResource (リソース) は何らかのコンテンツ (データ／情報) のことで、URLやURIはネットワーク上でのそのコンテンツの位置 (場所)、すなわちコンテンツ取得時の通信相手を表します。

一般の方はあまり気にせずURLと呼ぶことが多いですが、WebエンジニアはURIと呼ぶことが多いように感じます。URL/URIは図3.5、表3.1の要素で構成されています。

図3.5 URL/URIの構造([]は省略可能、<>は変更する値の意味)

```
<Scheme>://[<User>[:<Password>]@]<Host>[:<Port>]<Path>[?<Query>][#<Fragment>]
```

表3.1 URL/URIの構成要素

要素	意味
Scheme	プロトコルなど (例：http、https)
User	ユーザ名 (省略可能。省略時は認証なし)
Password	パスワード (省略可能。省略時は認証なし)
Host	接続先を示すIPアドレスやドメイン名
Port	ポート番号 (省略可能。省略時はプロトコルのWell Known Port)
Path	パス
Query	パスと組み合わせてリソースを特定する。形式は [<name>=<value>[&<name>=<value>]] (例：?type=novel&keyword=slime)
Fragment	リソースの一部あるいは特定箇所を間接的に参照する＝指し示す (例：#toc 、#appendix)

Note

URIの厳密な定義

本書では、よく使うパターンをもとにURIの構成を解説します。正確な定義はRFC3986を参照してください。

▶ RFC 3986 - Uniform Resource Identifier (URI): Generic Syntax
https://tools.ietf.org/html/rfc3986

ブラウザのアドレスバーに以下のURIを入力した場合に、具体的にどの要素をどう指定しているのか確認します。

- http://example.com/
- http://203.0.113.10/
- https://admin@portal.example.com:1443/secret/
- https://admin:mypass@portal.example.com/secret

それぞれ分解すると、構成要素は**表3.2**のようになります。

表3.2 URIの例

URI	Scheme	User	Password	Host	Port	Path
http://example.com/	http	なし	なし	example.com	省略	/
http://203.0.113.10/	http	なし	なし	203.0.113.10	省略	/
https://admin@portal.example.com:1443/secret/	https	admin	なし	portal.example.com	1443	/secret/
https://admin:mypass@portal.example.com/secret	https	admin	mypass	portal.example.com	省略	/secret

Note

1文字違いが大違い

表3.2には、<Path>が「/secret/」と「/secret」の2種類が登場しました。「/secret/」は「/」で終了しています。最後が/でない場合(/secret)は「/にあるsecret」を指し、最後が/の場合(/secret/)は「/にあるsecretの直下の/」を指します。同様に、https://example.comはPathが指定なしで、https://example.com/は<Path>が/です。

厳密には、/ありとなしで別のものを指します。しかしそれでは不便なので、たいていのWebサーバは/なしのリソースがディレクトリの場合は/ありに再アクセスするよう、クライアントに通知する機能を備えています。

3.3 ドメイン名

前述のとおり、URIにおいて<Host>はネットワーク上でのリソースの位置、つまり通信相手を示します。<Host>に指定するのはIPアドレスや**ドメイン名**です。

実用上、IPアドレスをそのまま使うにはいくつか問題があります。

- それぞれのIPアドレスは特別な意味を持たない数字の羅列なので、人間が覚えづらい
- (移設など実装上の理由で) IPアドレスが変更になることがある

そこで先人はドメイン名のしくみを考案しました。ドメイン名を利用して覚えやすくするのと、実装(IPアドレス)を隠蔽して実装の柔軟性を向上させました。ドメイン名とIPアドレスの紐付けについては、「3.4 DNS」を参照してください。

ドメイン名の構造

ドメイン名に話を戻します。www.example.comやexample.co.jpがドメイン名です。ホスト名として利用できるドメイン名には主に以下のルールがあります。

- 利用できる文字はA～Z（大文字・小文字を区別しない）、0-9、-
- .で区切る（.で区切られたそれぞれの文字列をラベルと呼ぶ）
- 各ラベルは63文字以下
- 各ラベルの先頭と末尾に-は使えない
- ドメイン名全体で253文字以下

一番右のラベルを**トップレベルドメイン**（TLD）と呼び、トップレベルドメインでドメインの種類が識別できます。トップレベルドメインの名前空間を分割し区別するために、**セカンドレベルドメイン**を使います。www.example.comの場合は、トップレベルドメインがcom、セカンドレベルドメインがexampleです。なお、セカンドレベルドメインはトップレベルドメインのサブドメインとも呼びます。ドメイン内で特定のノード（ホスト）を指すために、末端のサブドメイン名にノード名（ホスト名）を利用することがあります。

最後が.jpや.ukなど、国や地域を表すものは**ccTLD**（country-code top-level domain）です。ccTLD以外に、.comや.gov、.info、.ninjaなどの**gTLD**（generic top-level domain）があります。執筆時点（2021年1月）では1,244のgTLD、316のccTLDが登録されています。

TLDごとに**レジストリ**（管理組織）が定められています。たとえば、.jpのレジストリは株式会社日本レジストリサービス（JPRS）です。

▶ IANA - Root Zone Database
https://www.iana.org/domains/root/db

TLDがccTLDの場合、セカンドレベルドメイン（右から2番目のラベル）に組織属性や地域を表す特別なサブドメイン名（任意のラベル）があります。.co.jp（co：株式会社や合同会社など）や.go.jp（日本国の政府機関や独立行政法人など）などの組織属性を表す**属性型JPドメイン名**、metro.tokyo.jp（東京都）などの地域を表す**地域型JPドメイン名**です。ドメイン名の例を**表3.3**に示します。

表3.3 ドメイン名の例

ドメイン名	TLD	セカンドレベルドメイン	サードレベルドメイン	サブドメイン名	サブドメイン名
example.jp	jp (ccTLD)	example (任意のラベル)	−	−	−
example.co.jp	jp (ccTLD)	co (属性型)	example (任意のラベル)	−	−
www.example.co.jp	jp (ccTLD)	co (属性型)	example (任意のラベル)	www (任意のラベル)	−
east.tokyo.example.co.jp	jp (ccTLD)	co (属性型)	example (任意のラベル)	tokyo (任意のラベル)	east (任意のラベル)
example.com	com (gTLD)	example (任意のラベル)	−	−	−

属性型JPドメイン名の場合、登録申請時にその属性に適合するかの審査があります。属性の種類によっては公的な書類の提出が求められるため、属性型JPドメイン名が表す属性はある程度[注3.1]信用できます。

とくに属性指定がはっきりしている組織、たとえば日本国政府機関（.go.jp）や地方公共団体（.lg.jp）は、それぞれ適切な属性型JPドメイン名を登録することで真正性の裏付けとなります。ただし地域型JPドメイン名の場合は一見すると地方公共団体の公式Webサイト・ドメイン名のように見えますが、実際のところはそうであったりそうでなかったりします。

それぞれのTLDにおいて、セカンドレベルドメイン（属性型JPドメインや地域型JPドメインなどの場合サードレベルドメインまで）の委任情報・登録情報は管理団体によって管理されています。わたしたちが任意のドメイン名を利用するためには、まずそれぞれの管理団体に対して利用したいセカンドレベルドメイン（属性型JPドメインや地域型JPドメインなどの場合サードレベルドメイン）を登録申請して、審査などを経て権利を登録します（詳細は後述）。登録したドメイン名のサブドメイン名は、ドメイン登録者がいつでも自由に設定できます。

- 例：example.jpのexampleは、jpの管理団体に管理されている
- 例：example.co.jpのexample.coは、jpの管理団体に管理されている
- 例：www.example.jpのwwwは、example.jpを登録した人がいつでも自由に設定できる。たとえば「www.tokyo.jp.example.jp」はtokyo.jpとはまったく関係なく、example.jpの管理者が設定・利用できる

地域型JPドメイン名などでもサブドメイン名の登録が広く一般に認められている場合もあるので、地域型JPドメイン名の「それっぽい」Webサイトだからといって、地方公共団体が開設したものとは限りません。

注3.1　書類の偽造など悪意を持った詐称のケースを考えると、審査が適正に行われても100%安全とは言い切れないため「ある程度」としています。

Note

日本語ドメイン名!?

ドメイン名に利用できる文字はA-Z、0-9、-と説明しましたが、世の中には「日本語.jp」のように日本語（マルチバイト文字）を利用したドメイン名があります。このような、もともと利用できないはずの文字を利用したドメイン名が利用できる理由は、日本語（マルチバイト文字）部分を**Punycode**という符号化方式で符号化する規格が制定され、各ブラウザに実装されたからです。

たとえば「日本語」をPunycodeで符号化すると「xn--eckwd4c7cu47r2wf」になります。つまり、「日本語.jp」をブラウザのアドレスバーに入力しアクセスすると、実際は「xn--eckwd4c7cu47r2wf.jp」に接続します。

▶日本語JPドメイン名のPunycode変換・逆変換 - 日本語.jp
https://punycode.jp/

Note

専門用語はわかりづらい？

DNSをはじめとした専門用語は、エンジニアの間であっても厳密に利用されているとは限りません。世の常として、普及に伴い用法がいい加減になったり、元の定義の曖昧さにより解釈のバリエーションが増えたり、誤用のほうが普及してしまいスタンダードになったりすることが多々あります。DNSの用語については、専用のRFCまであります。

▶RFC 8499 - DNS Terminology
https://tools.ietf.org/html/rfc8499

正しい意味を把握し正確に利用するのも大事ですが、文脈により用語の定義そのものが変わる場合もあります。発話者が正確な用語の使い分けをできていないこともあります。コミュニケーションにおいて重要なのは用語利用の正しさではなく発話者の意図です。コミュニケーションをスムーズにするうえで用語を正確に・厳密に利用することは効果がありますが、それを他者に求めてコミュニケーション全体がギクシャクしては元も子もないということを忘れないでください。

ドメイン名を登録申請する流れ

前述のとおり、属性型JPドメイン名のように登録要件が定められているTLDもありますが、TLDにこだわらなければ、規定の料金を支払ったうえで誰でもいくつでも自分のドメイン名を持つことができます。

わたしたち一般人がドメイン名を登録する時は、基本的にそれぞれのTLDの**レジストラ**（指定事業者）もしくは**リセラー**（再販事業者）に依頼してドメイン名を登録申請します。あるTLDのレジストリは1つですが、あるレジストリが複数のTLDのレジストリになることはあります。

多くの場合、レジストラやリセラーは複数の上位組織と契約し、いろいろなTLDを扱っています（図3.6）。レジストラの役割はドメイン名の登録や、WHOIS情報（後述）をレジストリに登録・更新することです。リセラーはレジストラを経由して同様の役割を担います。

図3.6 ドメイン名登録申請の構造

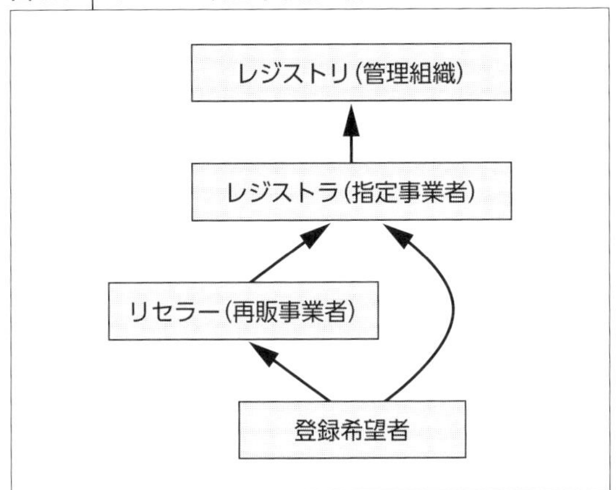

WHOISはドメイン名の管理情報です。WHOISは誰でも自由に閲覧できます。JPドメインであれば、JPRCのWebサイト[注3.2]で検索・閲覧できます。

WHOISの目的はJPRSのWebサイトに詳しいです。

> *1 Whoisとは何か(目的)*
> *(省略)*
> *ネットワークの安定的運用を実施する上で、技術的な問題発生の際の連絡のために必要な情報を提供*
> *ドメイン名の申請・届け出時に、同一ドメイン名や類似ドメイン名の存在を確認するために必要な情報を提供*
> *ドメイン名と商標などに関するトラブルの自律的な解決のために必要な情報を提供*
>
> *(出典) Whoisとは | JPドメイン名の検索 | JPドメイン名について | JPRS*
> *https://jprs.jp/about/dom-search/whois/*

登録ドメイン名、ネームサーバ、登録日、有効期限のような、いかにもドメイン名の管理に必要そ

注3.2 JPRS WHOIS /JPRS ▶ https://whois.jprs.jp/

うな情報だけでなく、登録者の名前と住所、技術担当者の名前・住所・メールアドレス・電話番号、登録担当者の名前・住所・メールアドレス・電話番号も登録・公開されています。個人でドメイン名を登録する時に個人の住所などを公開するのはためらわれますが、多くのリセラーやレジストラが連絡窓口代行サービスを提供しているので、利用するとよいでしょう。連絡窓口代行サービスを利用する場合は、WHOISに登録する住所や連絡先類はドメイン名登録申請代行事業者のものを登録します。

3.4 DNS

DNSとは

前述のように、人類はドメイン名とIPアドレスを紐付けて利用することにしました。この紐付けを管理・利用するためのしくみが**DNS** (Domain Name System) です。

DNSの基本的な役割は、ドメイン名とIPアドレスの相互変換です。ドメイン名→IPアドレスを**正引き**、IPアドレス→ドメイン名を**逆引き**と呼びます (**図3.7**)。また、正引きの変換動作のことを**名前解決** (Name Resolution) と呼びます。

DNSのWell Known Port Numberは53で、53/TCPまたは53/UDPで通信を行います。しかし、誰がどのドメイン名の名前解決を実行したか分かると、その人の趣味嗜好や行動などが推察できてしまいよろしくないので対策が検討されてきました。最近になって、プライバシー保護強化を目的として443/TCPを利用した**DoH** (DNS over HTTPS) が実用化されました。

図3.7 DNSの正引きと逆引き

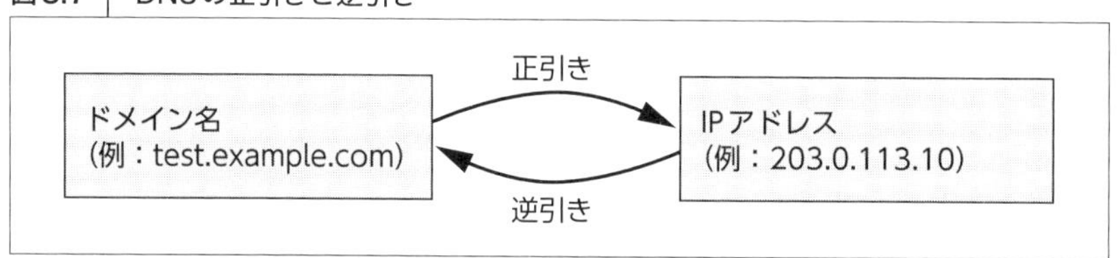

権威サーバとフルリゾルバ

ひとくちにDNSと言っても、**権威サーバ**と**フルリゾルバ**の2つの世界があります。

- **権威サーバ**：名前解決のためのおおもとのデータを保持し、問い合わせに対して名前解決を行うサーバ
- **フルリゾルバ** (Full resolver)：権威サーバに問い合わせを行い名前解決を行うサーバ。名前

解決した結果は、ドメイン名ごとの指定に従い一定期間保持し再利用する（キャッシュ）

パソコンやスマートフォンなどのネットワーク設定にあるネームサーバの欄ではフルリゾルバを指定します。フルリゾルバをそれぞれのパソコンやスマートフォンで稼働させることは、技術的には可能ですがあまりやりません。ISPが運営するフルリゾルバなどのネットワーク的に近いフルリゾルバを共用することでキャッシュが活用しやすくなり、利用者にとっては応答速度が速くなるメリットがあります。また、インターネット全体の資源効率向上や権威サーバのキャパシティ節約にも繋がります（図3.8）。

図3.8 権威サーバとフルリゾルバ（ルートサーバはP.79を参照）

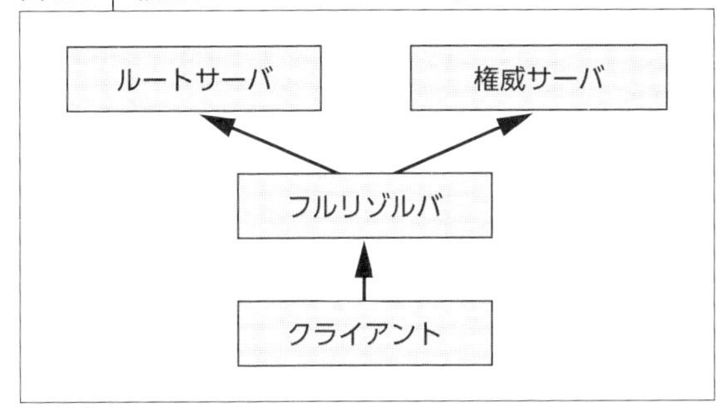

フルリゾルバには、自力で名前解決するものと、別のフルリゾルバに問い合わせる（フォワーディング）だけのものがあり、後者を**DNSプロキシ**と呼ぶことがあります。家庭など小規模のLANであれば、LAN内のルータ（DNSプロキシ）→ISPのフルリゾルバという構成で名前解決していることが多いです。

フルリゾルバはDoSやDDoSなどの攻撃にも利用できるため、所属組織・ネットワークからのみ利用可能とするのが一般的です。Webシステムでは、主に高速化を目的としてシステム内部向けにフルリゾルバを用意したり、各サーバにフルリゾルバを用意したりすることがあります。また、システム内の名前解決のために専用の権威サーバを用意することもあります。

誰でも利用可能なフルリゾルバは**オープンリゾルバ**と呼ばれます。通常、オープンリゾルバは避けますが、企業が広く一般に利用可能なフルリゾルバを提供していることもあります。執筆時点では、Googleの8.8.8.8と8.8.4.4や、CloudFlareの1.1.1.1が有名です。

DNSのゾーン

DNSではドメイン名ごとに権限を委任することで分担して管理しています。この単位をDNS的には**ゾーン**と呼びます。DNSではゾーンの単位で権限を委任しており、どのゾーンをどの権威サーバに委任しているか、DNSのしくみの中でわかります。ルートサーバや権威サーバからの応答では、名前解決結果ではなく委任先が提示されることもあります。

ゾーンは右から、つまりTLDから順に解決していきます。最初はTLDです。TLDはルートサーバが担当し、委任先を提示します。ルートサーバのIPアドレスはDNSのしくみの中で解決するのではありません。フルリゾルバそれぞれが公開情報を元に作成した設定ファイルを保持し、そこにIPアドレスを記載しています。この設定ファイルの維持や情報の更新は、基本的にDNSのしくみの外側です。フルリゾルバの管理者が行います[注3.3]。

TLDの委任先が提示されたら、セカンドレベルドメイン、サードレベルドメインと順次解決していきます（**表3.4**）。

表3.4 example.jpの名前解決手順

手順	解決箇所	問い合わせ先の確定方法	問い合わせ先	応答内容
1	jp	フルリゾルバが持つヒントファイル	ルートサーバ	.jpを委任した権威サーバのIPアドレス
2	example.jp	1の応答	.jpを委任されている権威サーバ	example.jpを委任した権威サーバのドメイン名とIPアドレス※
3	example.jp	2の応答	example.jpを委任されている権威サーバ	example.jpの名前解決結果（IPアドレス）

※IPアドレスはグルーレコード（glue record）で応答

digコマンドで名前解決手順をなぞった実行例は**図3.9**のとおりです（なお今回の例のようにNSレコードの設定値がサブドメイン名の場合、手順2のところで「dig example.jp @203.0.113.11」とすると名前解決できます）。digコマンドは、CentOS 8であればbind-utilsパッケージに含まれています。「dig example.com @ns1.example.com」と実行すると、example.comについてns1.example.comに問い合わせを行います。

注3.3 この設定ファイルをヒントファイルと呼びます。ヒントファイルの情報を元に、primingという動作によりルートサーバにルートサーバのNSレコード（後述）のクエリーを行い、ルートサーバのNSレコードを再取得します。そのため、ヒントファイルが古くなっても、その影響が緩和されます。

図3.9 名前解決手順の実行例（実際の応答とは異なります）

```
# ヒントファイルでルートサーバの接続先を確認
[root@myhost /var/named]# cat named.ca
（略）
;; ANSWER SECTION:
.                       518400  IN      NS      a.root-servers.net.
.                       518400  IN      NS      b.root-servers.net.
（略）
;; ADDITIONAL SECTION:
a.root-servers.net.     518400  IN      A       203.0.113.1
b.root-servers.net.     518400  IN      A       203.0.113.2
（略）

# ルートサーバに問い合わせ（手順1）
[root@myhost named]# dig +norec example.jp @203.0.113.1
（略）
```

```
;; AUTHORITY SECTION:
jp.                     172800  IN      NS      a.dns.jp.
jp.                     172800  IN      NS      b.dns.jp.
(略)
;; ADDITIONAL SECTION:
a.dns.jp.               172800  IN      A       203.0.113.11
b.dns.jp.               172800  IN      A       203.0.113.12
(略)

# 委任先に問い合わせ(手順2)
[root@myhost named]# dig ns1.example.jp @203.0.113.11
(略)
;; AUTHORITY SECTION:
example.jp.             86400   IN      NS      ns1.example.jp.
example.jp.             86400   IN      NS      ns2.example.jp.
(略)
;; ADDITIONAL SECTION:
ns1.example.jp.         86400   IN      A       203.0.113.101
(略)

# 委任先に問い合わせ(手順3)
[root@myhost named]# dig example.jp @203.0.113.101
(略)
;; ANSWER SECTION:
example.jp.             86400   IN      A       203.0.113.201
(略)
```

Note

ルートサーバはインターネットの基幹

ここまで説明したとおり、ルートサーバはDNSのツリー構造の起点(root＝根っこ)になるサーバ(群)です。ルートサーバは執筆時点で13のクラスタ[注3.4]で処理を分散しています。それぞれのクラスタはA～Mの名前を冠しています。Aがマスタで、同じ情報を複製保持しているB～Mがミラーです[注3.5]。それぞれのクラスタが負荷分散や冗長化に取り組んでおり、多くのクラスタで、エニーキャストによる負荷分散(2章を参照)が取り入れられています。

注3.4　情報システム一般においてクラスタは、ある機能を実現するサーバ・ノード群を指します。
注3.5　ルートサーバとは - JPNIC ▶ https://www.nic.ad.jp/ja/basics/terms/root-server.html

Note

ドメイン名末尾の「.」

図3.9の出力にもあるとおり、DNSは「.」を最上位とした階層構造になっています。最上位の「.」は普段は記載しませんが、厳密な表記が必要な時は意識して書き分けなければなりません（例：DNSの設定を行う時）。とあるDNSソフトウェアの設定ファイルは、「最上位の「.」がない場合は、そのファイルのドメイン名とみなす」仕様となっており、「.」を書き忘れたことで意図した設定がなされない、というのが定番のトラブルです。なお「;」以降はコメントです。

```
example.com. IN A 203.0.113.201
; ↑の意味:example.com⇒203.0.113.201
www IN A 203.0.113.210
; ↑の意味:www.example.com⇒203.0.113.210
test.example.com IN A 203.0.113.211
; ↑の意味:test.example.com.example.com⇒203.0.113.211
;  ※末尾に.がないので.example.comが補完された
```

権威サーバの世界

前述のとおり、DNSはゾーン単位で委任できます。たとえばルートサーバは.の権威サーバであり、jpはルートサーバからjpを担当する権威サーバに委任されています。またexample.jpは、jpを担当する権威サーバからexample.jpを担当する権威サーバに委任されています（**図3.10**）。

図3.10 DNSの委任の例

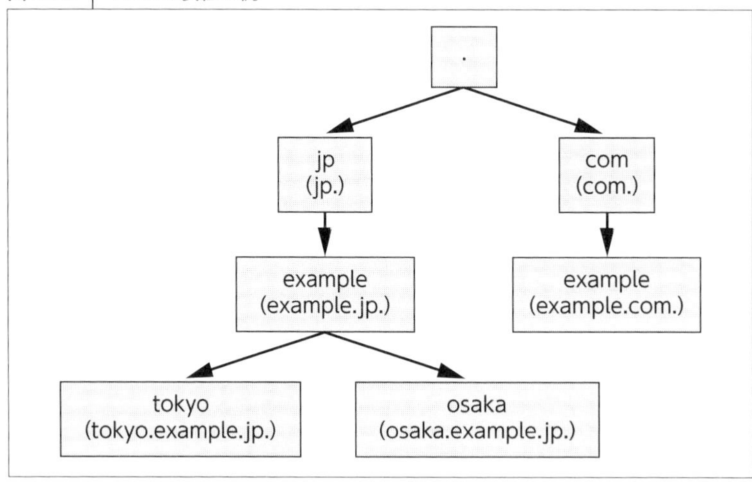

DNSに登録する情報を**レコード**（リソースレコード）と呼びます。代表的なレコード種別は**表3.5**のとおりです。

表3.5 代表的なDNSのレコード種別

レコード	意味	用途
A	a host address	正引き
CNAME	the canonical name for an alias	エイリアス
TXT	text strings	ドメインの管理・活用のための属性情報
MX	mail exchange	メール配送先決定
SOA	marks the start of a zone of authority	そのゾーン情報のバージョンや有効期限などの基本的な情報
NS	an authoritative name server	ネームサーバ指定
PTR	a domain name pointer	逆引き

レコードはそれぞれ属性を持ちます。代表的な属性は**TTL**（Time To Live：生存期間＝有効期限）です。

DNSでは、フルリゾルバやクライアントが名前解決結果を一定期間手元に保持し、再利用することが認められています。この最大保持期間を定義するのがTTLです。フルリゾルバやクライアントがTTLに従っている範囲において、TTLの値は有効期限として機能します。フルリゾルバやクライアントは最大保持期間を過ぎるまでは再度問い合わせを行わないため、フルリゾルバ・クライアント・権威サーバそれぞれの負荷軽減になります。

最大保持期間を過ぎたデータが適切に破棄されるかはリゾルバやクライアント次第です。アプリケーションが名前解決結果を独自に保持し続けるために、利用者から見たらDNSに問題があるように見えるというケースがあります。

TTLの取り扱いがリゾルバやクライアント依存で権威サーバ側から強制制御できないこと、DNSが完全な分散システムでリゾルバ側の詳細な挙動を権威サーバ側で知るすべがないこと（設定ミスに気づきづらい）、かつてDNSのSaaSがあまり便利でなかった頃に、権威サーバとフルリゾルバを同居させてDNSサーバを用意するケースが多く、多くの関係者には権威サーバとしての挙動とフルリゾルバとしての挙動の区別がつかなかったことから、とくに〜2000年代にWebサービスに携わっていた方の中に「DNSの取り扱いが難しい」という印象が強く残っているようです。

TTLは通常、86400秒など長めにしておくことが多いです。これはサーバ・ネットワークリソースの効率的な利用の他に、問い合わせのための通信回数を減らすことで攻撃を受ける可能性のある機会を減らすなどの目的があります。TTLは、DNSの設定変更を利用したシステム移設の時などに短くすることがあります。

Note

見つからない場合もキャッシュする

DNSでは、問い合わせた名前が見つからなかった場合は、NXDOMAINという応答がなされます。実はこのNXDOMAIN応答にもTTLが設定されており、キャッシュされます。この時、NXDOMAIN応答のTTLはSOAレコードのminimum・SOAレコードのTTLをもとに決定されます。なお、このようなエラー応答のキャッシュをネガティブキャッシュと呼びます。

レコード定義の変更

権威サーバはプライマリ／セカンダリの冗長構成です。

- **プライマリ**：おおもとのレコード定義を持ち権威サーバとして振る舞う。マスタと呼ぶこともある
- **セカンダリ**：プライマリからレコード定義を受け取り権威サーバとして振る舞う。スレーブと呼ぶこともある

ドメインごとのレコード定義一式を**ゾーン情報**と呼び、プライマリからセカンダリへのゾーン情報の伝搬を**ゾーン転送**と呼びます（**図3.11**）。

図3.11 ゾーン転送によるゾーン情報変更の反映

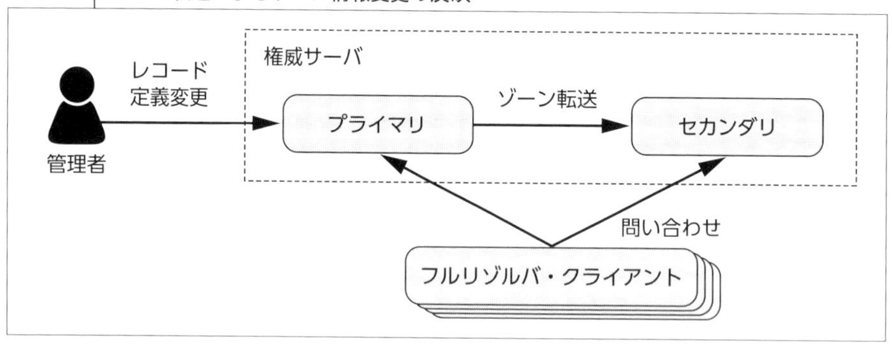

ゾーンの設定はSOAレコードのSerial（シリアル番号）で版を識別しています。Serialは符号なし32bitの整数で、SOAレコードの1番目の数値がSerialです（**図3.12**）。

ゾーンの管理者は、プライマリ側で設定を更新する際にSerialを更新しておきます。ゾーン転送が成功すると、セカンダリ側にSOAレコードを問い合わせた時にSerialの値が最新のものになります。人手で採番する場合、わかりやすさのために日付（YYYYMMDD）+2桁の数値とすることが多いです。

図3.12 Serialの例（以下の場合、2019121406がSerialの値）

```
$ dig @ns2.example.com -t soa +short example.com
ns.icann.org. noc.dns.icann.org. 2019121406 7200 3600 1209600 3600
```

問い合わせを受け付けるサーバをセカンダリとしての役割のみに限定することで、設定変更にまつわる機構を省略し、セキュリティとキャパシティを向上させる方法もあります。この構成を**Hidden Master構成**と呼びます（**図3.13**）。

図3.13 Hidden Master構成

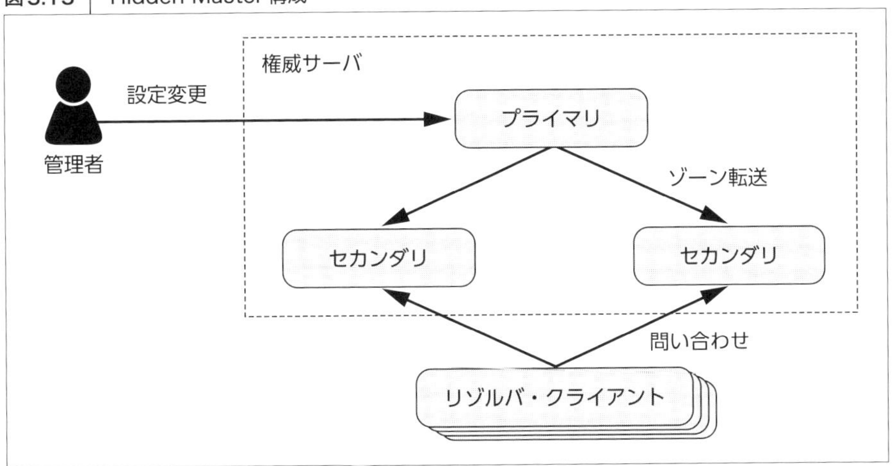

DNSを利用したシステム移行

利用しているクラウドサービスを切り替える時など、システムを新しく一式用意してまるっと切り替える方法でシステムを移設する時には、権威サーバ側で応答するIPアドレスを変更し、ユーザがアクセスする先を変更することで新旧のシステムを切り替える方法があります（**図3.14**）。

図3.14 DNSでの接続先切り替え

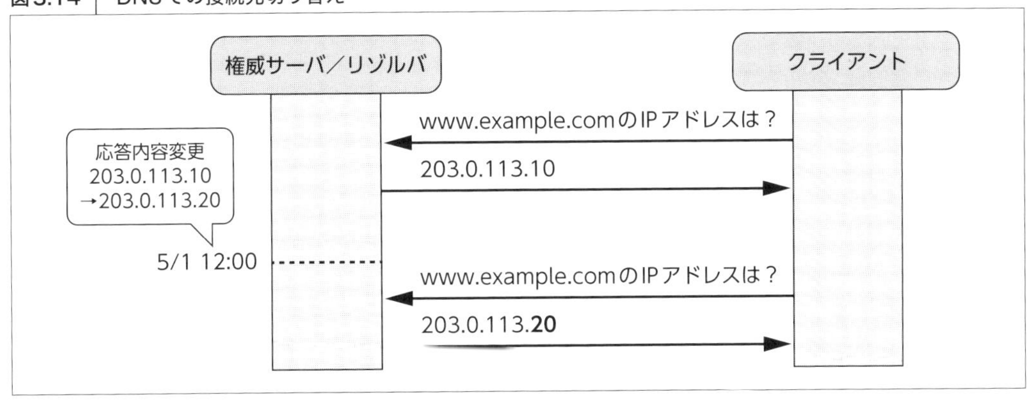

あらかじめTTLを短くしておけば、短時間で切り替えが期待できます。

しくみ上、ばつっとある瞬間からすべてのアクセスが新しい側に向くような切り替え方は実現できません。リゾルバがTTLを知るのは問い合わせしたタイミングなので、TTLを短くする場合は、元のTTLを加味して実施タイミングを調整しなければなりません。たとえば**図3.15**の場合、TTL 300を前提にした切り替え操作ができるのは5/2 00:00以降です。

図3.15 DNSのTTL

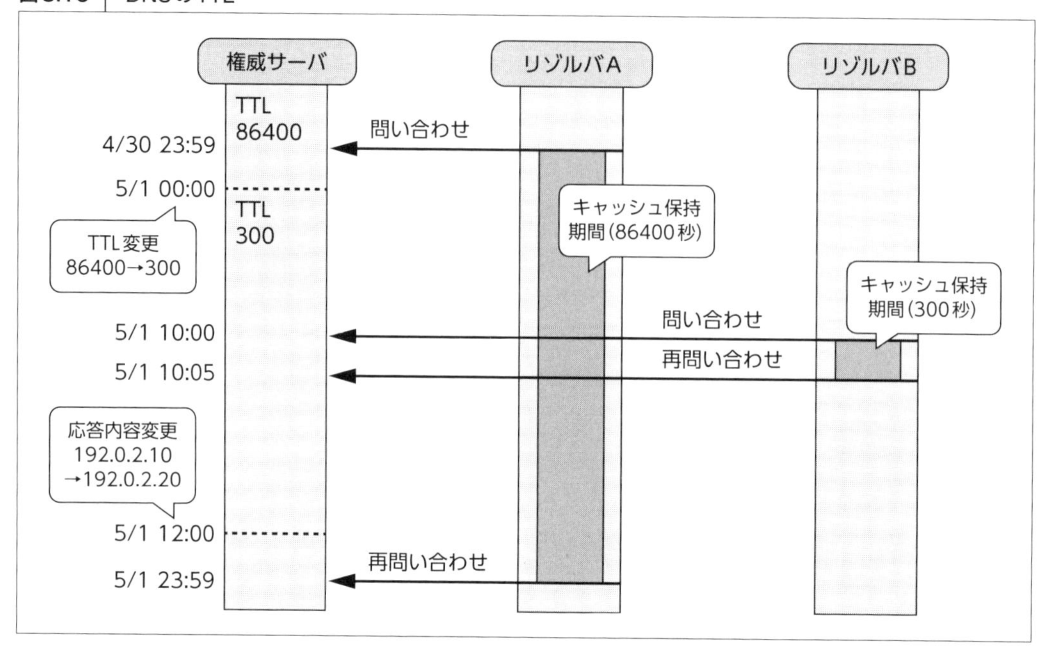

> **Note**
>
> **86400という数値**
>
> 普通に暮らしていると、86400という数値の意味はぱっとわからないと思いますが、インターネットに携わる仕事をしているとぱっとわかるようになります。実は、86400は1日の秒数です。
>
> 1日＝60秒×60分×24時間＝86400秒
>
> 64、128などの2進数でピッタリな数値の他に、このようなキリのいい数値も覚えていくと便利です。86400の他には1440（分＝1日）、744（時間＝31日≒1ヶ月）などもあります。

その他に、MXレコードは優先度の属性を持ちます（**リスト3.1**）。

リスト3.1 MXレコード設定例

```
example.com. 10 mail.example.com.
example.com. 20 mail2.example.com.
```

DNSを利用した負荷分散

DNSでは、あるドメイン名に対して複数のAレコードを設定することができます。そのように設定されている場合、そのドメイン名のAレコードを問い合わせた場合には、定義されているぶんをすべて応答します（図3.16）。

図3.16 example.comのAレコードに203.0.113.101，203.0.113.102，203.0.113.103が設定されている場合の応答例

```
$ dig -t a +short example.com
203.0.113.101
203.0.113.102
203.0.113.103
```

応答されたもののうちどれを利用するかはクライアントの実装次第ですが、一番目を利用するクライアントが多いと聞きます。

この状況を利用して、DNSで負荷分散を行う手法が**DNSラウンドロビン**です（図3.17）。問い合わせごとに並び順を入れ替えることでクライアントに採用されるIPアドレスが分散し、結果的に負荷分散が叶います。DNSラウンドロビンは、サーバ側の負荷を平準化する機構はなく、リクエストを分散するだけです。負荷分散の確実性や機能は少ないものの、専用の負荷分散装置を必要としないため、たいへん手軽に利用できる点がメリットです。なお、負荷分散装置と併用することも多々あります。

図3.17 DNSラウンドロビン

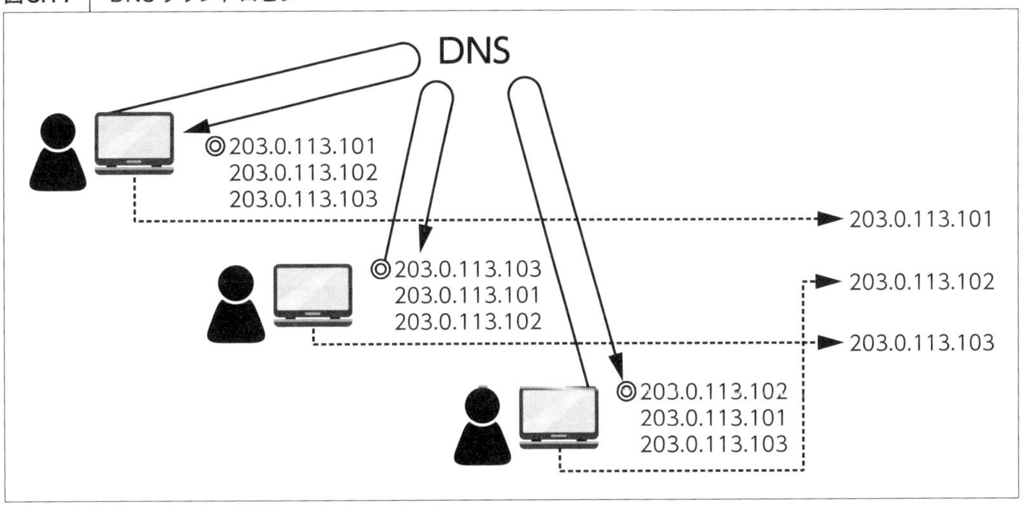

DNSを利用した冗長化

あるドメイン名に複数のAレコードが定義されている場合において、最初に利用した接続先に対して接続エラーとなった場合、最近の多くのブラウザは他の接続先も試します。ブラウザ実装依存

であり、バージョンによって挙動が変わったり、他の接続先を試すエラーが限定的だったりと心許ない面はありますが、いざという時に頼りになるので覚えておきましょう。

ここまでのまとめ

- HTTP・HTTPSが多く使われている
- URL／URIは何らかのコンテンツの位置を表している
- ドメイン名は階層構造になっている
- DNSも階層構造になっている
- DNSサーバといっても権威サーバとフルリゾルバで役割が大きく異なる
- DNSはゾーン単位で管理を委譲できる

DNSについてさらに詳しく知りたくなったら

DNS Summer Days 2012の資料「DNSのRFCの歩き方」を入口に探索するのがお勧めです。

▶DNSのRFCの歩き方　株式会社ハートビーツ 滝澤隆史　日本Unboundユーザー会
https://dnsops.jp/event/20120831/DNS-RFC-PRIMER-2.pdf

3.5 HTTPSとTLS証明書（SSL証明書）

ブラウザでWebサイトを閲覧する時、執筆時点（2021年1月）ではほとんどのWebサイトがHTTPSです。アドレスバーに鍵マークがついていますね。このHTTPSプロトコルと、鍵マークの意味を理解しましょう。

HTTPSの2つの役割

通信する時、HTTPSを利用することで次の3つが保証されます。

- 通信経路が暗号化されていること
- 通信相手がドメイン名のとおりであること
- 通信内容の改ざんを検知できること

通信経路が暗号化されていること

暗号化されていない通信は、通信経路上でパケットキャプチャすることで誰でも簡単に読み取ることができます。暗号化することで、暗号化した人(機器)と復号した人(機器)の間の通信経路上ではそうそう簡単に内容を読み取ることができなくなります。

通信相手がドメイン名のとおりであること

HTTPSで通信する時、サーバ(接続される側)がクライアント(接続する側)に**証明書**を提示します。証明書のCommon Name(コモンネーム)の欄にはドメイン名が記載されており、クライアント側で「接続先のシステム管理者が証明書を取得し所有していること」を検証できます。証明書の発行元が信頼できる発行管理を行っている前提において[注3.6]、クライアント側で「通信相手が正当に証明書を取得・利用可能な人(組織)であること」を確認できます。

それぞれの証明書は、その記載内容を証明するために、認証局から署名を受けています(証明書発行の過程で署名を行っています)。実は、クライアントはあらかじめ「信頼できる認証局」リストを持っています。クライアント側では、このリストにある認証局が署名した証明書は信頼できると判断します。

認証局は署名をする前に、その証明書を取得するにふさわしい相手からの申請であることを確認します。証明書は発行時(証明書を作成し認証局が署名する時)の確認内容によって以下の3種類があります。どの証明書であっても、通信経路の暗号化における暗号強度には影響がありません(暗号強度は証明書の種類の影響を受けません)。

- DV:Domain Validation=ドメイン認証:発行時にドメイン名の登録者を確認する
- OV:Organization Validation=組織認証:発行時に組織(企業・団体など)が実在することも確認する。公的書類・第三者データベースを用いた確認、電話での申請者在籍・意思確認などを行う
- EV:Extended Validation=拡張認証:組織証明(OV)の確認に加えて、追加の申請書類などを用いて申請者(人)まで確認する

2019年半ばまでは、EVの証明書を利用したWebサイトにアクセスした時、ブラウザのアドレスバーに組織名が表記されていました。これはユーザを保護するための施策で、組織名を視認しやすくすることで、ユーザがデザインを似せて誤認を狙った悪質なWebサイト(フィッシングサイトなど)にID・パスワードや個人情報を入力しないように促すためのものでした(EV証明書は、このような効果があるという触れ込みで販売されていました)。

しかし、ブラウザ開発者たちによる調査の結果、このアドレスバーの取り組みは効果がないことが判明しました。一般のユーザはアドレスバーを確認する習慣がなかったのです。そのため、EV

注3.6 実は証明書が不正に発行/取得される事件はままあり、信頼に足らないと判断された証明書や認証局は無効宣言がされたり、信頼できる認証局リストから削除されたりします。

証明書の特別扱いは2019年半ばに廃止されました。

それではEVやOVの存在意義は？　と聞かれるとたいへん答えに困るのですが、通信相手を確認する意思があり行動する、全体から見るとごくごく一部のユーザに対して安心材料を提供することができます。

3.6 PKI

PKI（Public Key Infrastructure）とは、**公開鍵暗号**と**デジタル署名**（電子署名）、それらを活用した**デジタル証明書**（電子証明書）を要素技術として利用し構築された一連のシステムのことです。実際に運用されているPKIは、**政府認証基盤**（GPKI：Government Public Key Infrastructure）、**地方公共団体組織認証基盤**（LGPKI）などがあります。本項ではPKIの概要を紹介します。公開鍵暗号とデジタル署名の話に入る前に、基礎技術の話をして、その後に本題に入ります。

データに対する処理の種類

あるデータに対する処理で、混同しやすいのが**符号化**（エンコード）・**圧縮**・**暗号化**・**ハッシュ化**です（表3.6）。

表3.6　データに対する処理の違い

処理	元データの容量削減	元データの秘匿	元データの復元
符号化	×	×	○
圧縮	○	×	○※
暗号化	×	○	○
ハッシュ化	△（一定の長さになる）	○	×

※一部の圧縮処理は、処理方法によって元データを復元できないものもある（例：JPEG形式の画像圧縮は元データの復元が不可能）

符号化

符号化は、元データを特定の表現方法に射影する処理です。たとえば**Base64**による符号化を施すと、バイナリデータをテキストだけで表現できます。符号化したデータを**復号**（デコード）することで、元データを得ることができます。たとえばHTTPのBasic認証では、認証情報をBase64で符号化してやりとりします。

圧縮

圧縮は、主に保存や転送の際に元データの容量を削減するために利用します。完全な元データを復元可能な**可逆圧縮方式**と、完全な元データを復元不可能な**非可逆圧縮方式**があります。たとえば、

ZIP形式やGZIP形式、ZSTD形式のファイルは可逆圧縮方式で圧縮されたファイルです。画像や動画・音声などでは、非可逆圧縮方式を使って大幅な容量削減を狙うことがあります。たとえばJPEG形式の画像ファイルは非可逆圧縮処理を施された画像ファイルです。

暗号化

暗号化は、元データを秘匿するために施す処理です。復号（元データの復元）には特定の手法やデータを用いる必要があるため、その手法を知っていて実行可能な相手のみ復元できる＝特定の相手にのみ渡したいデータを渡すことができるようになります。たぬき言葉（文章から特定の文字を除去する）やシーザー暗号（文章の各文字をn文字ずらす）のように、手法さえわかれば復号できるものもありますが、現代のIT技術で利用されている暗号は、暗号化・復号の手法は公開・共有され数学的に検証されているのが普通です。多くのOSのディスク暗号化には**AES**（Advanced Encryption Standard）が利用されています。

暗号化する際には、鍵になるデータを利用します。この鍵はパスワードであったり特定のファイルであったりします。暗号化の強さ（第三者による復号しにくさ）は、基本的に利用するアルゴリズムと鍵の長さで決まります。アルゴリズムは数学的に検証されていることが重要です。鍵の長さは鍵を総当たりするための所要時間に影響します。暗号化の強さは、つまりアルゴリズム（＝計算の解きにくさ。答えが推測できない・計算に時間がかかる）と鍵の長さ（当たりを引くまでパターンを試す所要時間）によって決まります。

ハッシュ化

ハッシュ化は、一方向ハッシュ関数を適用することを言います。一方向ハッシュ関数で有名なのはMD5、SHA-1、SHA-2です。よい一方向ハッシュ関数は以下のような特徴を備えています。

- 入力から出力が一方向であること：入力と出力が不可逆で、出力から入力を復元できない
- 出力から入力が推測不可能であること：出力から入力を推測できない
- 衝突耐性があること：異なる入力から同じ出力が得られることがない
- 入力に対し出力が決定的であること：同じ入力に対して必ず同じ出力が得られる
- どのような入力に対しても出力を返すことができること：入力に対して制限がない
- 素早く（計算機コストが少なく）出力を得られること：入力から出力を得るための計算機コストが少ない

ダウンロードしたデータが1bitも違わず元データと同じものであるかどうかは、一方向ハッシュ関数を使ってハッシュ化したデータ同士を比較することで簡単に検証できます。MD5とSHA-1は衝突耐性に難があることがわかっているので、SHA-2以降を利用します。なお、ハッシュ化はブロックチェーン技術でも活用されています。

Note

システムでは「パスワードは暗号化して保存」しない！

前述のとおり、暗号化は復号により元のパスワードを得ることができてしまいます。パスワードそのものの漏洩リスクを回避するため、システムのユーザ認証情報を保持する場合は、暗号化したパスワードではなくハッシュ化したものを保持するのが定石です。入力されたパスワードを、保存した時と同じ手法でハッシュ化すれば同じ値が得られるので、保存されている値と突き合わせることで、同じパスワードが入力されたかどうか＝正しいパスワードが入力されたか判断できます。

ハッシュ化も、元データ（入力されたパスワード）をそのままハッシュ化して保存するのではなく、ハッシュ化を繰り返して桁数を伸ばしたり、システム固有の値を付与したりしてからハッシュ化しなければなりません（**図3.18**）。ハッシュ化を繰り返して桁数を伸ばすことをストレッチング、値を付与することをソルテッド（salted）と呼びます。

実は世の中には、「特定の文字列をハッシュ化したらどうなるか」の一覧表が販売されています。長い文字列は網羅できていないようですが、短い文字列はもうダメです。というわけで、ストレッチングとソルテッドで極力リストアップされていないハッシュ化前データにして、万が一ハッシュ化後のデータが漏洩してもパスワードが露見する可能性を下げます。

図3.18 パスワードのハッシュ化

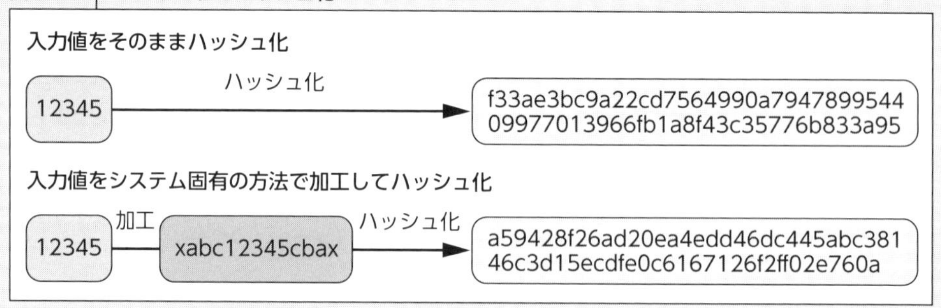

Note

専門用語は一味違う

本書では一般的な用法・語感に基づいて解説していますが、情報セキュリティを専門とする領域ではより厳密な用法・意味があり、正確な用語の使い分けが求められることがあります。たとえば、「暗号技術」の指す範囲が、単に元データを秘匿するだけでなく、元データの検証（改ざん検知）なども含む領域を指すことがあります。深堀していく際には、それぞれの単語の意味・範囲・処理内容・効果をあらためて確認するところから始めてください。

公開鍵暗号

前述のとおり、暗号化と復号の際には鍵を利用します。暗号化と復号で同じ鍵を利用する方式を**共通鍵暗号方式**と言います。特定の暗号化方式では、暗号化の鍵と復号の鍵を別にできます。この時の鍵のセットを俗に**キーペア**（鍵ペア）と呼びます。片方の鍵で暗号化したデータは、対になる鍵でしか復号できないのです。

この性質を利用するとすごいことができます。片方の鍵を広く公開し、もう片方の鍵は自分だけが大切に保管・運用することで、自分宛てのデータを誰からも暗号化して送ってもらうことができます。これを**公開鍵暗号方式**と言い、公開するほうの鍵を**公開鍵**（Public Key）、自分だけが大切に保管・運用するほうの鍵を**プライベート鍵**（Private Key）と呼びます（**図3.19**）。

図3.19 公開鍵暗号

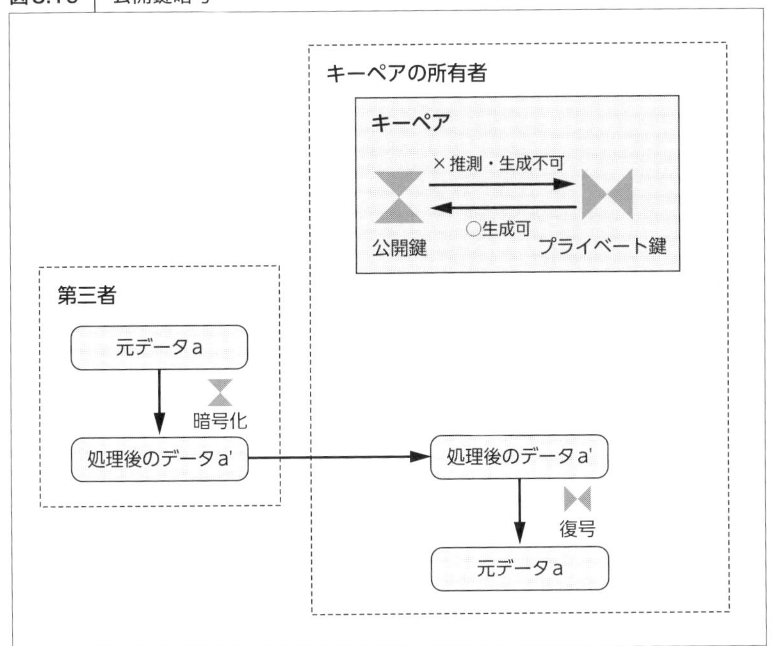

データを送受信する双方が事前に公開鍵を一般公開しておくことで、暗号化・復号のためのパスワードの取り決めなしに暗号化通信ができます。

デジタル署名

一般に署名（自分の名前を書く行為）は、文書の内容に合意したということを表します。書面（紙媒体）に署名をした場合、その署名（書かれた名前）が本人によるものかどうかは、筆跡鑑定などによって第三者の専門家が検証できます。ただしこの時、書面の記載内容が署名した時点と同一かどうかは検証できません。

デジタル署名では、暗号技術を活用して、次の2つの要素を実現します。

1. とあるデータに署名があった時、それが本人の署名であることを第三者が検証可能
2. とあるデータに署名があった時、そのデータ（内容）が署名された時のデータと同一であることを第三者が検証可能

これらが実現することで、（プライベート鍵を持つ）本人が署名したこと、また署名対象のデータの署名した時の内容が何であったかを確認できます（表3.7）。

表3.7 紙への署名とデジタル署名

手法	本人であることを第三者が検証	署名した際の内容の同一性を事後に第三者が検証
紙への署名	○	×
デジタル署名	○	○

実現方法は、公開鍵暗号と同じでキーペアを利用します。署名の際に本人しか知り得ないプライベート鍵を利用し、検証の際に第三者が利用可能な公開鍵を利用します。

署名は、具体的には対象データをハッシュ化し、プライベート鍵で所定の計算（RSA署名の場合はプライベート鍵での暗号化と同等の処理）を行います。検証は、署名されたデータに所定の計算（RSA署名の場合は公開鍵での復号と同等の処理）を行ったものと、渡された元データをハッシュ化したものを比較します（図3.20）。

図3.20 デジタル署名

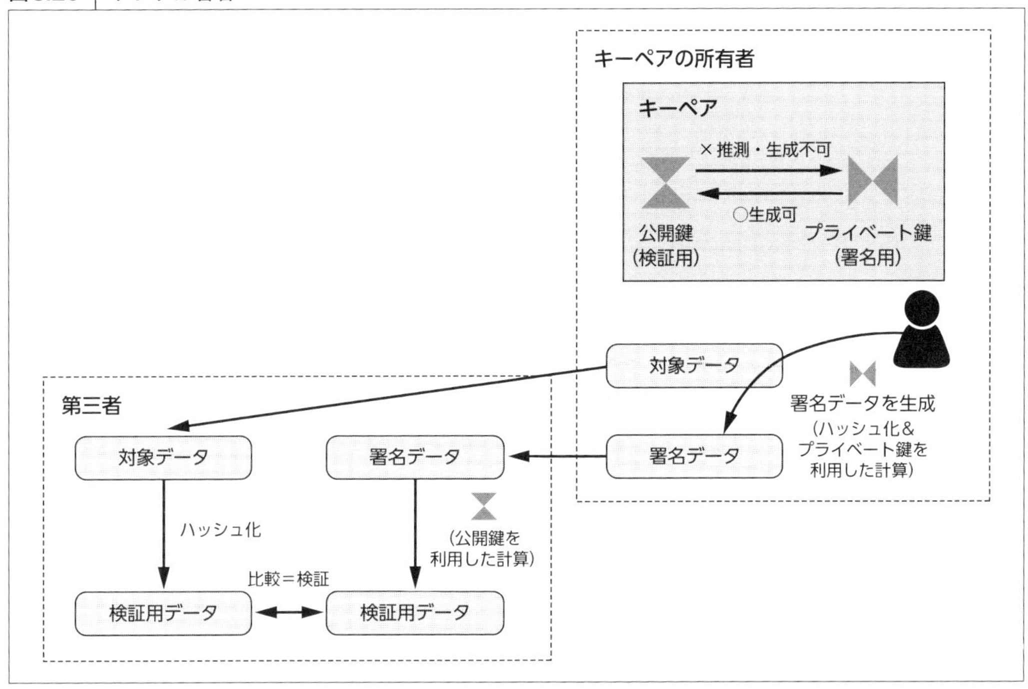

デジタル証明書

ある人(組織)が他者から信頼を獲得したい時、別の第三者の力を借りる方法があります。その第三者がすでに信頼を獲得している場合、その第三者のお墨付きによってスムーズに信頼を獲得することができます。

たとえば家を借りる時に保証会社の力を借ります。Aさんが家主Cさんの信頼を獲得するために、保証会社Bさんの力を借りるのです。Aさん自身の社会的信用＋保証会社の社会的信用の合算で、家主Cさんから賃借許可をとりつけます(図3.21)。

図3.21 第三者の力を借りて信頼を獲得する例

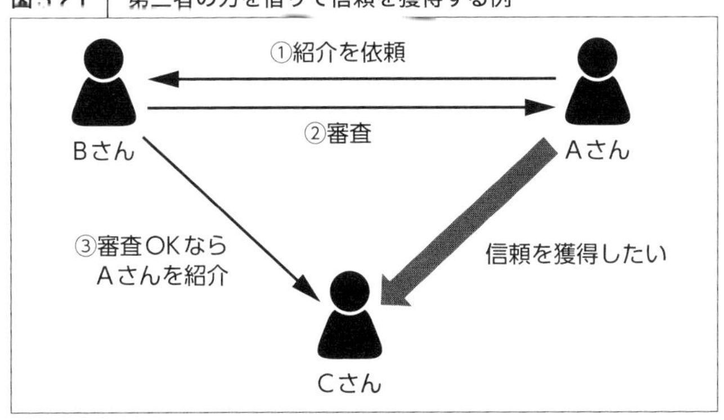

PKIでは、上記例のBさんのような、誰かを審査してお墨付きを与える役割を**認証局**（CA：Certification Authority）と呼びます（厳密には**登録局**（RA：Registration Authority）が担当する部分もありますが、ここでは簡単のためにひっくるめて認証局と呼びます）。認証局は、上記例のAさんのような申請者からの申請に対して審査を行い、審査OKであれば申請者にデジタル証明書を発行します。今のインターネットで広く使われているデジタル証明書は**X.509証明書**です。これがいわゆる**TLS証明書**（サーバ証明書）です。

認証局は階層構造をとることができ、Bさんお墨付きのB2さんのお墨付きのB3さん……が実務を行う場合があります。階層構造の頂点（おおもと）の認証局を**ルート認証局**（Root CA）と呼びます。

サーバ証明書の主な記載項目は次のとおりです。

- 主体者（Subject）：デジタル証明書発行を申請した人（組織）。上記例のAさん
  - Common Name（CN）：通常は証明対象のドメイン名。ワイルドカード指定も可能（例：*.example.com）
  - Organization（O）：組織名（会社名・団体名など）
  - Organizational Unit（OU）：部署名
- 主体者の公開鍵（Public Key Info）：主体者の公開鍵
  - 公開鍵のアルゴリズム：公開鍵で利用しているアルゴリズム
  - 公開鍵：公開鍵の値
- 発行元（Issuer）：審査を行い、デジタル証明書を発行した人（組織）。上記例のBさん
  - Common Name（CN）：認証局の名称
  - Organization（O）：認証局を運営している組織名
  - Organizational Unit（OU）：認証局を運営している部署名
- 有効期間（Validity）：発行された証明書の有効期間（※タイムゾーンに注意）
  - Not Before：有効期間の開始日時
  - Not After：有効期間の終了日時

サーバ証明書発行までの流れは**図3.22**のとおりです。主体者は、発行された証明書をWebサーバに設置し利用します。

図3.22 X.509証明書発行の流れ

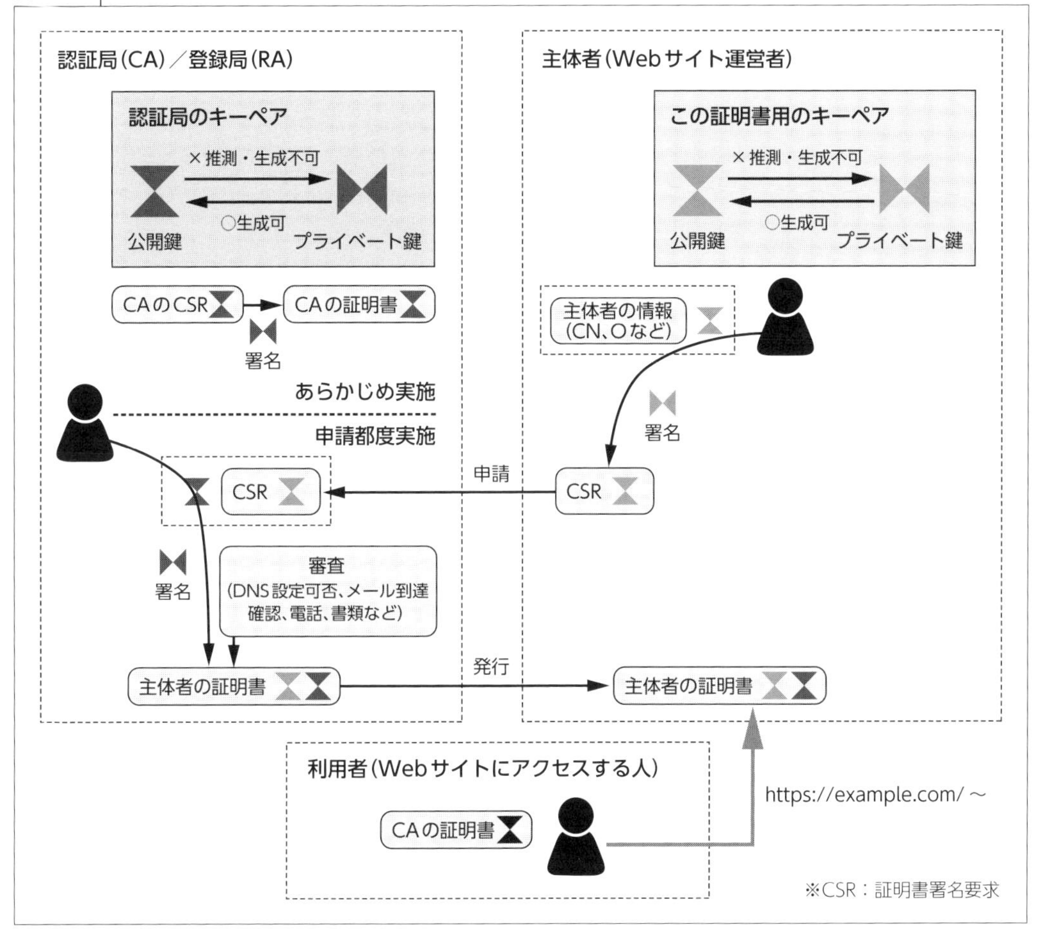

クライアント(典型的にはWebサイト利用者)がWebサーバにHTTPSで接続すると、Webサーバはクライアントにサーバ証明書(図中の「主体者の証明書」)を送信します。そしてサーバ証明書を受け取ったクライアントは、サーバ証明書の有効性を検証します。

主な検証ポイントは、デジタル署名の検証が成功すること、証明書が有効期間内であること、証明書のCommon Nameが今接続しているドメイン名と整合していること、証明書の発行元の認証局(CA)が信頼できる第三者だと確認できることです。前述のとおり、クライアントは発行元の認証局(CA)が信頼できる第三者かどうかを確認するために、あらかじめ「信頼できる認証局(の証明書)リスト」を手元に持っておき、サーバから受け取った証明書の発行元の証明書がそのリストに記載されているかどうかで判断します。

信頼できる証明書リストはOSやブラウザのベンダが管理しています。このリストに掲載されている認証局は信頼の起点になるので、**トラストアンカー**(アンカー=錨)と呼びます。ちなみに、独自の認証局(CA)を構築し、その証明書をトラストアンカーとしてOSやブラウザに追加することもできます。

認証局は多段構成にすることができます。その場合、IssuerもしくはIssuerのIssuer……と辿ったおおもとのIssuerの証明書（ルート証明書）がクライアントの手元の「信頼できる証明書リスト」に記載されていれば、クライアントはその証明書を信頼できる証明書と判断します。現在流通している証明書の多くは多段構成になっており、ルート証明書と主体者の証明書の間の証明書を**中間証明書**と呼びます。

このような検証を経ることで、利用者は通信相手が正しくドメイン名が示す接続先だと確認できます。ここでは利用者がWebサイトを認証する手法を紹介しましたが、利用者各位に証明書を作成・配布し、利用者側の認証を行うこともできます。これを俗にクライアント認証と呼びます。

なお、これらの検証手法だけだと、主体者や認証局が証明書を能動的・自発的に任意のタイミングで無効にすることができません。これではプライベート鍵が漏洩した場合に困ります。そこで、クライアントでの検証項目として、CAが提供する**失効リスト**の確認も行っています。失効リストについて、詳しくは**CRL**（Certificate Revocation List）や**OCSP**（Online Certificate Status Protocol）というキーワードで深堀してみてください。

あらためてPKIとは

あらためてPKIとは、公開鍵暗号とデジタル署名、それらを活用したデジタル証明書を要素技術として利用し構築された一連のシステムのことです。公開鍵の特性を利用し、第三者が証明書を容易に検証可能という点がたいへん優れています。

認証局(CA)・登録局(RA)の運用、OS・ブラウザベンダのトラストアンカー一覧の更新が正しく、真っ当になされている前提においてうまくいく方式です。とくに認証局（CA）や登録局（RA）で非正規の運用がなされた場合、そのことを利用者が検知するのは困難です。しかし、それでは安全なインターネットは得られないので、DNSなども併用し、認証局（CA）や登録局（RA）の不正までも検知する取り組みがなされています。

ここまでのまとめ

- HTTPSによって通信経路の暗号化・通信相手のドメイン名の確認ができる
- PKIの要素技術は公開鍵暗号、デジタル署名、デジタル証明書
- 公開鍵暗号方式によって共通鍵の事前共有なしで暗号化通信ができる
- デジタル署名によって第三者が署名と内容を検証できる
- デジタル証明書によって第三者がデジタル証明書保有者の信頼性を検証できる

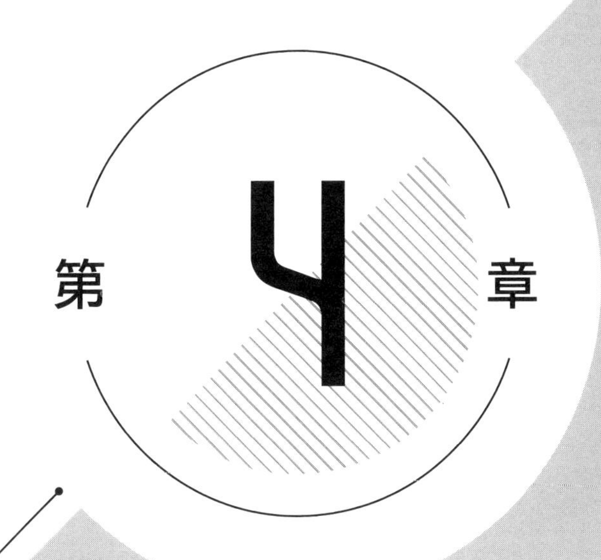

サーバの基礎知識

本章では、Webシステムにおける**サーバ**(Server)の話をします。

サーバはその名のとおり、何かの機能を提供(Serve)する主体を指します。WebサーバはWebの機能=HTTP接続を受け付けてコンテンツを提供(Serve)する主体で、メールサーバはメールの機能=メールの送受信機能を提供(Serve)する主体です。物理的なモノを指す場合と、論理的なモノ指す場合の両方があります。物理的なモノを指す場合、俗に物理サーバと呼びます。

4.1 サーバの基本的な構成

最近利用されているサーバのほとんどは中央演算処理装置(CPU)、主記憶装置、補助記憶装置、入力装置、出力装置で構成されます。カタく書きましたが、利用するパーツは基本的にパソコンと同じです。

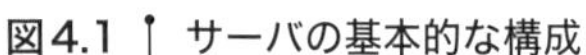
図4.1 サーバの基本的な構成

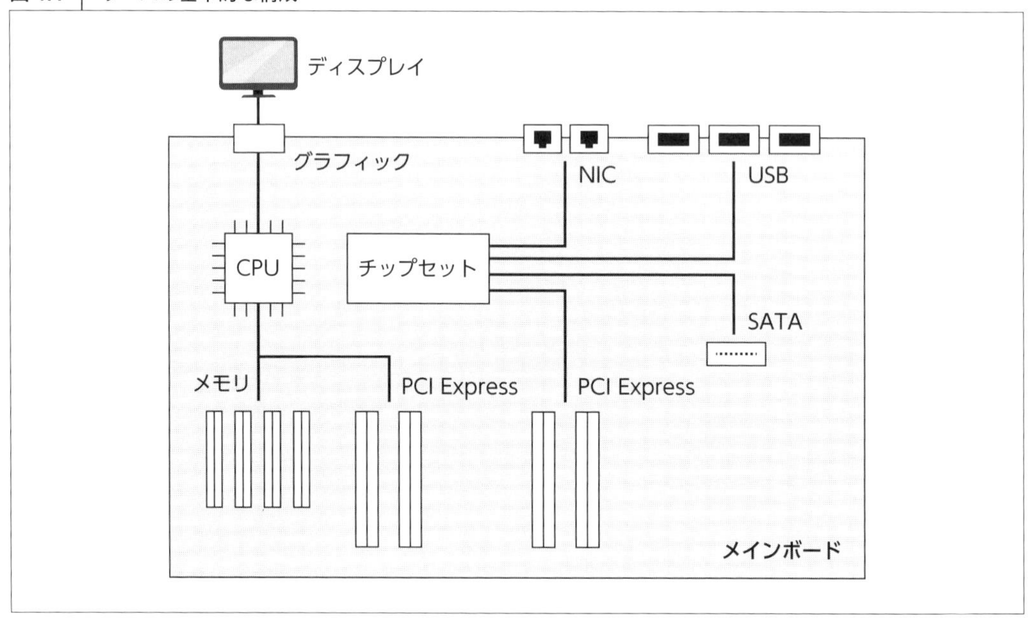

たとえばCPUは、パソコンやスマートフォンと同じようにIA(Intel Architecture)のものや、arm系のものが利用されています。それぞれのパーツはパソコンと同じ系統のものですが、性能や耐久性に優れた、いわゆる業務用の部品が製造・利用されています(**表4.1**)。

表4.1 パソコン用とサーバ用のCPUの違いと参考スペック比較

種別	ここで例示する型番	ベースクロック	最大クロック	コア数	スレッド数	L1 Cache	L2 Cache	L3 Cache	TDP[注4.1]
パソコン用	Core i9-10980XE[注4.2]	3.00GHz	4.80GHz	18	36	64KB/コア	1MB/コア	24.75MB	165W
サーバ用	Xeon Platinum 9282[注4.3]	2.60GHz	3.80GHz	56	112	64KB/コア	1MB/コア	77MB	400W

ネットワークインターフェイスは、最近のパソコンはほとんどが無線LANですが、サーバは最低1Gbps、多くが10Gbps～40Gbpsに対応した有線接続用のネットワークインターフェイスを備えています。その他に、メモリは強力なエラー訂正機能を持つもの、冷却用のファンは長時間連続稼働に耐える高品質なもの、補助記憶装置や電源は冗長化できサーバを稼働させたまま部品交換できるものがあります。

物理的に動く部品と熱を発する部品は、劣化しやすく壊れやすいものです。冷却用のファン、ハードディスク、電源ユニットは典型的な「壊れやすい部品」です。前述のとおり、ハードディスクや電源ユニットはサーバを稼働させたまま交換可能なものがあります。とはいえ、サーバ単体での可用性向上には限界があるため、サーバ単位で冗長化し、サーバ単位で停止してもシステム全体には影響がないようにシステムを構成することが多いです（サーバ単位で停止しても問題にならないように、われわれシステム管理者が構成・運用します）。

物理サーバのファシリティ

サーバは専用のラック（棚）に設置します。この棚を俗にサーバラックと呼びます。

データセンタに並んだラック（写真提供：さくらインターネット）

注4.1 Thermal Design Power

注4.2 Intel Core i9-10980XE Extreme Edition Processor (24.75M Cache, 3.00 GHz) Product Specifications ▶ https://ark.intel.com/content/www/us/en/ark/products/198017/intel-core-i9-10980xe-extreme-edition-processor-24-75m-cache-3-00-ghz.html

注4.3 Intel Xeon Platinum 9282 Processor (77M Cache, 2.60 GHz) Product Specifications ▶ https://ark.intel.com/content/www/us/en/ark/products/194146/intel-xeon-platinum-9282-processor-77m-cache-2-60-ghz.html

サーバの物理的な大きさには統一規格があり、ほとんどの機器はこの規格に則り設計・製造されています。サーバラックは横幅19インチ（約48cm）です。奥行きは60〜75cm程度、高さは2m程度のものが一般的です。横幅19インチなので、19インチラックと呼ぶこともあります。

ラックに収められたさまざまな機器
Paris servers © 2005 David Monniaux（CC BY-SA 3.0）
https://commons.wikimedia.org/wiki/File:Wikimedia_Paris_servers.jpg
https://creativecommons.org/licenses/by-sa/3.0/

サーバ機器類を格納し、稼働させる専門の設備を有する施設を**データセンタ**と呼びます。データセンタの主な特徴は、耐震設備を備えた建物、耐荷重の大きい床、適温適湿を保つ強力な空調設備、水を使わない消火設備、自家発電機と無停電電源装置、複数事業者からの電力引き込み、複数事業者からのインターネット回線引き込みなどです。サーバラックをずらっと並べ、サーバ機器を効率的に設置・運用できるようになっています。

データセンタの外観（写真提供：さくらインターネット）

サーバ自体は横幅17インチ程度、厚さが4.5cm程度です。この厚さを俗に**1U**（ワンユー）と呼びます。サーバラックは40〜42Uを格納できるものが一般的です。機器をサーバラックに設置することを**マウント**すると言います。

サーバ関連機器は、この横幅・厚さを基準にすることがほとんどです。たいていの場合、一般に販売されているサーバ関連機器（サーバ、ストレージ、ネットワーク機器など）は19インチラックを何U専有するかが明示されています。横幅19インチのラックに収まる、厚さ1Uぶんのサーバを**1Uサーバ**（ワンユーサーバ）と呼びます。1Uサーバの重量は、おおむね10〜20kg程度です。大人がひとりで安全に持ち上げて設置・取り外しできるか、というとかなり厳しい重さだと思います。2U以上のサーバは無理です（できてしまう猛者はいるようですが……）。ちなみに、サーバをラックにマウントするために持ち上げるリフトが販売されています。

仮にサーバラックに機器を詰め込むと、15kg×40U＝約600kgになります。ラックの専有面積を50cm×90cmとすると、1333kg/m²です。

通常のビルの耐荷重は300kg/m²程度なので、床が抜けたり建物が壊れたりする危険性が非常に高い状態になります。また、40Uぶんの消費電力は30000W（100Vで300A）程度になり、とても通常の電力供給では賄えません。さらに、これだけの機器が発する熱を処理しきる必要があり、強力な空調設備が必要になります。ご利用は計画的に。

クラウド時代のサーバ

2010年代以降、急速に**クラウドサービス**の利用が進んできました。物理サーバに直接触れる機会が格段に減っています。詳細は後述しますが、クラウドサービスもその裏側には物理サーバがあり、それを設計・構築・運用管理しているエンジニアがいます。物理サーバの状態を利用者から隠蔽し、ソフトウェアと仮想化技術を活用していい感じに提供しているのがクラウドサービスです。

ここまでのまとめ

- **最近のサーバの基本的な構成はパソコンとほとんど同じだが、サーバ用の部品を使っている**
- **サーバはラックに入れてデータセンタで稼働させる**
- **データセンタは電源・空調・耐荷重など、たくさんの機器をまとめて運用するのに優れた設備を有している**
- **最近は物理サーバを直接触ることがとても少ない**

4.2 Linuxの基礎知識

Webシステムのサーバで多く利用されているLinuxについて実践的に学んでいきます。広範な記載を心がけますが、Red Hat Enterprise LinuxやCentOSを前提とした記述になっている箇所もあるので、あらかじめご承知おきください。

LinuxはOS

LinuxはWindows、macOSなどと並び、世の中でよく利用されているOSの1つです。

厳密にはLinuxはOSの**カーネル**（中核部分）を指しています。カーネルだけではわたしたちの通常利用には足りないので、わたしたちがLinuxを使う場合は**ディストリビューション**を利用します。ディストリビューションとは、カーネルに加えてソフトウェアパッケージなどをまとめた一式の配布物です（図4.2）。代表的なLinuxディストリビューションはUbuntu[注4.4]、CentOS[注4.5]、Debian（Debian GNU/Linux）[注4.6]、RHEL（Red Hat Enterprise Linux）[注4.7]、Arch Linux[注4.8]、Gentoo Linux[注4.9]、Androidなどです。

有償のもの、無償で利用できるもの、コミュニティ（有志）がメンテナンスしているもの、企業がメンテナンスしているもの、汎用的なもの、特定目的のためのものなど、さまざまなディストリビューションがあります。筆者の観測範囲で多く利用されてきたのはRHELやCentOSでした。最近はUbuntuが広く利用されるようになってきています。

図4.2 OS、ディストリビューション、カーネル

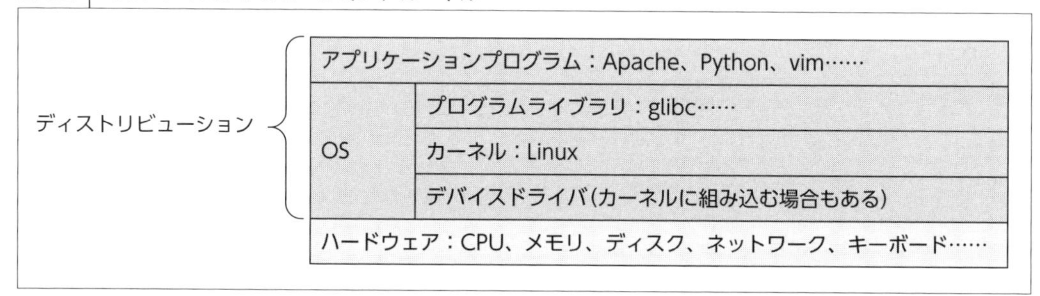

OSの役割

CPU（中央演算処理装置）や入力装置などのハードウェアデバイスとアプリケーションプログラムを仲介するのがOSの役割です。OSはそれぞれのデバイスを抽象化し、規格（統一的な利用方法）を定め、アプリケーションプログラムがハードウェアデバイスを直接制御しなくてもハードウェアデバイスの機能を利用することができるよう仲介しています。

アプリケーションプログラムはOSに対して「データを保存する」命令を発するだけでデータが保存できます。OSがあることにより、アプリケーションプログラムがデータを保存する時に、デバイスの制御……たとえば「ハードディスクの2番目の円盤の中心から4mmのところを0.3usec照射する」のようなハードウェア制御を行わずにデータを保存できるのです。

デバイスの抽象化・活用において中心的な役割を果たしているのがカーネルで、カーネルの機能を実行するためのインターフェイスが**システムコール**です。アプリケーションプログラムがカーネルの機能を実行する時は、システムコールと呼ばれる関数を呼び出します。カーネルの機能をそのまま利用してアプリケーションプログラムを作ることもできますが、それは大変なので、楽をす

注4.4 Ubuntu ▶ https://ubuntu.com/
注4.5 The CentOS Project ▶ https://www.centos.org/
注4.6 Debian -- The Universal Operating System ▶ https://www.debian.org/
注4.7 Red Hat Enterprise Linux オペレーティングシステム ▶ https://www.redhat.com/ja/technologies/linux-platforms/enterprise-linux
注4.8 Arch Linux ▶ https://www.archlinux.org/
注4.9 Gentoo Linux ▶ https://gentoo.org/

るためにglibcなどのプログラムライブラリを利用するのが一般的です。なお、システムやプログラムの呼び出し・データのやりとりなどを行うためのインターフェイスを一般に**API**（Application Programming Interface）と呼びます。

Linuxでのメモリの使い方

前述のとおりOSはアプリケーションプログラムに対してデバイスを抽象化して提供するので、Linux上でアプリケーションプログラムがメモリを使う時、Linuxが物理的なメモリを抽象化しアプリケーションプログラムに提供します。

Linuxでは、アプリケーションプログラムは**プロセス**として起動します。Linuxはプロセスごとにメモリなどの計算機資源を管理・割り当てします。具体的には、プロセス単位でCPUや**メモリ空間**の割り当てを行います。メモリ空間はプロセスごと独立した「そのプロセスがアクセスできるメモリ」で、プロセスは割り当てられたメモリ空間の外にはアクセスできません。

プロセスが他のプロセスやOSが利用しているメモリ領域に自由にアクセスできると、セキュリティ上の問題が発生しやすいので、OSがプロセスごとにアクセスできる領域を制限しています。このようにLinuxがメモリを抽象化し、プロセスに切り分けて提供することで、あるプロセスが他のプロセスを壊す事故を防いでいます。

Linuxは、メモリは高速小容量、ディスクは低速大容量、という前提の中でそれぞれの資源をうまく使うよう作られています。ディスクに**Swap**（スワップ）領域を設けることで、メモリ上にあるがアクセスされていない（＝利用していない）データを自動的にディスクに退避して高速なメモリをより活用しようとします。アプリケーションプログラムはメモリを利用しているつもりでも、OSがメモリとディスクをうまく組み合わせてOS全体の計算機資源利用効率を最適化した結果、メモリだと思っていたものが実はディスクでした、ということがあります。

また、ディスクから読み取ったデータをメモリ上に保持しておくことで、2度目以降の読み取りを高速化したり、ディスクに書き込むデータをいったんメモリに貯めてまとめて書き込むことでディスクへの書き込みを効率化したりしています。このように、Linuxは全体最適化のために空いているメモリを積極的に利用します。このため、一見空きメモリ容量（何もデータが入っていないメモリ領域）がほとんどないように見えても、実は利用可能なメモリ領域がたくさんあったりします。

通常、1つのプロセスは同時に1つだけ処理（計算）を実行できます。1つのプロセスで複数の処理を並行実施したい場合、プロセスの中で**スレッド**を利用します。スレッドはプロセスとよく似たプログラム実行単位ですが、プロセスの中で稼働するものなので、プロセスが利用可能なメモリ空間内であれば他のスレッドが利用している領域にもアクセスできます。システム利用者から見ると、プロセスを複数利用して複数の処理を並行実施するのと、スレッドを利用して複数の処理を並行実施することに大きな違いはありません。CPUの1コアは同時に1つの処理しかできないため、OSとしては処理を行おうとしているプロセスやスレッド＝CPUでの処理を要求している対象が複数ある時は、それらがCPUを順次利用できるように、順番や占有時間（CPU処理時間）を決めます。

CPU処理時間を分配するにあたり、CPUが取り扱う処理対象が変わるときには対象の切り替え（コンテキストスイッチ）が必要になります。割り当て対象のプロセスを切り替える場合、メモリ空間の読み替えなども必要になり少し手間がかかりますが、割り当て対象のスレッドを切り替える場合はそのような処理は必要ないので、CPU的に手間が少なく効率的です。

Linuxでのディスクの使い方、ファイル、ディレクトリ

Linuxでディスクにファイルを保存する時、ファイルはディレクトリ（WindowsやmacOSで言うところのフォルダ）を利用して整理することができます。ディスク全体は「/」（root＝根っこ）を起点としたツリー構造になっています（図4.3）。

図4.3 ファイルシステム構造例（一部）

```
/
├──── boot              : /boot
├──── home              : /home
│     └──── baba        : /home/baba
│           ├──── dir1  : /home/baba/dir1
│           └──── dir2  : /home/baba/dir2
└──── var               : /var
    └──── tmp           : /var/tmp
```

/の中のbootは/boot、/の中のhomeの中のbabaは/home/babaと表記します。これは**絶対パス**という記法で、/からの位置を表したものです。/から下に降りていく表記方法です。

ディレクトリの中で自分自身を表す場合は.（ドット1つ）、1つ上の階層にのぼる場合は..（ドット2つ）です。たとえば/home/.は/homeと同じ、/home/../bootは/bootと同じです。

/からの位置ではなく、あるファイルやディレクトリからの相対的な位置を示す、**相対パス**という記法もあります。/homeから見た/bootは../bootです。

ツリーは/を起点とした1つだけで、補助記憶装置が複数接続されている場合は、ツリーの中のどこかに接続点を設けて**マウント**（接続）します。たとえば補助記憶装置を2つ備えたWindowsの場合は、1つ目がC:、2つ目がD:になりますが、Linuxの場合は1つ目が/、2つ目が/mnt/disk2といった具合です。

ディスクの中のファイル配置には**FHS**（Filesystem Hierarchy Standard）[注4.10]という標準があり、たいていのディストリビューションはこの基準を参考にファイル・ディレクトリを配置しています。

わたしたちユーザは、エディタなどのアプリケーションプログラムを通じてファイルを読み書きします。アプリケーションプログラムの下にはOS（ファイルシステム、デバイスドライバ）、ハードディスクやSSDなどのハードウェア（ファームウェア、円盤や記憶素子）があり、それぞれが連携してデー

注4.10 lsb:fhs [Wiki] ▶ https://wiki.linuxfoundation.org/lsb/fhs

タの読み書きを実現しています（**図4.4**）。この構造は、Linuxだけでなく他のOSでも同様です。

図4.4 ディスクまでのスタック

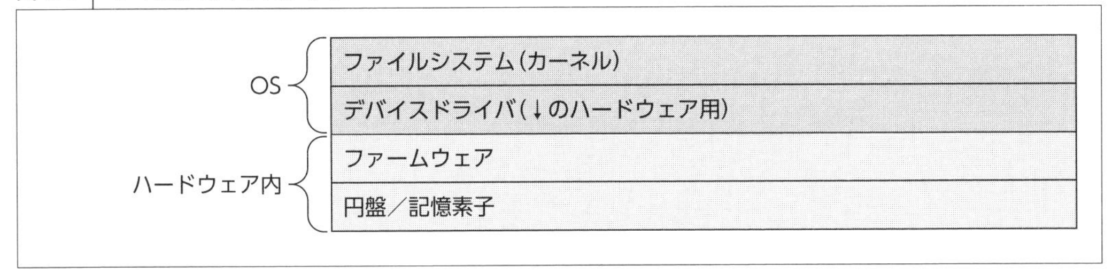

Linuxでよく使う**ファイルシステム**はext4とXFSが有名です。WindowsではNTFS、macOSではHFS+やAPFSがあります。ファイルシステムによって最大利用可能容量や最大格納可能ファイル数などが異なり、またファイルやディレクトリ名の大文字・小文字を区別するかしないかが異なります。

Linuxでは、ファイルやディレクトリは**i-node**（アイノード）番号という識別番号を利用して管理しています。i-nodeはファイルシステムが管理していて、1つのファイルシステム内でユニーク（重複がない唯一の値）です。

/や/homeなどのパスは、i-node番号に対して別途付与した識別子です。OSは、ファイル・ディレクトリをパスで管理しているのではなく、i-node番号で管理しているのです。

i-node番号の管理単位がファイルシステムなので、ファイルシステム内のファイル移動は、i-node番号はそのままでパスの張り替えだけです。そのため、ファイルの容量によらずファイル移動にかかる処理時間は一定です。しかし、ファイルシステムをまたぐファイルの移動は、①移動元のファイルシステムからデータを読み出して移動先のファイルシステムにデータを書き込みi-node番号を付与、②パスの張り替え、③移動元のファイルを削除、というステップが必要で手間がかかり、またファイルの容量によって移動元での読み出し量と移動先への書き込み量が変わるため、所要時間や負荷が変わります。

LVMによるディスクデバイスの抽象化

Linuxでは**LVM2**（Logical Volume Manager 2）を利用して複数のディスクデバイスを同一デバイスとして扱うことができます。

通常はデバイスを越えて空き容量を共有することができません。それが望ましい場合もありますが、そうでなければLVM2を利用して複数のデバイスを束ねて1つの大きなディスクとして利用することができます（**図4.5**）。たとえば512GBのディスクaが/mnt/aにマウントされ、256GBのディスクbが/mnt/bにマウントされている時、300GBのファイルxは/mnt/a/xには保存できますが、/mnt/b/xには保存できません。しかしLVM2でデバイスを束ねると、768GBのディスクとしてマウントすることができます。この時、データの実体（データを表すbit列）がどちらのディスクに保存されているかはLVM2任せです。

図4.5 LVMの概要

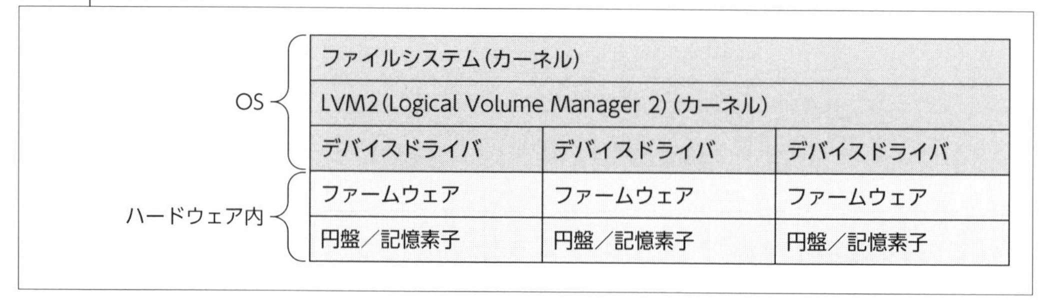

Linuxでのリンク

Windowsのショートカット、macOSのエイリアスのように、Linuxでも「あるファイルやディレクトリを指すポインタ」を作ることができます。

シンボリックリンク

1つ目の方法は**シンボリックリンク**です。シンボリックリンクは、あるパスを参照する指示をファイルとして配置できます（**図4.6**）。シンボリックリンクは参照する先と同じ名前でなくてもかまいません。パスの参照は、絶対パスでも相対パスでもできます（**図4.7**、**図4.8**）。シンボリックリンクはパスの移動を指しているので、リンク先の実体の有無や中身によらず、そのパスを指し続けます。

図4.6 シンボリックリンク

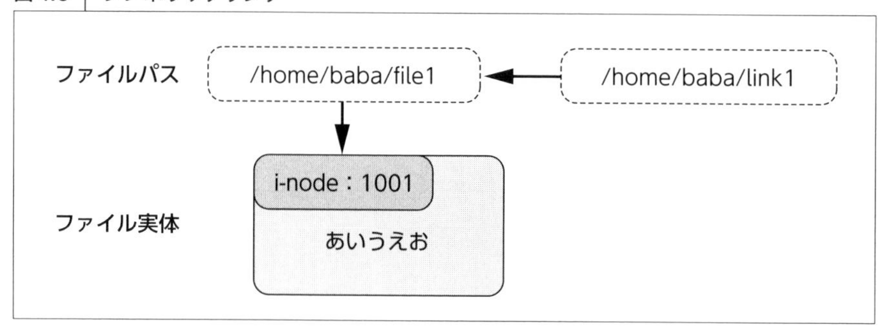

図4.7 /home/baba内に配置した、/home/baba/file1を指すシンボリックリンクの例1

```
# 絶対パスで指定した場合: ln -s /home/baba/file1 link1
lrwxrwxrwx 1 baba users 21  5月  5 08:59 link1 -> /home/baba/file1
```

図4.8 /home/baba内に配置した、/home/baba/file1を指すシンボリックリンクの例2

```
# 相対パスで指定した場合: ln -s ./file1 link1
lrwxrwxrwx 1 baba users  9  5月  5 08:58 link1 -> ./file1
```

シンボリックリンクは、リンクされる対象がファイルでもディレクトリでも作成できます(**図4.9**)。

図4.9 ディレクトリに対するシンボリックリンクの例

```
# 相対パスで1つ上の階層のdir1を指定した場合: ln -s ../dir1 link1
lrwxrwxrwx 1 baba users   8  5月  5 09:09 link1 -> ../dir1
```

なお、Linuxでのファイル削除とは「ファイルパスとファイル実体の紐付けを切ること」を指します。上記の**図4.6**でfile1を削除した場合、i-node 1001のファイル実体を指すファイルパスがすべてなくなり、i-node 1001のファイル実体を参照する方法がなくなります(ファイル実体そのものは、そのファイル実体を指すパスがすべて削除された時に削除されます)。

ハードリンク

2つ目の方法は**ハードリンク**です。ハードリンクは、i-node番号に対応するパスを増やす方法です(**図4.10**、**図4.11**)。なお、i-node番号がファイルシステムで閉じているため、ハードリンクはファイルシステムを跨ぐことができません。また、ディレクトリに対しては作成できず、ファイルにのみ作成できます。

図4.10 ハードリンク

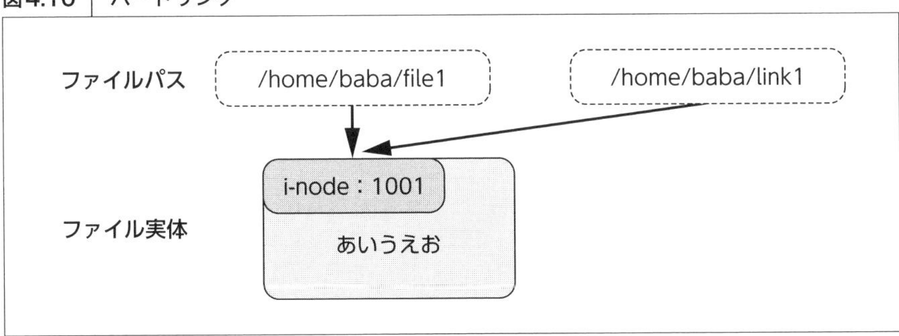

図4.11 ハードリンクの例

```
# i-node番号(最左列)が同じファイルが2つ: ln file1 link1
2267124 -rw-r--r-- 3 baba users   0  5月  5 08:56 file1
2267124 -rw-r--r-- 3 baba users   0  5月  5 08:56 link1
```

ハードリンクを作成すると、1つのファイル実体を2つのパスで参照できるようになります。そのため、片方のパスを消したとしても、もう片方のパスで参照できます。

Linuxでの認証・認可

Linuxは、OS利用者を**ユーザ**（user）で識別し、ユーザを**グループ**（group）でまとめて管理します。ユーザは、その名のとおり利用者ひとりひとりを指します。直接人間に紐付かない、特定のアプリケーションのためのユーザを作成することもあります。ユーザ、グループはそれぞれユーザ名と数値IDを持っています。ユーザのIDを**UID**、グループのIDを**GID**と呼びます。

ユーザは、基本的にユーザ名とパスワードで認証しLinuxにログインします。認証機構は拡張できます。指紋認証などの生体認証、Google認証、LDAP、Active Directoryなどの外部認証なども利用できます。認証機構は**PAM**（Pluggable Authentication Modules）で実装されています。

Linuxでは、必ず**特権管理者ユーザ**を作成します。Linuxでは特権管理者が認可機構を制御できるので、特殊なセキュリティ制約をかけない限りどのような操作もできます。特権管理者は**root**（ルート）というユーザ名で、同名のrootグループに所属しています。

Note

認証と認可の基本

認証（Authentication）と認可（Authorization）は、日本語の単語も英語の単語もよく似ていて非常に紛らわしいですが、別物です。

情報システムにおいて認証（Authentication）は、主に利用者が本人であることを確認する行為を指します（利用者が証明し、システムが検証する）。典型的にはIDとパスワードを使います。利用者はIDと、本人しか知らない情報（パスワード）を入力します。システム側は、本人しか知らない情報を知っているのだから本人であろうということで、この利用者が利用者本人であると判断します。

なお、このしくみは「パスワードは本人しか知らない」という前提のもと成立しています。パスワードの使いまわしや漏洩があるとその前提が崩れてしまいますから、最近は**多要素認証**を利用するのが定番になってきました（多要素認証については8章を参照）。

一方、情報システムにおいて認可（Authorization）は、主にデータや機能の利用制御を指します。誰に、どのような操作を許可するか（あるいは禁止するか）を定義し実現します。

- **誰の例**
  - ユーザ名やユーザIDのような利用者を一意に識別する情報
  - 所属組織や所属グループのようなユーザ属性情報
- **操作の例**
  - 利用不可
  - 読み取りのみ可能
  - 変更可能
  - 新規登録可能

Linuxの認可機構はファイル・ディレクトリベースです。ファイルに対する権限は「r（読み込み）」「w（書き込み）」「x（実行）」の3種類、ディレクトリに対する権限も同様です（表4.2）。

表4.2 ファイル・ディレクトリに対する権限

ファイルに対する権限	Read（読み込み）：ファイルの内容を読み込む
	Write（書き込み）：ファイルに書き込む
	eXecute（実行）：ファイルをプログラムとして実行する
ディレクトリに対する権限	Read（読み込み）：ディレクトリ配下のファイル・ディレクトリのリストを読み込む
	Write（書き込み）：ディレクトリにファイル・ディレクトリを書き込む
	eXecute（実行）：そのディレクトリに移動する、ディレクトリの情報を参照する

rwxのそれぞれをbitとして考え、数値で表すこともあります（表4.3）。

表4.3 Read、Write、eXecuteそれぞれを簡便に表記する方法

Read	Write	eXecute	rwx表記	数値表記
○	○	○	rwx	7（2進数で111）
○	×	○	r-x	5（2進数で101）
○	×	×	r--	4（2進数で100）

一方、上記の権限を誰に適用するかの指定は、「オーナー(ファイル・ディレクトリの所有者)」「グループ（ファイル・ディレクトリを所有するグループ）」「その他（オーナーにもグループにもあてはまらない場合）」の3種類があります。

これらをまとめて表記する場合、「オーナー、グループ、その他の順に、それぞれについてRead、Write、eXecuteの順で記載」します。たとえばrwxr-xr--（754＝111101100）は、オーナーがRead・Write・eXecute、グループがRead・eXecute、その他がReadのみ可能です。権限がrwxr-xr--、オーナーbaba、グループusersのファイルの場合は、babaユーザはすべての操作が可能です。usersグループに所属するbaba以外のユーザはReadとeXecuteが可能、usersグループに所属していないユーザはReadのみ可能です。

なお、ファイル、ディレクトリに対する権限は、上記で解説したrwx以外にも「Restricted Deletion Flag」「Sticky Bit」があります。興味が出たら深堀してみてください。

特権管理者をできるだけ使わないしくみ

前述のとおり、Linuxでは特権管理者（root）は何でもできてしまいます。うっかりが大事故に繋がりやすいことに加え、操作の履歴を記録してもすべてrootユーザが何かしたという記録になってしまい、「実際に誰が何をしたのかよくわからない」という問題があります。

そこで、普段は一般ユーザ（特権管理者でないユーザ）を利用し、特権管理者による操作が必要な場合にのみsudoコマンドを利用して特権管理者権限を取得する方法があります。

特権管理者も制御するMAC(SELinux)

特権管理者は便利な反面、特権管理者の認証情報の漏洩や、特権管理者の操作ミスや気の迷いに対してシステムを保護することができません。

Linux(カーネル)の**MAC**(Mandatory Access Control:強制アクセス制御)機構を利用すると、特権管理者の操作も制限することができます(前述のユーザ・グループやオーナーに基づいた機構は、MACに対してDAC(Discretionary Access Control:任意アクセス機構)と言います)。

MACを利用した実装は、SELinux(Security Enhanced Linux)やAppArmorが有名です。SELinuxはRHELやCentOSなどで、AppArmorはUbuntuなどで採用されています。

Note

OSが起動するまでの流れ

OSが起動するまでは、**図4.12**のような流れで処理が行われます。

図4.12 OSが起動するまでの流れ

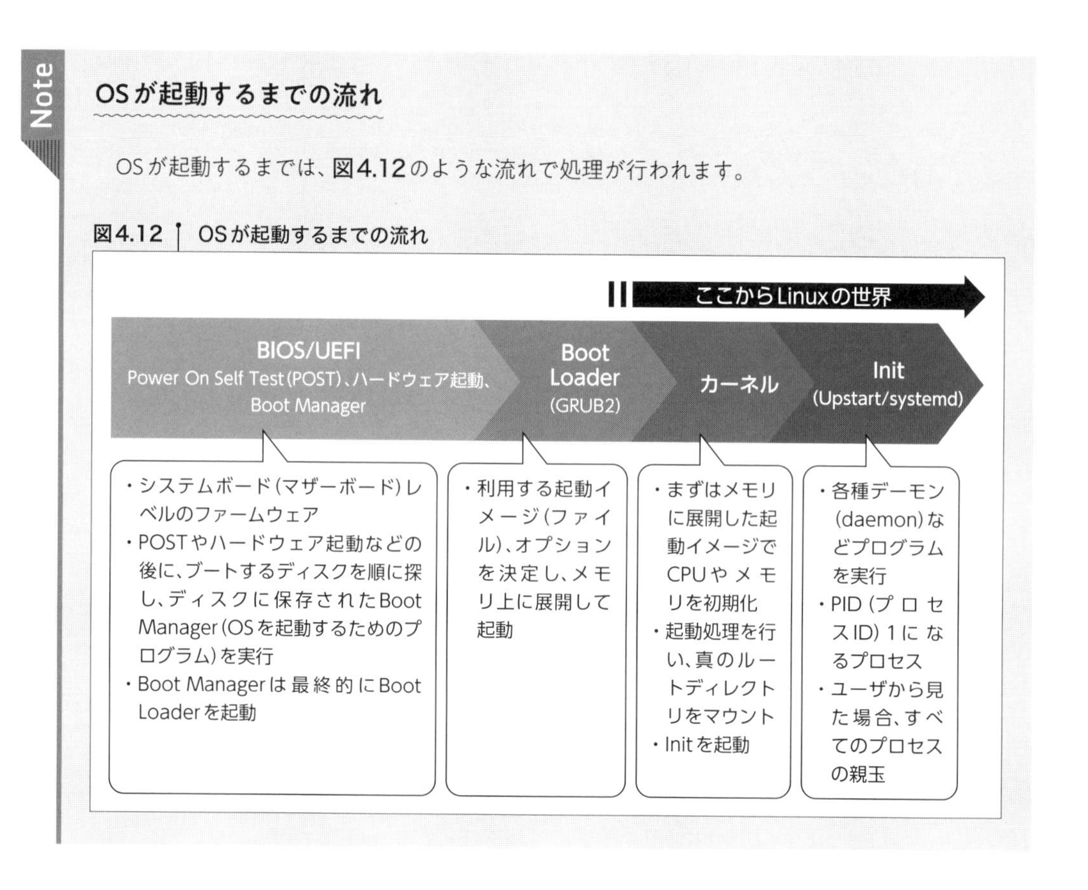
ここからLinuxの世界
BIOS/UEFI
Power On Self Test(POST)、ハードウェア起動、Boot Manager
Boot Loader
(GRUB2)
カーネル
Init
(Upstart/systemd)
・システムボード(マザーボード)レベルのファームウェア
・POSTやハードウェア起動などの後に、ブートするディスクを順に探し、ディスクに保存されたBoot Manager(OSを起動するためのプログラム)を実行
・Boot Managerは最終的にBoot Loaderを起動
・利用する起動イメージ(ファイル)、オプションを決定し、メモリ上に展開して起動
・まずはメモリに展開した起動イメージでCPUやメモリを初期化
・起動処理を行い、真のルートディレクトリをマウント
・Initを起動
・各種デーモン(daemon)などプログラムを実行
・PID(プロセスID)1になるプロセス
・ユーザから見た場合、すべてのプロセスの親玉

4.3 Linuxの基本操作

サーバとして利用しているLinuxの操作は、文字の入出力のみで行うことが多いです。**CUI** (Character User Interface)、**CLI** (Command Line Interface) などと呼ばれる方式です。本書ではCUIでの操作方法を紹介します。広範な記載を心がけますが、RHELやCentOSを前提とした記述となる箇所もあるので、あらかじめご承知おきください。

シェル

一般的なパソコンを使っていると区別しづらいのですが、Linuxではユーザインターフェイスはカーネルの上に構築されたアプリケーションプログラムです（OSの一部ではないのです）。CUIを実現し、ユーザのインターフェイスとなるアプリケーションプログラムを一般に**シェル**（shell）と呼びます（**図4.13**）。bash（GNU Bourne-Again SHell）やzsh（the Z shell）が有名です。

図4.13 CUIやGUIを提供するのはアプリケーションプログラム

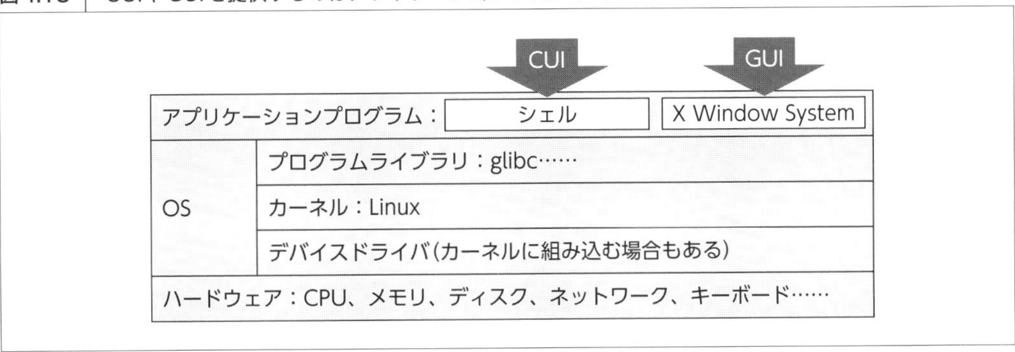

シェルの上で各種プログラムを実行します。プログラムのことを**コマンド**（command：命令・司令）と呼ぶこともあります。なお、シェルやコマンドは処理が完了したら終了しますが、常駐型で稼働し続けるプログラムもあります。常駐型で稼働するプログラムを**デーモン**（daemon）と呼びます。

CUIでコマンドを実行する時には、以下の点に注意しましょう。

- 実行開始の[Enter]を押す前に入力内容を再確認する
  - タイプミス
  - スペースの有無
  - 全角の混入
  - 'や"での囲い漏れ、閉じ漏れ

- 参照のみのコマンドか、状態や設定の更新・変更を伴うコマンドかを確認する
  - 更新・変更を伴うコマンドの場合、実行前の状態をあらかじめ確認しておき、コマンド実行後に、再度同じコマンドを実行して変化を確認する

Linuxでのプログラム実行の基礎知識

プログラムは、入力を受けてなにがしか計算処理を実行し出力するモノです。Linuxでプログラムを実行する時、入力元としては**標準入力**、**コマンドラインオプション**（-または--に続いて指定）、**コマンドライン引数**があります。出力先としては**標準出力**、**標準エラー出力**、**終了ステータス**があります。プログラムの挙動は、**環境変数**（Environment Variables）を通じて制御します（**図4.14**）。

図4.14 Linuxでのプログラム実行の基礎知識

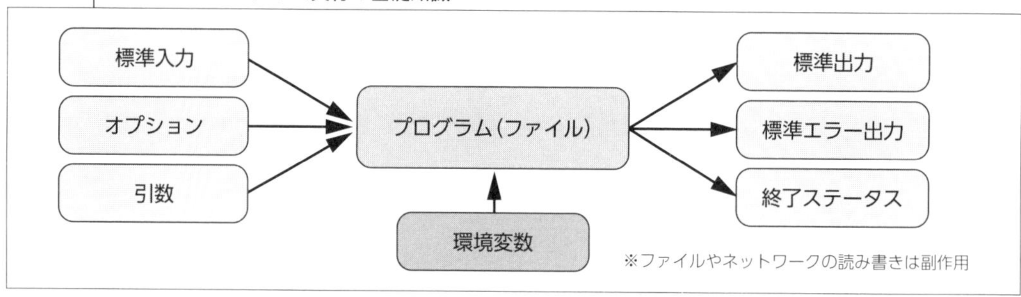

たとえばシェルで、`command_a -a -b=3 -cde --foo --good=yes hoo i`と実行した場合、**表4.4**の意味になります。

表4.4 `command_a -a -b=3 -cde --foo --good=yes hoo i`実行時の各項目

項目	値
コマンド名	command_a
コマンドラインオプション	-a、-b=3、-c、-d、-e、--foo、--good=yesの7つ（-cdeは-c -d -eと等価）
コマンドライン引数	第1引数：hoo、第2引数：i

実はコマンドラインオプションやコマンドライン引数の解析や解釈はコマンドごとに実装が異なります。たとえばコマンドラインオプションは、一般に「-と1文字」「--と複数文字」という指定方法が多いのですが、「-と複数文字」を受け付けるようにしているコマンドもあります。

一般的に、コマンドライン引数の指定順には意味があります。コマンドラインオプションの指定順は意味がないことが多いものの、稀に指定順に意味を持たせているコマンドもあります。

最近は**サブコマンド**を用意しているコマンドをよく見かけます。サブコマンドありの場合は`command_name [global_options] subcommand_name [subcommand_options] [subcommand_args]`という形で、コマンドラインオプションが2種類あったりするので注意が必要です。

環境変数はenvコマンドを実行すると確認できます。環境変数で有名なのはPATHです。実は、コマンド名は実行可能なファイルのパスです。しかし、ファイルのパスは長いし機器ごとにインストール先が違う可能性もあります。そこでシェルは、PATHを順番に巡ってコマンド名が指すファイルを探します（環境変数を通じてシェルの挙動（＝コマンドを探す場所）を制御していますね）。

出力のうち、終了ステータスはプログラムがどのように終了したかを整数値で表します。正常終了の場合は0で、0でない場合は何らかの異常があったことを示します。値の意味はプログラムごとに異なる可能性があるので、値の解釈のためにはプログラムの仕様・実装を確認しなければなりません。

サーバ管理をしていく中では、プログラムを管理するプログラムを利用することが多々あります。これらの管理プログラムは、正常終了と異常終了で異なる後処理をする機能を備えていることが多く、その機能を活用するためにも終了ステータスの知識は必要です。

プログラムは、標準出力にはプログラムの処理結果を出力し、標準エラー出力には処理に際してのエラーを出力します。それぞれを別で扱うことができるようになっているため、後述するパイプ・リダイレクトを利用して、処理結果（標準出力）は次のコマンドへ、処理経過のログ（標準エラー出力）はログファイルへ、といった処理が簡単に記述できます。

パイプでのコマンド連携

多くのコマンドはシンプルな機能を備え、利用者はそれらを組み合わせて利用することが想定されています（**表4.5**）。

表4.5 シンプルなコマンドの例

コマンド	概要
cat	指定されたファイルまたは標準入力の文字列を出力する
grep	指定されたファイルまたは標準入力の文字列を解析し、指定されたパターンに合致した行を取り出す
cut	指定されたファイルまたは標準入力の文字列を解析し、各行を指定された文字列で区切り、特定の列を取り出す
sort	指定されたファイルまたは標準入力の文字列を並べ替える
uniq	指定されたファイルまたは標準入力の文字列の重複を排除する

組み合わせるために利用するのが**パイプ**（|）です。パイプを利用して、標準出力を次のコマンドの標準入力に結合し、標準出力への出力を次のコマンドの標準入力に流し込みます（**図4.15**）。

図4.15 コマンドをパイプで連結

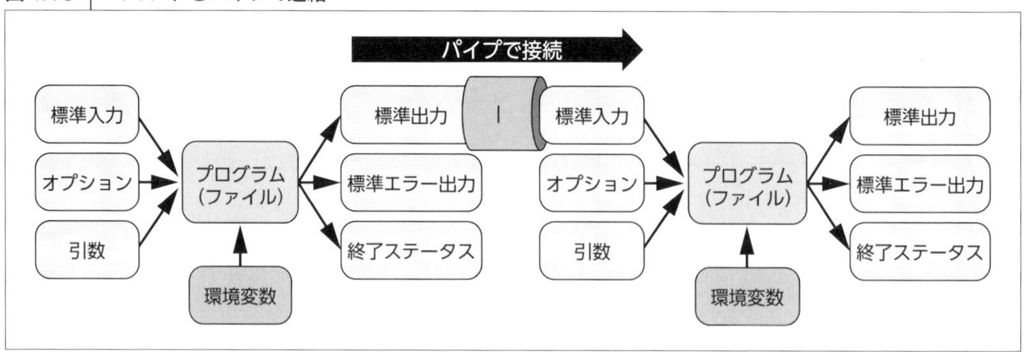

また、**リダイレクト**（<、>）を利用することで、ファイルの内容を標準入力に流し込んだり（<）、標準出力／標準エラー出力の内容をファイルに記載（>）・追記（>>）したりできます（**図4.16**）。

図4.16 パイプ・リダイレクトの利用例

```
$ grep subtotal <file1.txt | sort >out.txt
```

図4.16の場合、以下の動作が行われます。

① [リダイレクト] リダイレクトで、file1.txtの内容をgrepコマンドの標準入力に投入
② [grepコマンド] 標準入力から読み込んだ文字列（file1.txtの内容）のうち、subtotalという文字列を含む行だけを標準出力に出力
③ [パイプ] grepコマンドの標準出力をsortコマンドの標準入力に投入
④ [sortコマンド] 標準入力から読み込んだ文字列を並べ替えて標準出力に出力
⑤ [リダイレクト] sortコマンドの標準出力をout.txtに出力（保存）

一見複雑ですが、要素を分解するとそれぞれの動作はたいへんシンプルです。慣れるとスルスルと読み書きできるようになりますよ。

Note

ヒアドキュメント

>はファイルに出力、>>はファイルに追記です。<は標準入力への投入でした。それでは<<はないのか、というと、あります。これはヒアドキュメントと呼ばれ、複数行の入力を標準入力に投入できるしくみです。<<に続く文字列が行頭に指定されるまでは入力として扱います(**図4.17**)。Linuxに少し慣れてきたら試してみてください。

図4.17 ヒアドキュメントの例(ENDの行で入力が確定する)

```
$ cat -n <<END
> a
> b
>
> c
> END
     1  a
     2  b
     3
     4  c
```

man bashにいろいろ載っているので調べてみてください。

言語と地域

Linuxは利用者の言語、国や地域に合わせた設定をすることができます。これは**ロケール**(Locale)という形で実装されており、設定できます(**図4.18**)。

図4.18 ロケールの確認例

```
$ localectl status
System Locale: LANG=ja_JP.UTF-8
    VC Keymap: jp106
   X11 Layout: jp
```

ロケールでは、言語(Japanese:日本語)、国や地域(Japan)、文字エンコーディング(UTF-8)が設定できます(**図4.19**)。この設定により、表示上の言語や日付のフォーマットなどが制御できます。たとえばen(English:英語)の場合、en_USの他にen_AU(オーストラリア)、en_GB(イギリス)、en_CA(カナダ)、en_HK(香港)、en_NZ(ニュージーランド)などが利用できます。

図4.19 Localeでの日付表記の違いの例

```
# English, USA, UTF-8の場合のデフォルト日付表記
$ LANG=en_US.UTF-8 date
Wed Jun 10 10:17:11 JST 2020
# Japanese, Japan, UTF-8の場合のデフォルト日付表記（JST:Japanese Standard Time。日本標準時）
$ LANG=ja_JP.UTF-8 date
2020年  6月 10日 水曜日 10:17:15 JST
```

ソフトウェアを開発する時、何も気にせず開発すると、開発者自身の言語・地域を前提としたものになりがちです。ソフトウェアを世界中で利用してもらうためには、その国や地域の言語の入出力に対応するだけでなく、その国や地域の法規や慣習に対応しなければなりません。ソフトウェアの世界では、このような取り組みを**M17N**（Multilingualization：多言語化）と呼びます。ソフトウェアのM17Nは、まず**I18N**（Internationalization：国際化）により汎用的に言語や地域を切り替えるようなしくみを導入し、それぞれの国や地域に**L10N**（Localization：地域化）します。

時計と時刻

サーバには2つの時計があります。機器レベル（BIOS）の**ハードウェアクロック**、OSが管理する**ソフトウェアクロック**です。OS利用者はソフトウェアクロックを管理・利用します。

時刻合わせはdateコマンドでできますが、ネットワーク経由で自動時刻合わせをするのが主流です。時刻合わせはカーネルの機能ではなく、ntpdやchronyといったアプリケーションプログラムを利用し、**NTPプロトコル**を通じて行います。

日時が進む方向での時刻合わせは大きな問題は起こりにくいですが、戻る方向での時刻合わせは、システム的に同じ日時に2つの出来事が発生してしまうため、問題が起きがちです。

そこで時刻を調整する時は、一気に合わせるのではなく、システムの1秒を実際の1秒より少し長くしたり短くしたりして調整するほうが安全です。とはいえ、この方法は時刻が合うまでにとても時間がかかるため、最初にシステム起動時に一気に合わせて、その後は継続的に微調整する方法をとります。一気に合わせることを**Stepモード**、徐々に合わせることを**Slewモード**と呼びます。

Note

うるう秒対応

何年かに一度、うるう秒（leap second）があります。通常、8時59分59秒の1秒後は9時0分0秒ですが、2017年1月1日は8時59分59秒の1秒後を8時59分60秒とし、さらにその1秒後が9時0分0秒でした。

うるう秒に形式どおりに対応すると、アプリケーションプログラムによっては内部処理の前提が崩れて異常動作になります。過去のうるう秒の時には、アプリケーションプログラムのCPU負荷が高くなり下がらないなどの異常が発生したことがありました。最近は、時刻合わせの微調整と同じくうるう秒も勘案しSlewモードで対応することで、アプリケーションプログラムの誤動作を避けることが多いです。

日時はロケールに基づいた表記を行いますが、UNIX timeという表記方法もあります。UNIX timeは1970年1月1日0時0分0秒（UTC）からの経過秒数を示したものです。シンプルに1ずつ増加していく値なので大小比較がしやすく、プログラムで扱いやすいためよく利用されます。システム管理をしているとよく登場するので覚えておきましょう。

OSは、CPUで時間を数えて時計を進めています。後述する仮想化技術を活用した環境では、OSの想定どおりにCPUパワーを利用できないことがあり、時計がずれやすくなります。とくに仮想化技術を利用している仮想サーバの場合は、自動時刻合わせの設定を忘れずに行いましょう。

ユーザとグループの管理

前述のとおり、LinuxはOS利用者をユーザ（user）で識別し、ユーザをグループ（group）でまとめて管理します。

ユーザやグループの設定変更には特権管理者権限が必要です。ユーザ作成はuseraddコマンド、ユーザ修正はusermodコマンド、ユーザ削除はuserdelコマンドで行います。ディストリビューションによってadduserコマンドを利用することもあります。

それぞれのユーザは、必ず1つ以上のグループに所属します。それぞれのユーザにはベースとなるグループ（Initial Group）の設定があります。Initial Groupはユーザごとに作る場合もあれば、役割ごとに作る場合もあります（例：students、operators）。

グループ作成はgroupaddコマンド、グループ修正はgroupmodコマンド、グループ削除はgroupdelコマンドで行います。なお、グループの所属メンバー変更は、これらのグループ関連コマンドではなくusermodコマンドで行います。

特権管理者でないユーザが特権管理者権限を利用する場合はsudoコマンドを利用します。sudoコマンドで特権管理者権限を利用可能なように設定しておくと、そのユーザは特権管理者のパスワードを知ることなく、特権管理者権限での操作が可能です（図4.20）。

図4.20 グループメンバー変更の例

```
# 特権管理者権限でusermodコマンドを実行し、
# babaユーザのInitial Groupをteachersグループに変更する
$ sudo usermod -g teachers baba

# 特権管理者権限でusermodコマンドを実行し、
# babaユーザをstudentsグループにも所属させる
$ sudo usermod -a -G students baba
```

sudoコマンドの設定は/etc/sudoersにあります。特定のグループに所属するユーザに特権管理者権限利用を許可する、特権管理者権限で実行できるコマンドを指定するなど、細かく設定できます。wheelグループに所属しているユーザは、sudoコマンドを利用できるようになっていることが多いです。

ソフトウェアのインストール

Linuxでは、ソフトウェアを追加インストールする場合に**ソフトウェアリポジトリ**を利用するのが一般的です。アプリケーションソフトウェアだけでなく、カーネルやプログラムライブラリもソフトウェアリポジトリで管理されているので、統一的な手法でインストール・アンインストールやバージョン管理・アップデートが可能です。

ソフトウェアリポジトリは誰でも作成・提供することができます。ディストリビューションが公式に管理・提供しているリポジトリ、コミュニティ(OS利用者)が管理・提供しているリポジトリ、在野の個人が管理・提供しているリポジトリ、特定のソフトウェア用にそのソフトウェア開発陣が公式に管理・提供しているリポジトリなどがあります。

通常、ディストリビューションをインストールした段階では、ディストリビューションが公式に管理・提供しているリポジトリのみが利用できる状態です。サーバ管理者が必要に応じてリポジトリを追加・削除します。

ソフトウェアリポジトリを利用したソフトウェアの管理は、RHELやCentOSではyumコマンド(あるいはdnfコマンド)、DebianやUbuntuではaptコマンドで行います(**表4.6**)。

表4.6 RHEL、CentOSの場合のリポジトリ利用操作(httpdを例に)

操作	コマンド
インストール	`yum install httpd`
アンインストール	`yum remove httpd`
バージョンアップ	`yum update httpd`
情報表示	`yum info httpd`
検索	`yum search httpd`

リポジトリによって、提供しているソフトウェアの管理ポリシーが異なります。同じバージョンをいつまで利用可能にしておくか(何世代前のバージョンまで提供するか)、セキュリティ修正の取り込みをどのように行うか(新しいバージョンをリポジトリに追加するのか、古いバージョンに独自修正を施すか)などがポイントです。たとえ、ディストリビューションが公式に提供・管理しているリポジトリであっても、その上のソフトウェアの同じバージョンがディストリビューションのメジャーバージョンの保守期限(EOL:End Of Life)まで利用できるとは限りません。利用するリポジトリを選ぶ際は、運営者の素性だけでなく、これらのポイントに注目しましょう。

リポジトリ上のソフトウェアは統一された方式でパッケージングされています。RHELやCentOSの場合は**rpm形式**、DebianやUbuntuの場合は**dpkg形式**です。yumコマンドやaptコマンドは、これらのパッケージをうまく扱うためのソフトウェアです。

パッケージを直接操作するコマンドもあります(**表4.7**)。rpm形式のパッケージはrpmコマンド、dpkg形式のパッケージはdpkgコマンドを利用します。

表4.7 rpm形式のパッケージの操作(httpdを例に)

操作	コマンド
インストールされているパッケージ一覧の表示	rpm -qa
パッケージによってインストールされたファイル一覧の表示	rpm -ql httpd
情報表示	rpm -qi httpd

パッケージなどソフトウェアのバージョンは、多くの場合3階層の数値「x.y.z (x, y, zは整数)」で表します。この時、xをメジャーバージョン、yをマイナーバージョン、zをパッチバージョンと呼び、それぞれ以下の場合に変更することになっています。

- **メジャーバージョン**:パブリックAPIに対して後方互換性を持たない変更が取り込まれた場合に上げなければならない
- **マイナーバージョン**:後方互換性を保ちつつ機能性をパブリックAPIに追加した場合に上げなければならない
- **パッチバージョン**:後方互換性を保ったバグ修正を取り込んだ場合に上げなければならない

したがって、メジャーバージョンが変わらないうちはバージョンアップしても致命的な問題は起きづらいはずです(ただし、メジャーバージョンが0のうちは初期段階の開発用なので、いつでもいかなる変更も起こり得ます)。これは**セマンティックバージョニング**と呼ばれるバージョン付与ルールです[注4.11]。多くのプログラムやパッケージがこのルールに従っていますが、細かい部分で従いきれていなかったり、マーケティングや開発陣の気分の都合でルールを破ったりすることがあるので、個別に確認する必要があります。

処理の定期実行(cron)

Linuxで処理を定期実行するには**cron**を使います。cronは、指定されたスケジュールに従ってコマンドを実行するデーモンです。cronでの実行スケジュール設定は**crontab**で行います。crontabの書式は少し特徴的なので覚えておきましょう。スケジュールは5つの数字で表します(**表4.8**)。

表4.8 crontabの項目と値の範囲

項目	分 (minute)	時 (hour)	日 (day of month)	月 (month)	曜日 (day of week)
値	0~59	0~24	1~31	1~12	0~7 (0と7は日曜。1が月曜……)

数字単体でなく複数の数字(例:0,30=0と30)、範囲表記(例:1-5=1から5)、インターバル表記(例:*/3=3おき(分なら3分おき。割り算して余りが0になる時に実行))などの指定方法が

注4.11 セマンティック バージョニング 2.0.0 | Semantic Versioning ▶ https://semver.org/lang/ja/

あります。
crontabの設定例を**リスト4.1**に示します。

リスト4.1 crontab設定例

```
# 3分おきにrebootコマンドを実行
*/3 * * * * reboot
# 毎時0分にrebootコマンドを実行
0 * * * * reboot
# 毎日9:30にrebootコマンドを実行
30 9 * * * reboot
# 12月31日の23時59分にrebootコマンドを実行
59 23 31 12 * reboot
# 月曜～金曜の9:00以降～18:00になるまでの間、毎時0分と30分にrebootコマンドを実行
0,30 9-17 * * 1-5 reboot
```

cron以外の定期実行方法は、systemdのTimerユニットを利用する方法があります。

テキストエディタ

Linuxで定番のテキストエディタは**Vim**、**Emacs**、**Nano**です。RHELやCentOSでは、デフォルトのテキストエディタはVimで、DebianやUbuntuではNanoです。
どれを使っても良いのですが、よく使うディストリビューションのデフォルトエディタでは最低限の操作ができるようになっておきましょう。ファイルを開く、編集する、上書き保存する、別名で保存する、保存して終了する、保存しないで終了するという操作ができると少し安心です。Vimの場合、`vimtutor`コマンドを実行するとチュートリアルが起動して練習できるので、ぜひ実施してください。

Note

頻出コマンド

以下に挙げるのは、日常でよく利用するコマンドです。それぞれの概要を頭に入れ、使い方（オプションの意味や指定方法）、システムの設定を更新したりファイルを書き換えたりするコマンドかどうかなどを把握しておきましょう。
`man`コマンドでコマンドのマニュアルを閲覧できるので、まずは`man`コマンドを覚えましょう。`man man`で`man`コマンドのマニュアルを、`man ls`で`ls`コマンドのマニュアルを閲覧できます。閲覧中は上下矢印キーで行送り、`q`キーで終了です。

```
man, ls, cd, pwd, mv, cp, mkdir, rmdir, rm, touch, find, xargs, cat, head,
tail, less, tar, du, df, gzip, which, chmod, chown, useradd, userdel, grep,
awk, cut, ps, top, kill, date, history, w, su, sudo, vmstat, dstat, free,
uname, hostname, dig, curl, time
```

4.4 Linuxのネットワーク操作

Linuxにはネットワークを利用する機能が備わっています。Linuxでのネットワーク関連機能の基本操作を紹介します。広範な記載を心がけますが、RHELやCentOSを前提とした記述となる箇所もあるのであらかじめご承知おきください。

インターフェイスの操作

ipコマンドでインターフェイスの表示と操作を行います。ipコマンドは、サブコマンドで多くの機能をサポートしています（表4.9）。実行例を図4.21に示します。

表4.9 ipコマンドの代表的なサブコマンド

サブコマンド	省略形	意味
link	—	ネットワークデバイスを表示・操作する
address	addr, a	ネットワークデバイス上のIPアドレスを表示・操作する
route	r	ルーティングテーブルを表示・操作する

図4.21 ipコマンドの実行例

```
# ネットワークデバイスを表示する
$ ip link
1: lo: <LOOPBACK,UP,LOWER_UP> mtu 65536 qdisc noqueue state UNKNOWN mode DEFAULT group
default qlen 1000
    link/loopback 00:00:00:00:00:00 brd 00:00:00:00:00:00
2: eth0: <BROADCAST,MULTICAST,UP,LOWER_UP> mtu 1500 qdisc mq state UP mode DEFAULT group
default qlen 1000
    link/ether 00:00:5e:00:53:00 brd ff:ff:ff:ff:ff:ff
# ネットワークデバイス上のIPアドレスを表示する
$ ip addr
1: lo: <LOOPBACK,UP,LOWER_UP> mtu 65536 qdisc noqueue state UNKNOWN group default qlen 1000
    link/loopback 00:00:00:00:00:00 brd 00:00:00:00:00:00
    inet 127.0.0.1/8 scope host lo
       valid_lft forever preferred_lft forever
    inet6 ::1/128 scope host
       valid_lft forever preferred_lft forever
2: eth0: <BROADCAST,MULTICAST,UP,LOWER_UP> mtu 1500 qdisc mq state UP group default qlen 1000
    link/ether 00:00:5e:00:53:00 brd ff:ff:ff:ff:ff:ff
    inet 192.0.2.102/24 brd 192.0.2.255 scope global noprefixroute dynamic eth0
       valid_lft 434sec preferred_lft 434sec
# ルーティングテーブルを表示する
$ ip r
default via 192.0.2.1 dev eth0 proto dhcp metric 100
192.0.2.0/24 dev eth0 proto kernel scope link src 192.0.2.102 metric 100
```

インターフェイスの設定変更はipコマンドでもできますが、たいていはOSを再起動すると消えてしまいます。OSを再起動しても保持されるような永続的な設定を行う方法はディストリビューションによって異なります。

具体的にはNetworkManagerを利用する(nmcliコマンドで表示・操作)、/etc/sysconfig/network-scripts/配下のファイルを編集する、/etc/network/interfacesファイルを編集するなどの方法があります。ディストリビューションのドキュメントをよく読み設定します。

ネットワーク接続状況の確認

ssコマンドでネットワーク接続状況を確認できます(**表4.10**)。TCP/IPの接続だけでなく、**UNIXドメインソケット**(UDS:Unix Domain Socket)の接続も取り扱います。UNIXドメインソケットはOSの内部的な通信を行うための手法です。Linuxでは、TCP/IPもUNIXドメインソケットも内部的には**ソケット**という同じインターフェイスを通じて利用します。実行例を**図4.22**に示します。

表4.10 ssコマンドの代表的なオプション

オプション	意味
-t, --tcp	TCP接続を表示する
-u, --udp	UDP接続を表示する
-x, --unix	UNIXドメインソケットを表示する
-p, --processes	ソケットを利用しているプロセスを表示する
-l, --listening	LISTEN状態(接続待受中)のソケットのみ表示する
-n, --numeric	サービス名を名前解決しない
-s, --summary	統計サマリを表示する

図4.22 ssコマンドの実行例

```
# TCP接続を表示
$ ss -t
State      Recv-Q Send-Q   Local Address:Port  Peer Address:Port
ESTAB      0      0          192.0.2.102:ssh   203.0.113.100:43894
# UDP接続を表示
$ ss -u
Recv-Q Send-Q Local Address:Port  Peer Address:Port
0      0                ::1:48182          ::1:48182
# LISTEN状態のTCP接続ソケットを、サービス名を名前解決しないで表示
$ ss -lnt
State      Recv-Q Send-Q  Local Address:Port  Peer Address:Port
LISTEN     0      128                *:111              *:*
LISTEN     0      128                *:22               *:*
LISTEN     0      128        127.0.0.1:5432             *:*
LISTEN     0      100        127.0.0.1:25               *:*
LISTEN     0      128             :::3306             :::*
LISTEN     0      128             :::111              :::*
LISTEN     0      128             :::80               :::*
LISTEN     0      128             :::22               :::*
```

パケットフィルタリング

Linuxでは**netfilter**というカーネルモジュールで**パケットフィルタリング**ができます。**iptables**コマンドや**nftables**コマンドで表示・操作します。RHELやCentOSのFirewalld、DebianやUbuntuのufwのように、iptablesを制御する（バックエンドとしてiptablesを利用する）アプリケーションプログラムを利用する場合もあります。

iptablesは**ステートフルファイアウォール**です。それぞれの通信の接続状態を認識し、接続状態に応じて制御できます。ステートフルといえばTCPですが、iptablesではTCP接続だけでなくUDP接続も追跡し、擬似的な相互通信接続を認識したうえでフィルタリングできます。UDPの場合は、UDP通信に対する応答らしき通信を一連のものとして扱います。

iptablesでは、フィルタリングルールを**テーブル**と**チェイン**（chain）という形で整理しています。テーブルは既定のもので、それぞれのテーブルには既定のチェインが用意されています。チェインは管理者が追加することもできます。既定のチェインは、たとえばfilterテーブルにはINPUT、OUTPUT、FORWARDが、natテーブルにはOUTPUT、PREROUTING、POSTROUTINGがあります。

どのようなパケットかによって、テーブル・チェインのどれがどの順に適用されるかが決まります。わたしたちシステム管理者は、チェインのフィルタリングルールを操作することでパケットをフィルタします（図4.23）。

図4.23 iptablesのテーブルとチェインの適用順の例

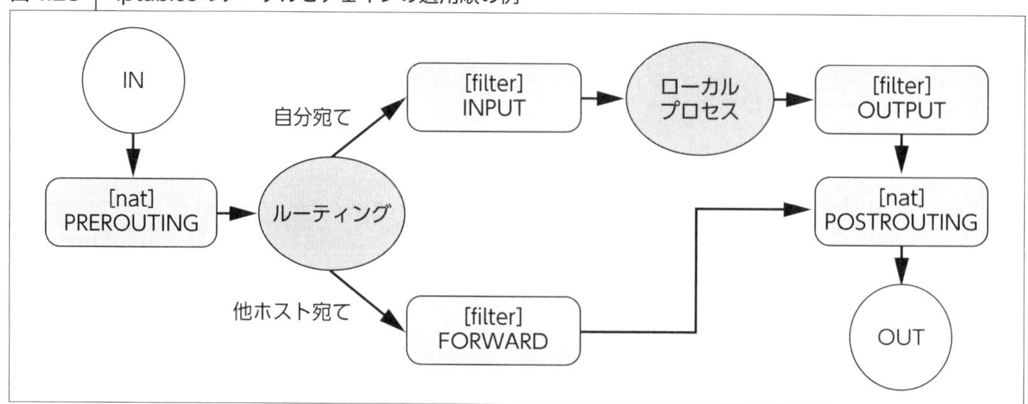

それぞれのチェインでは、フィルタリングルールは上から順に評価されます。ルールに合致したら評価終了になり、以降の同チェインのルールは評価されません。フィルタリングルールの例を**リスト4.2**に示します。

リスト4.2 フィルタリングルールの例

```
Chain INPUT (policy ACCEPT)
target prot in out source    destination
ACCEPT all  lo *   0.0.0.0/0 0.0.0.0/0
ACCEPT all  *  *   0.0.0.0/0 0.0.0.0/0   state RELATED,ESTABLISHED
ACCEPT icmp *  *   0.0.0.0/0 0.0.0.0/0
DROP   all  *  *   0.0.0.0/0 0.0.0.0/0
```

リスト4.2は、以下のようなルールになっています。

- lo（ループバックインターフェイス）からのパケットはACCEPT（許可）
- 接続確立済み（ESTABLISHED）または関連（RELATED）パケットは許可
- ICMPは許可
- すべてのパケットを破棄（DROP）

フィルタリングルールは、「適用条件」「どう処理するか（TARGET）」の2つの軸で構成されています。適用条件にはプロトコル、接続元、接続先、入力インターフェイス、出力インターフェイスだけでなく、ステートフルファイアウォールなのでstateを指定したフィルタリングもできます。よく使うstateは**表4.11**のとおりです。

表4.11 よく使うstate

state	意味	備考
NEW	新規接続	TCPのSYNだけでなく、TCP以外も含めESTABLISHEDやRELATEDでない新たな通信全般を指す
ESTABLISHED	接続確立済み、あるいは相互の通信がすでに行われている	TCPだけでなくUDPやICMPも返事が済んでいればESTABLISHED
RELATED	ESTABLISHEDな通信に関連する通信	たとえばFTPのData ConnectionはRELATED

よく使うTARGETは**表4.12**のとおりです。

表4.12 よく使うTARGET

TARGET	意味
ACCEPT	許可
DROP	破棄（パケットを破棄し、送信元へは何もリアクションしない）
REJECT	拒否（TCP RESETやICMP UNREACHABLEなど拒否方法を指定できる）

名前解決

ドメイン名／ホスト名／IPアドレスの名前解決はリゾルバの仕事です。Linuxでは利用するリゾルバの設定は、**/etc/resolv.confファイル**で行います。詳細な設定方法や利用可能なオプションはresolv.confのマニュアルに記載されています。

/etc/resolv.confファイルは、Network Managerなどのネットワーク設定管理ソフトウェアが書き換えることもあるので、ご自身の利用環境でどのプログラムが書き換える可能性があるのか事前に把握しておきましょう。

ちなみに/etc/hostsファイルを利用すると、DNSを利用せずに名前解決ができます。名前解決の際には、/etc/hostsファイルのほうがDNSよりも優先され、/etc/hostsファイルで解決した場合はDNSへの問い合わせは行いません。この解決順は、/etc/nsswitch.confファイルで指定します。

なお、ポート番号／名前の変換は、前述のとおり/etc/servicesファイルをもとに行われます。

ここまでのまとめ

- **LinuxはOSの中核部分を指し、わたしたちはディストリビューションの形で利用する**
- **Linuxではユーザ・グループの単位でファイル・ディレクトリを対象に認可を制御する**
- **LinuxのサーバはCUIで管理することが多い**
- **CUIではシンプルな動作のコマンドを組み合わせて利用する**

仮想化の基礎知識

仮想化（Virtualization）は、ハードウェアリソース（計算機資源）を隔離・分割・集約して別の環境を実現する技術の総称で、サーバ技術においても一般的な概念・手法です。たとえばLinuxでは、仮想メモリという技術が利用されています。これは、メモリの物理的な構成をアプリケーションプログラムから隠蔽する技術です（**図5.1**）。

仮想化技術を活用することで物理的な制約を緩和・回避することができ、リソース利用の柔軟性が向上します。たとえば前述のスワップのような透過的なデバイス併用が実現できます。アプリケーションプログラムからリソース確保要求を受けた時、実際にはリソースを確保せず、本当に必要になった時に後から確保する**シンプロビジョニング**（Thin Provisioning）も実現できます。

ハードウェアを専有したところでそのハードウェアリソースを使い切らないことも多いので、ハードウェアを共有してリソースの活用効率を上げる手法もあります。たとえばそれぞれのサーバのCPU利用率が～20%程度であれば5台で共有してもおおむね大丈夫であろうということで、1台のハードウェアを仮想化しサーバ5台を詰め込むことができます。なお、ハードウェアリソースが利用者の全力に応えられない状況をオーバーコミットと呼びます。

図5.1 仮想メモリ

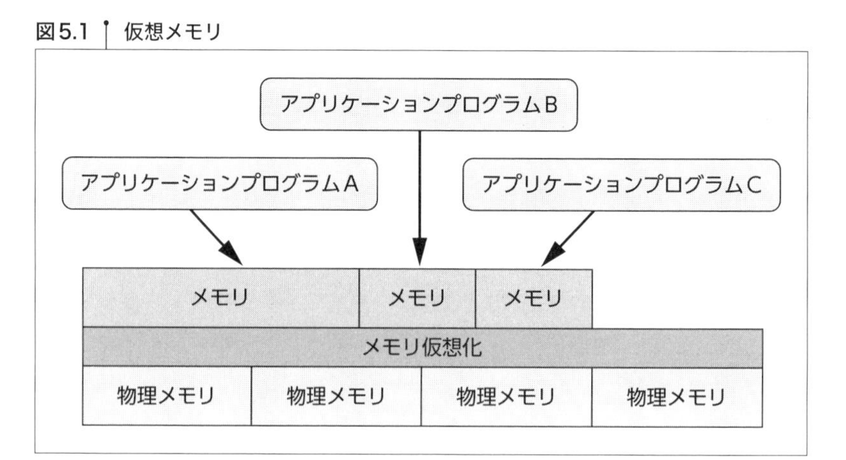

5.1 サーバ仮想化

サーバ仮想化は、サーバをまるごと仮想化する技術です。どの程度まるごとかというと、CPU・メモリ・入力装置・出力装置などのハードウェアデバイスをソフトウェアで実現し、仮想的に用意します。このような仮想的なハードウェアを実現するソフトウェアを**ハイパーバイザ**と呼びます（図5.2）。

図5.2 サーバ仮想化

ハードウェア：CPU、メモリ、ディスク、ネットワーク、キーボード……
ハードウェア：CPU、メモリ、ディスク、ネットワーク、キーボード……
ハイパーバイザ
アプリケーションプログラム
OS
プログラムライブラリ
カーネル
デバイスドライバ
ハードウェア：CPU、メモリ、ディスク、ネットワーク、キーボード……

すべてのハードウェアをソフトウェアで再現するので、稼働させるOSの自由度が非常に高い点がメリットで、それなりに実現負荷が高い（CPU負荷などのオーバーヘッドが大きい）のがデメリットです。2020年時点で多くのパブリッククラウドサービスで採用されている手法です。KVM[注5.1]、VMware[注5.2]、Hyper-V[注5.3]、VirtualBox[注5.4]などがサーバ仮想化を実現する代表的なソフトウェアです。サーバ仮想化では、物理的なサーバのほうを**ホスト**、仮想化された上に乗るほうを**ゲスト**と呼びます。

サーバ仮想化には、**完全仮想化**と**準仮想化**の2種類があります。完全仮想化は、ハードウェアをソフトウェアで完全に再現する手法です。準仮想化は、処理の一部をホストのハードウェアに回すことで、仮想化しつつパフォーマンスの改善を図るものです。準仮想化は完全仮想化と異なり、ゲストとホストが一部協調動作する必要があるので、ゲストの自由度が少し下がります。

5.2 コンテナ

コンテナはプログラム実行空間を隔離する技術の総称です（流通業界で利用されている海上コンテナのコンテナと同じイメージです）。コンテナの場合、サーバ仮想化のようにハードウェアをソフトウェアで再現することはせず、ホストのリソースを隔離してコンテナに提供します（**図5.3**）。かなり昔、ハードウェア性能が今ほど高くなくサーバ仮想化を実現しきれなかった時代からある技術で、計算機資源がさほど豊富でない状況下でも活用されてきました。chroot、Jail、OpenVZ、Linux

注5.1 KVM ▶ https://www.linux-kvm.org/
注5.2 VMware Japan ▶ https://www.vmware.com/jp.html
注5.3 Windows 10のHyper-Vの概要 | Microsoft Docs ▶ https://docs.microsoft.com/ja-jp/virtualization/hyper-v-on-windows/about/
注5.4 Oracle VM VirtualBox ▶ https://www.virtualbox.org/

Containers (LXC)、Dockerなどが代表的なコンテナ実装です。執筆時点の2021年1月で活発に利用されているのは、LXCとDockerだと思います。

図5.3 コンテナ

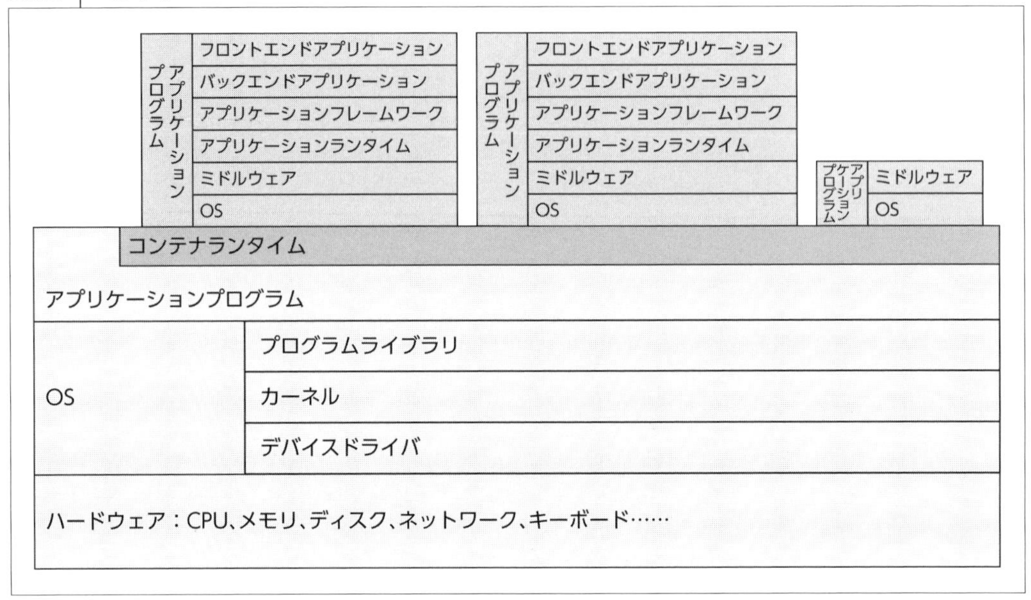

システムコンテナとアプリケーションコンテナ

コンテナ技術には、**システムコンテナ**と**アプリケーションコンテナ**という2種類の志向性があります。システムコンテナはOS全体をコンテナ化するもので、コンテナ技術を用いてサーバ仮想化に近いことを実現するものです。システムコンテナ用途ではLXCが利用されることが多いように思います。

一方のアプリケーションコンテナは、特定のアプリケーションプログラムのプロセスをコンテナとして実行するものです。OS全体ではなく特定のプロセスをコンテナ化します（**図5.4**）。

図5.4 システムコンテナとアプリケーションコンテナ

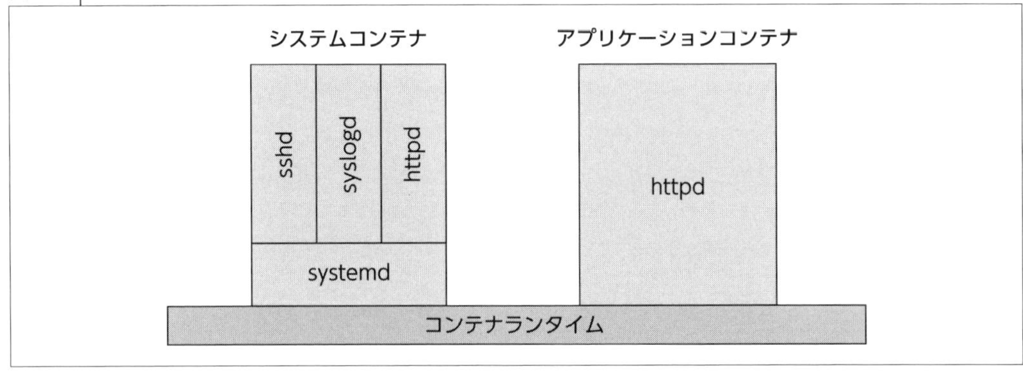

現代のアプリケーションプログラムは数多くのアプリケーションプログラムやプログラムライブラリを組み合わせて実装されることが多く、実行環境と密結合になりやすいため、アプリケーションソフトウェアの可搬性が低くなりがちです。しかし、アプリケーションコンテナを活用し実行環境まるごと一式で取り扱うことで、可搬性の向上を果たしました。アプリケーションコンテナによって、開発環境／ステージング環境／本番環境の環境差や、多くのサーバがある中でのサーバ個体差による影響を軽減できるようになりました。

アプリケーションコンテナの雄：Docker

Dockerは2013年に登場した、アプリケーションコンテナを実現するソフトウェアです。cgroupsやnamespaceなど、Linuxが持っているコンテナ実現技術をうまく組み合わせて使いやすい形でユーザに提供し、絶大な支持を集めました。

Dockerでコンテナを起動するためには、①Dockerfileをもとにイメージを作成（docker build）、②DockerイメージをもとにDockerコンテナを起動（docker run）、の2ステップが必要です。

①でDockerイメージを作成する際に、さまざまなアプリケーション実行環境やライブラリ、データなどを同梱します。②でDockerコンテナを起動する際に環境変数を与えることで、Dockerコンテナ内のアプリケーションの挙動や設定を制御します。これは、環境変数で外部から挙動や設定を変更できるよう、Dockerイメージを作っておく必要があります（図5.5）。

図5.5 Dockerでコンテナを起動するためのステップ

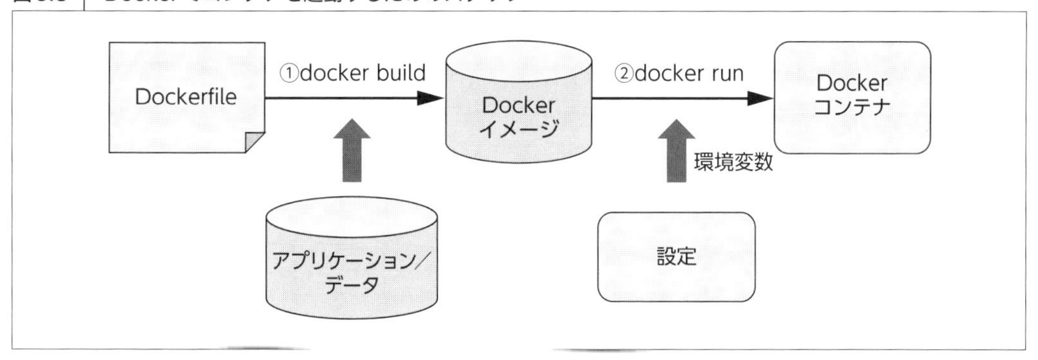

Dockerfileの例は**リスト5.1**のとおりです。**リスト5.1**の例では、centosイメージのタグ7.7.1908に対して、①`yum -y install httpd && yum clean all`を実行、②LC_ALL環境変数にja_JP.UTF-8を設定、③ビルド環境のdistディレクトリを/var/www/htmlにコピー、という操作を行っています。

リスト5.1 Dockerfileの例

```
FROM centos:7.7.1908

RUN yum -y install httpd && yum clean all
ENV LC_ALL ja_JP.UTF-8
COPY dist /var/www/html
```

Dockerイメージをビルドする過程で、DockerはDockerfileのそれぞれの行を実行した後のDockerイメージ（ディスクに保存されたファイル一式）を保存します。1行実行するごとに保存するのは無駄が多いようにも見えますが、差分を抽出しているので容量が無駄に大きくなることはありません。1行実行するごとに保存することで、イメージが再利用しやすくなっています。また、ビルドを途中から再開しやすくなるので、Dockerfileを書く試行錯誤段階での効率がとても良いです。

Dockerfileは専用の文法が少なく、読みやすく、書きやすいので簡単に受け入れられます。シンプルなDockerfileは、時代の要請にぴったりでした。

シングルホストでの複数アプリケーションコンテナの管理

アプリケーションコンテナを適切に運用するためには、1コンテナ1アプリケーションが大原則です。OSのInit（systemdなどのPID1のプロセス）に代わり目的とするアプリケーションを起動します。たとえばアプリケーションコンテナの定番であるDockerも、1コンテナ1アプリケーションでうまく使えるようにできています。

しかし、現代のサーバサイドアプリケーションは、複数のプロダクトを同時に利用して協調動作させることがほとんどです。たとえばKVSやRDBMSのようなデータストアはアプリケーションランタイムとは別に用意します（図5.6）。

複数のコンテナをセットで使うのであれば、それぞれ個別に手動で起動・管理するのではなく、セットで管理したくなるものです。複数の・一連のアプリケーションコンテナをセットで管理するための方法が**docker-compose**です。

図5.6 複数アプリケーションコンテナの同時利用

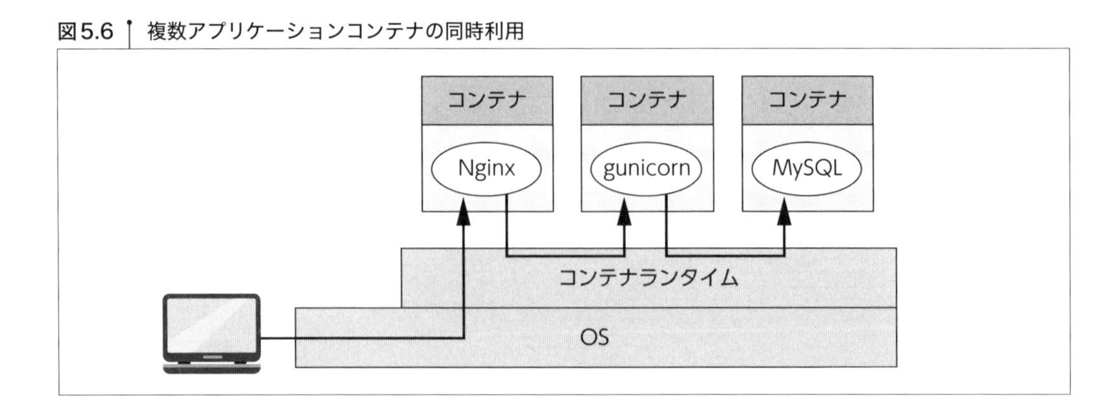

docker-composeは、docker-compose.ymlファイルで構成を宣言的に（どのような構成であれば良いかを）定義します（**リスト5.2**）。Docker単体（dockerコマンド）で利用する際に設定できる、環境変数などの項目が設定できます。また、コンテナ間の依存関係、コンテナ間をつなぐネットワーク、コンテナ間で共有もできるディスク領域（ボリューム）の定義など、まとめて管理するコンテナたちの関連を定義できるのが強みです。

執筆時点（2021年1月）では、Webアプリケーション開発環境のデファクトスタンダードはDocker（docker-compose）です。docker-composeでローカルPCに本番に近しい環境を起動し、開発環境と本番環境の差が小さい状態で開発を行います。

リスト5.2 docker-compose.ymlの例

```
version: "3"
services:
  proxy:
    image: nginx:latest
    ports:
      - "80:80"
      - "443:443"
    volumes:
      - "docroot:/mnt/docroot"
    depends_on:
      - app
  app:
    image: myapp:latest
    depends_on:
      - "db"
    ports:
      - "8000:8000"
    environment:
      - DJANGO_SETTINGS_MODULE=myapp.settings
    volumes:
      - "docroot:/mnt/docroot"
  db:
    image: mysql:8.0
    command:
      - "--character-set-server=utf8mb4"
    ports:
      - "3306:3306"
    environment:
      - MYSQL_ROOT_PASSWORD=default
volumes:
  docroot:
```

マルチホストでのアプリケーションコンテナのオーケストレーション

docker-composeは優れたしくみ・ソフトウェアですが、複数のホストを利用して展開するシステム全体を対象として管理するには力不足でした。

システムを提供するにあたり、信頼性、可用性、保守性、完全性、機密性を一定以上に保つことが非常に重要です。そのためにリソース（コンテナやその他コンポーネント）を適切に分散配置し、それらが異常停止した場合は縮退・回復し、システム全体を意図した状態に保たなければなりません。このようなマルチホスト環境でコンテナベースのアプリケーションをうまく管理するためには、また別のソフトウェアが利用されています（図5.7）。

図5.7 マルチホストでのアプリケーションコンテナ

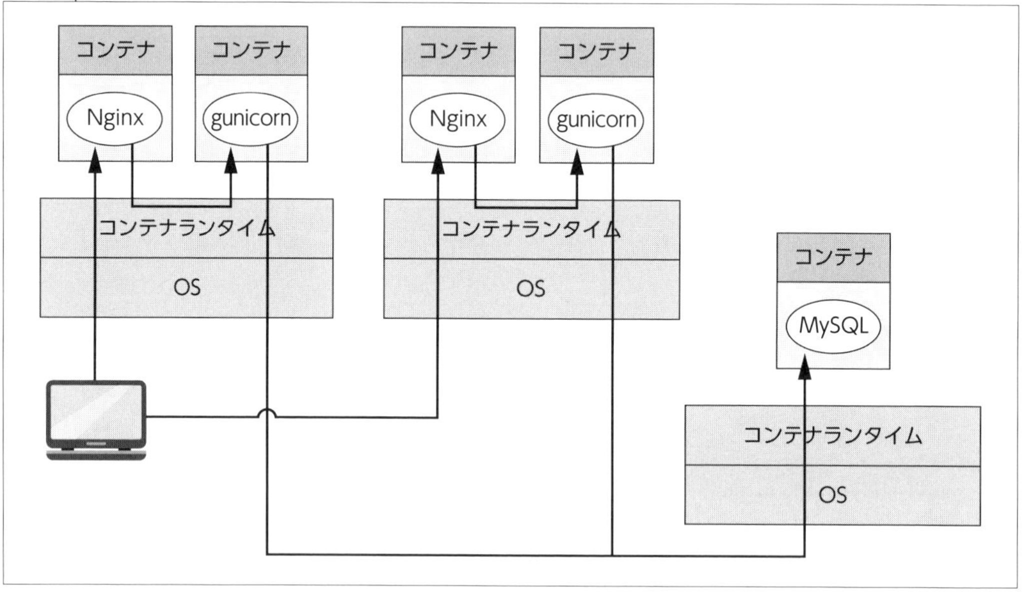

代表的なソフトウェアは**Kubernetes**（クーバネティス／クゥバネィテス／クーバネィティス、k8sと呼ばれることもあります）です。またこのような設定・配備などの管理を俗に**オーケストレーション**と呼び、この手のソフトウェア・サービスを俗に**オーケストレータ**と呼びます。

KubernetesはGoogle発のOSSコンテナクラスタ管理ツールで、現在はCNCF（Cloud Native Computing Foundation）に移管され開発が続いています。docker-composeと同様にKubernetesもYAML形式の設定ファイルを宣言的に記述してアプリケーションの状態を定義します。

Kubernetesでは、docker-composeが対象としたような「一連のコンテナ群」をPod（ポッド）と呼びます。稼働基盤となるノード（サーバ）のうち、どのノードにどれだけの数のPodを配備するか、それらをどのように接続するか、Kubernetesを通じて設定・管理することができます（図5.8）。

図5.8　Kubernetes

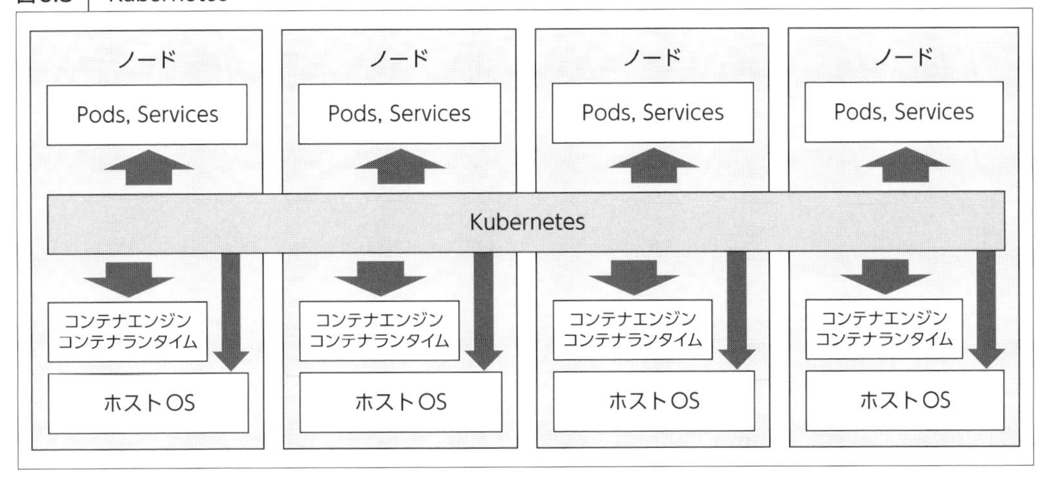

ノードの構築・管理とKubernetes自身の構築はクラウドサービスに委託し、管理者はKubernetes自身の管理から上のレイヤを行うのが一般的です。執筆時点では、Kubernetesのマネージドサービスとして、AWSのAmazon EKS (Amazon Elastic Kubernetes Service)、GCP (Google Cloud Platform) の GKE (Google Kubernetes Engine)、Microsoft Azure の AKS (Azure Kubernetes Service) などが提供されています。

5.3 ストレージやネットワークの仮想化

前述のとおり、仮想化はハードウェアリソースを隔離したり集約したりして別の環境を実現する技術の総称です。ストレージの場合はとくに物理的な制約から利用可能容量・帯域の制約を受けやすいため、仮想化技術を活用してそれらの制約を回避するニーズが高いです。

大容量のストレージを用意し仮想化して提供することで、領域の分割、シンプロビジョニングによる高集積などを実現します。中には、複数同じデータがある場合に実体を1つで済ませて容量を節約する重複排除機能を備えた製品や、複数台のストレージを用意し提供領域を動的に移動することでシンプロビジョニング後の容量枯渇にうまく対処する製品もあります。

一方、ネットワークの場合は仮想化による多重化がよく利用されます。1つの物理的なネットワーク (機器・回線) の上にマルチテナント型で複数のネットワークを同居させます。

ストレージやネットワークの仮想化も、宣言的な設定とそれを実現するソフトウェアにより飛躍的に利便性が向上しました。これらのテクノロジをSoftware Defined XXXと呼びます。ストレージの場合は**SDS：Software Defined Storage**、ネットワークの場合は**SDN：Software Defined Networking**です。

ネットワークの隔離技術は、**VLAN**（ブイラン）や**VXLAN**（ブイエックスラン）が有名です。VLANには**ポートVLAN**と**タグVLAN**があります（主に、扱っているネットワーク機器ベンダによって用語の流派があるため適宜読み替えてください）。ポートVLANは、1つの機器のポート（接続口）単位で分割・接続し仮想的に複数台のスイッチを実現する技術です。ポートVLANを設定すると、別のVLANに所属するポートには通信が流れなくなり、1台の機器を仮想的に複数台の機器に仕立てることができます（図5.9）。

図5.9 ポートVLANを適用した例

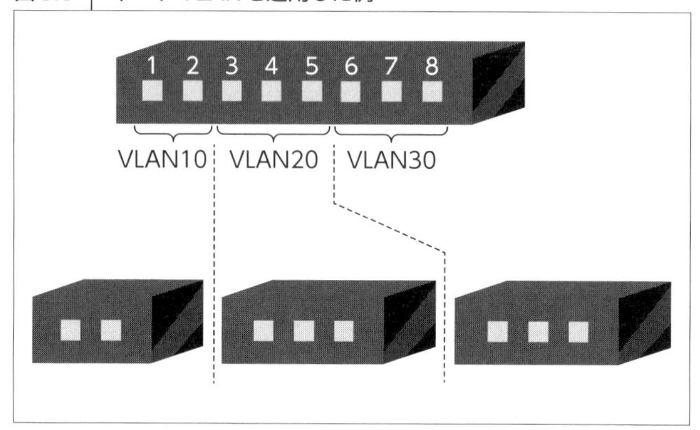

タグVLANは、L2ネットワーク上のトラフィックを隔離する技術です。物理的なポートや回線、機器を共有します。イーサネットフレームにタグを挿入し、そのタグ（タグのID）をもとにトラフィックを隔離します。タグVLANを活用すると、1つのL2ネットワークの上に複数のL2ネットワークを仮想的に実現できます。この様子を指して**オーバーレイネットワーク**と呼ぶこともあります（図5.10）。

タグに基づいてQoS設定（Quality of Service：サービス品質）を行うことで、共有する機器や回線の上での特定のVLANの通信の扱いを変えることができます。たとえば1つのLAN上に電話用（音声通話用）とPCなどOA機器用のネットワークを相乗りさせ、物理回線を共用しつつ、通話品質維持のために電話用の通信を優先することができます。

VLANのタグのIDは0〜4095の範囲です（このうちいくつかは利用不可）。ところが、サーバの高集積化が進んだこともあり、この範囲では足りなくなりました。VXLAN（XはeXtensibleのX）では、12ビットだったIDが24ビットに拡張されています。

図5.10 タグVLANのイメージ

5.4 デスクトップ作業環境の仮想化

仮想化を活用しデスクトップ作業環境を仮想化するのが**VDI**（Virtual Desktop Infrastructure：仮想デスクトップ基盤）です。サーバ側にデスクトップ環境を構築・実行し、利用者はリモートデスクトップなどを通じてそのデスクトップ環境を利用します（**図5.11**）。

わたしたちのパソコン、とくに一般事務用途のパソコンは、CPUやメモリをフルで使うことが少ないです。とはいえ、スペックがカツカツだとはそれはそれで困るシーンが出てくるので、多少なりとも余裕をもったスペックにしますよね。VDIを活用（＝この余裕を共有しうまくオーバーコミット）することで、利用者の利便性をあまり損なうことなく、全体視点での物理リソース利用効率を向上させることができます。とくにCPUなどの時間変動性が高いリソースは、集積率を高めてオーバーコミットしやすいです。

図5.11 VDI

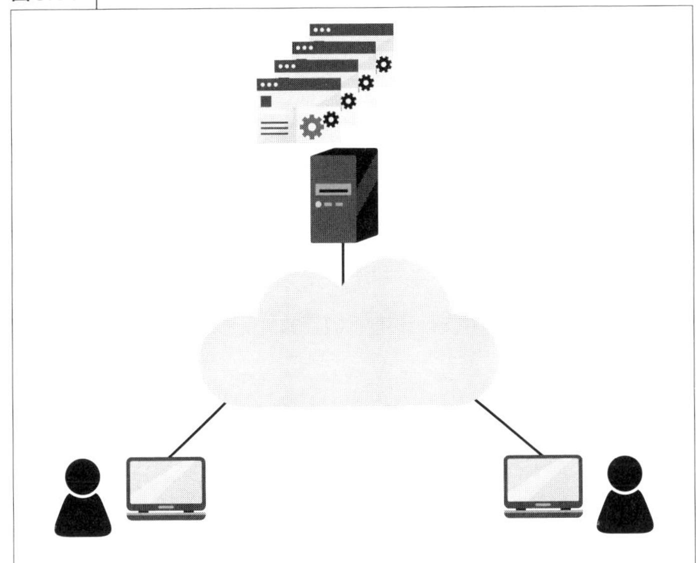

VDIのメリットは、リソース利用効率だけでなく、データが入ったデバイスを持ち出さないことによるセキュリティ面の管理のしやすさなどもあります。

VDIというと、個々の割当リソースを絞りすぎて／低く見積り過ぎて集積率が非常に高くなり、利便性が低くなるという事例も耳にします。オーバーコミットによる高集積化は利用者の多様性（用途のバリエーションによる利用リソースの分散やリソース利用タイミングの時系列的な分散）を前提としています。利用者が同じリソースを同時に要求するシーンがあるとリソース利用要求に応えきれません。全社員のデスクトップを仮想化したものの、全員同時にリソース負荷が高い作業をするのでリソース不足になる、などといった事態にならないように気をつけましょう。何をするにせよ、大前提として適切なキャパシティ管理をしなければなりません。

5.5 仮想化と高集積化

仮想化と高集積化は別のトピックですが、仮想化によって高集積化を目指すことが多いため、同じ文脈で語られることが多いです。

前項のVDIがまさにそうで、シンプロビジョニング技術を活用したオーバーコミットによりリソースを共有することで、余剰リソースを融通しあい、高効率でリソースを活用できます。オーバーコミット状態の時、リソースを共有しているメンバーの中にフルパワーでリソースを利用し続けるユーザがいると、他のユーザが利用可能なリソースが減ります。正当な利用なので、問題になるとしたら基盤の設計・運用の問題ですが、とはいえリソースを共有している他のユーザから見たら迷惑です。このような迷惑なユーザのこと、およびそのユーザにより引き起こされる問題を俗に「noisy neighbor problem（迷惑な隣人問題）」と呼びます。

なお、繰り返しますが、迷惑な隣人が問題になるのはリソース不足が理由であり、そのユーザの問題ではなく、基盤の設計・運用の問題です。基盤側でリソースを拡張する、適切にリソース利用制限を行うなどの対処が必要です。

ここまでのまとめ

- 仮想化はハードウェアリソースを隔離・分割・集約して別の環境を実現する技術の総称
- サーバ仮想化はサーバまるごと仮想化する技術、コンテナはプログラム実行空間を隔離する技術
- コンテナにはシステムコンテナとアプリケーションコンテナの2つの志向性がある
- ネットワークやストレージのような要素技術ごと、VDIのような用途ごとの仮想化技術のジャンルがある
- 仮想化と高集積化は別の話で、いずれにせよキャパシティ管理が重要

ミドルウェアの基礎知識

1章で解説したとおり、最近のWebシステムはおおむね表6.1のテクノロジスタックで構成されています。本章では、このうちミドルウェアの階層を取り扱います。ミドルウェアの階層を理解するうえで他階層の知識が必要になることもあるので、その場合は適宜補足します。

表6.1 Webシステムのテクノロジスタック

レイヤ	例
フロントエンドアプリケーション	フロントエンド（ブラウザ・アプリなど）のアプリケーションそのもの
バックエンドアプリケーション	バックエンド（サーバサイド）のアプリケーションそのもの
アプリケーションフレームワーク	React.js、Vue.js、Laravel、Spring Boot、Ruby on Rails、Django など
アプリケーションランタイム	JVM（Java Virtual Machine）、CRuby、CPython など
ミドルウェア	Apache（Apache HTTP Server）、Apache Tomcat、gunicorn、unicon、php-fpm、MySQL、Redis など
OS	Linux（RHEL、CentOS、Debian、Ubuntu）、Windows など
ネットワーク	10Gbps フルメッシュ、40Gbps InfiniBand など
ハードウェア	DELL R240、FUJITSU PRIMAGY など
コロケーション／ファシリティ	データセンタ、ラック、空調、電源設備など

6.1 Webシステムの構成要素

リクエストとレスポンス

Webシステムはクライアントからの**リクエスト**を受け付け、**レスポンス**を返却します。クライアントはGoogle ChromeやMozilla FirefoxのようなWebブラウザなどです。Webシステムのクライアントと直接やりとりするソフトウェアを**Webサーバ**（あるいはHTTPサーバ）と呼びます。

Webシステムがレスポンスを返す時、サーバ上に存在するファイルをそのまま返却する場合と、レスポンス内容を動的に生成して返却する場合があります。サーバ上に存在するファイルを**静的コンテンツ**（Static contents）と呼び、レスポンス内容を動的に生成する場合を**動的コンテンツ**（Dynamic contents）と呼びます。

静的コンテンツをリクエストされた場合、Webサーバは手元のファイルを読み込んで、読み込んだ結果をHTTPレスポンスとしてクライアントに返却します。一方、動的コンテンツをリクエストされた場合は、Webサーバはリクエストに対応するプログラムを呼び出します。

Webサーバがプログラムを呼び出す際、Webサーバは入力としてリクエスト内容を適切に加工したものを引き渡します。プログラムは、Webサーバから入力を受け取り、レスポンス内容を生成・出力します。Webサーバはプログラムから出力されたレスポンス内容をHTTPレスポンスとしてクライアントに送出します。

かつて（1990年代）は、Webサーバがリクエストを受け付けるごとにプログラムを起動（都度Webサーバとは別のプログラムを実行）する方式が主流でした。しかし、プログラムの起動はそれなりに計算機コストのかかる処理なので、計算機コストやレスポンスタイムの観点であまり効率的ではありません。都度起動の他には、Webサーバ自体に拡張モジュールとしてアプリケーションランタイムやアプリケーション自体を組み込む方式、アプリケーションをデーモンとして起動しておく**アプリケーションサーバ方式**があり、最近はアプリケーションサーバ方式が主流です（**図6.1**）。

図6.1 Webシステムのレスポンスパターン

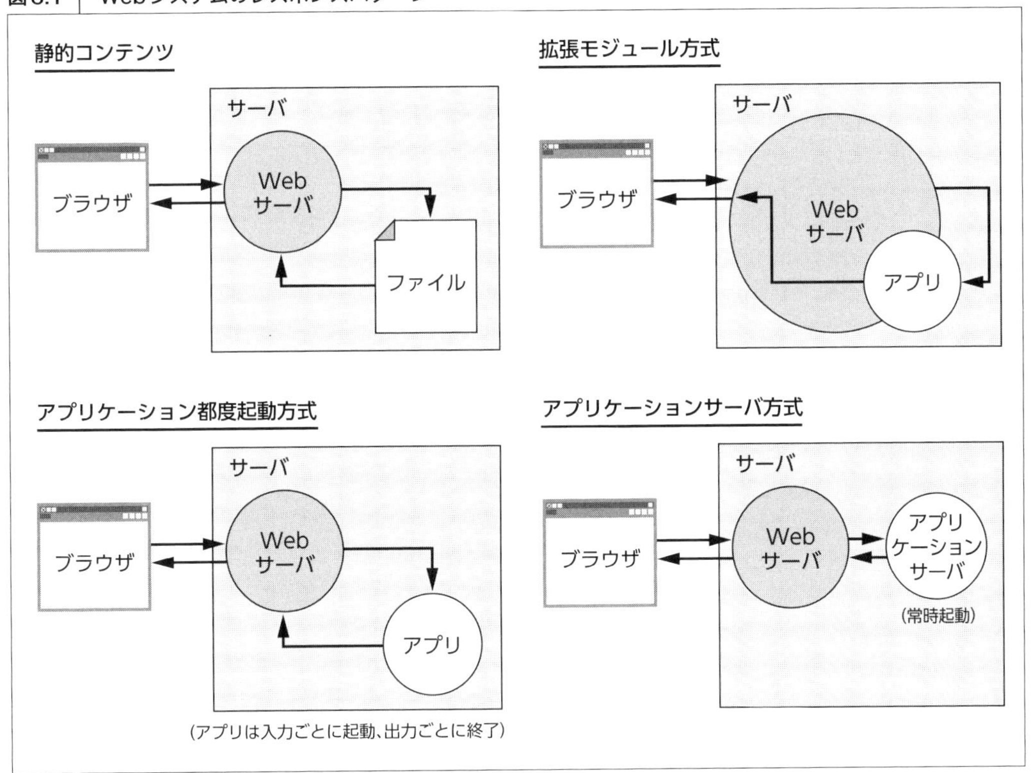

LAMP構成

Webシステムで数多く見られる典型的なLAMP構成（Linux、Apache、MySQL、PHP／Perl／Python）は**図6.2**のとおりです。Linuxの上でApacheを稼働させ、HTTP／HTTPS接続を受け付けます。前述のとおり、静的コンテンツはディスクからファイルを読み込んでレスポンスとして返却し、動的コンテンツはApacheに組み込んだモジュールを介して呼び出しレスポンスを返却します。MySQLを別途起動しておき、永続的なデータを保存します。

図6.2 典型的なLAMP構成

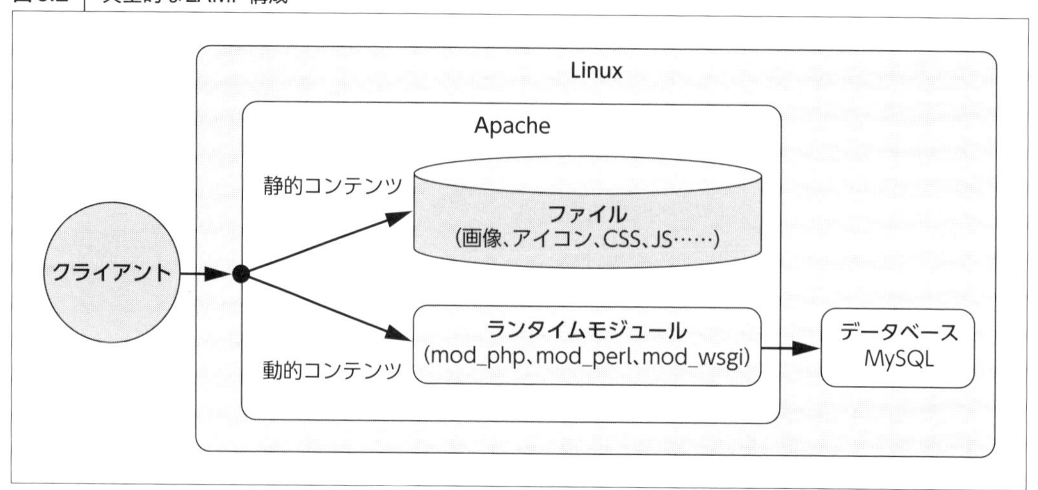

この構成は、要素が少なくシンプルで理解しやすい点が優れています。キャパシティ増強もシンプルな手法が複数あり、スケールアップ（サーバのスペックアップ）だけでなく、役割分担（MySQLを別サーバにする）、スケールアウト（サーバを複数台用意して負荷を分散する）もできます。

システムが大規模化するにつれ、構成の最適化が進みました。静的コンテンツと動的コンテンツはCPUやメモリの利用特性が異なるため、それぞれの目的専用のミドルウェアが導入されました。セッション情報は、ファイルやRDBMSではなくMemcachedやRedisなどの**KVS**（Key Value Store）が導入されました。これは、セッション情報には確実な永続化が必要ない代わりに高速な読み書きが必要であり、そのニーズに応えるためです。

最近のLAMP構成は、前段に**CDN**（Proxy）を配置し、その下にロードバランサ、多数のWebサーバ（場合によってはWeb+Proxy）、多数のアプリケーションサーバ、多数のデータベースとKVSを配置します（図6.3）。それぞれの要素は、クラウド事業者のマネージドサービスを利用する場合もあれば、自分自身で構築・運用する場合もあります。

図6.3 最近のLAMP構成

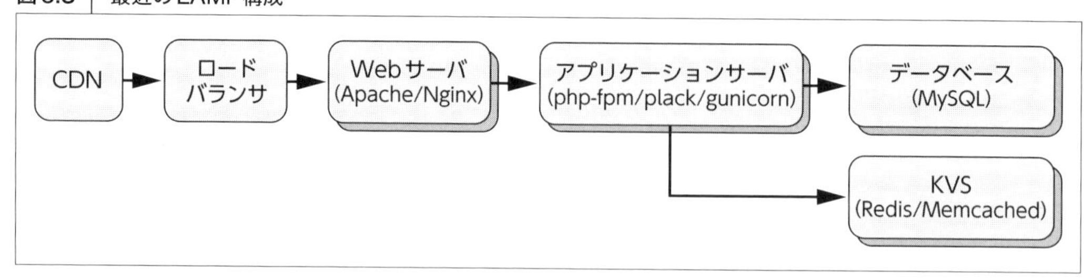

それぞれの構成要素で代表的なミドルウェアおよびクラウドサービスは表6.2のとおりです。

表6.2 代表的なミドルウェア

役割	プロダクト
プロキシ(CDN)	Apache注6.1(mod_cache注6.2)、Nginx注6.3、Varnish Cache注6.4、Amazon CloudFront注6.5、Cloudflare注6.6、Fastly注6.7
ロードバランサ	Apache(mod_proxy注6.8)、Nginx、HAProxy注6.9、AWS Elastic Load Balancing注6.10
Webサーバ	Apache、Nginx、IIS(Internet Information Services)注6.11、Amazon S3注6.12
アプリケーションサーバ	php-fpm注6.13、plack注6.14、gunicorn注6.15、unicorn注6.16、Apache Tomcat注6.17、AWS Lambda注6.18
データベース	MySQL注6.19、PostgreSQL注6.20、Amazon RDS注6.21
KVS	Memcached注6.22、Redis注6.23、Amazon ElastiCache注6.24

6.2 Webサーバ

Webサーバの主な役割

利用者からのHTTP/HTTPS接続を受け付け、コンテンツを返却する、サーバおよびその機能を実現するミドルウェアを**Webサーバ**と呼びます。なお、サーバ単位でWebサーバと呼んでいる場合も、実態としてはWebサーバの機能だけでなく、プロキシやアプリケーションサーバの機能も備

注6.1 The Apache HTTP Server Project ▶ https://httpd.apache.org/
注6.2 mod_cache - Apache HTTP Server Version 2.4 ▶ https://httpd.apache.org/docs/2.4/en/mod/mod_cache.html
注6.3 nginx ▶ http://nginx.org/
注6.4 Varnish HTTP Cache ▶ https://varnish-cache.org/
注6.5 Amazon CloudFront(グローバルなコンテンツ配信ネットワーク) | AWS ▶ https://aws.amazon.com/jp/cloudfront/
注6.6 Cloudflare ▶ https://www.cloudflare.com/
注6.7 Fastly ▶ https://www.fastly.com/
注6.8 mod_proxy - Apache HTTP Server Version 2.4 ▶ https://httpd.apache.org/docs/2.4/en/mod/mod_proxy.html
注6.9 HAProxy - The Reliable, High Performance TCP/HTTP Load Balancer ▶ https://www.haproxy.org/
注6.10 Elastic Load Balancing(複数のターゲットにわたる着信トラフィックの分配) | AWS ▶ https://aws.amazon.com/jp/elasticloadbalancing/
注6.11 The Official Microsoft IIS Site ▶ https://www.iis.net/
注6.12 Amazon S3(拡張性と耐久性を兼ね揃えたクラウドストレージ) | AWS ▶ https://aws.amazon.com/jp/s3/
注6.13 PHP: FastCGI Process Manager (FPM) - Manual ▶ https://www.php.net/manual/ja/install.fpm.php
注6.14 plack/Plack: PSGI toolkit and server adapters ▶ https://github.com/plack/Plack
注6.15 Gunicorn - Python WSGI HTTP Server for UNIX ▶ https://gunicorn.org/
注6.16 unicorn: Rack HTTP server for fast clients and Unix ▶ https://yhbt.net/unicorn/README.html
注6.17 Apache Tomcat ▶ https://tomcat.apache.org/
注6.18 AWS Lambda(イベント発生時にコードを実行) | AWS ▶ https://aws.amazon.com/jp/lambda/
注6.19 MySQL :: Developer Zone ▶ https://dev.mysql.com/
注6.20 PostgreSQL: The world's most advanced open source database ▶ https://www.postgresql.org/
注6.21 Amazon RDS(マネージドリレーショナルデータベース) | AWS ▶ https://aws.amazon.com/jp/rds/
注6.22 memcached - a distributed memory object caching system ▶ https://memcached.org/
注6.23 Redis Labs | The Best Redis Experience ▶ https://redislabs.com/
注6.24 Amazon ElastiCache(インメモリキャッシングシステム) | AWS ▶ https://aws.amazon.com/jp/elasticache/

えて/提供していることがあります。

Webサーバは Webシステムの入口なので、多くの利用者からの接続を受け付けて処理します。そのため、同時に数多くの接続を処理できる性能が必要です。

2000年代後半、Webシステムが一般に広く利用されるようになり、1台のサーバ性能の向上やネットワークの広帯域化も相まって、1台のサーバで10,000を超える接続を同時に取り扱うシーンが生まれました。しかし従来の接続処理方式では10,000 (=10Kilo) を超える接続を同時にうまく扱うことができず、サーバの性能を活かしきれない状況でした。この問題を俗にC10K問題 (Client 10-Kilo Problem:クライアント10,000台問題) と呼びます[注6.25]。

前述のとおりC10K問題は接続の処理方法に起因しています。そのため、従来と異なる接続処理方式 (イベント方式) を採用したミドルウェアが利用されるようになってきました。もともとはApacheがWebサーバのデファクトスタンダードでしたが、この時期からApacheからNginxへの乗り換えが多数行われてきました[注6.26]。

WebサーバはWebシステムの入口として認証・認可機構を受け持つこともあります。また、システムを守る盾として**流量制限** (Rate Limit、Throttling) を行い後段のシステムを守る、リクエストの**セキュリティ検査**を行い後段のシステムを守る (Web Application Firewall) 役割を担うこともあります。なお、流量制限やセキュリティ検査はWebサーバの他にプロキシで実行することもあります。

その他に、コンテンツキャッシュ、プロキシ、ロードバランスなどを受け持つこともあります。これらの役割も、Webサーバの他にプロキシで実行することもあります (というよりも、ロードバランス機能を実現するWebサーバまたはプロキシをロードバランサと呼びます)。

Apache HTTP Server

Webサーバのミドルウェアで有名なのは**Apache**です。正式名称はApache HTTP Serverです。

▶ The Apache HTTP Server Project
https://httpd.apache.org/

実はApacheは、ApacheをホストしているThe Apache Software Foundationの名称でもあり、Apacheの名を冠するソフトウェアはApache HTTP Serverの他にも多数あります。たとえば、Javaのライブラリ管理を行うApache Maven、JavaアプリケーションサーバのApache Tomcat、バージョン管理ソフトウェアのApache Subversionなど、Webサーバだけでなく幅広いソフトウェアをホストしています。とはいえ、単にApacheと言った時、ほとんどの場合はApache HTTP

注6.25 この10K (10,000) は、厳密に10,000接続で発生し、10,001接続目がくると問題になるのではなく、このくらいの接続数で問題になるという意味合いです。

注6.26 本書の執筆時点では、Apacheもイベント方式での接続処理に対応しています。

Serverを指します。

▶ APACHE PROJECT LIST
https://apache.org/index.html#projects-list

たいへん歴史の長いソフトウェアで、数多くの拡張モジュールが実装されています（**表6.3**）。

表6.3 Apacheが持つ機能と拡張モジュール（Apache 2.4）

機能	拡張モジュール
認証	mod_authn (authentication)
認可	mod_authz (authorization)
流量制限	mod_ratelimit
セキュリティ検査	ModSecurity注6.27
コンテンツキャッシュ	mod_cache
プロキシ	mod_proxy
ロードバランス	mod_proxy_balancer
URLルーティング・書き換え	mod_rewrite

また、動的コンテンツとの連携方法も多く持っており、LL（Lightweight Language）実行環境を拡張モジュールとして組み込むことができます（**表6.4**）。

表6.4 言語実行環境と拡張モジュール

言語	拡張モジュール
PHP	mod_php
Perl	mod_perl
Python	mod_python
Ruby	Phusion Passenger注6.28

Nginx

Apacheと並んで有名なミドルウェアは**Nginx**（エンジンエックス）です。前述のとおり、C10K問題に対応したWebサーバソフトウェアです。C10K問題の観点だけでなく、軽量で動作が高速というのを売りにしています。

標準的によく利用するWebサーバとしての機能は、Apacheに負けず豊富に拡張モジュールが用意されています。組み込みで動作するプログラミング言語はほとんどありませんが、Perl（ngx_http_perl_module）、Lua（lua-nginx-module）、mruby（ngx_mruby）の拡張モジュールがありま

注6.27 ModSecurity: Open Source Web Application Firewall ▶ https://www.modsecurity.org/
注6.28 Passenger - Enterprise grade web app server for Ruby, Node.js, Python ▶ https://www.phusionpassenger.com/

す（表6.5）。

▶ nginx
https://nginx.org/

表6.5 Nginxが持つ機能と拡張モジュール

機能	拡張モジュール
認証	ngx_http_auth_basic_module
認可	ngx_http_auth_request_module
流量制限	ngx_http_limit_conn_module、ngx_http_limit_req_module
セキュリティ検査	ModSecurity
コンテンツキャッシュ	ngx_http_proxy_module
プロキシ	ngx_http_proxy_module
ロードバランス	ngx_http_upstream_module
URLルーティング・書き換え	ngx_http_rewrite_module

6.3 アプリケーションサーバ

アプリケーションサーバとは

システムの中で、受け取ったデータを解釈し必要な処理を行い、動的生成コンテンツの生成処理を行うサーバおよびその機能を実現するミドルウェアが**アプリケーションサーバ**（APサーバまたはAPPサーバ、いずれもApplication Serverの意）です。アプリケーションプログラムを稼働させ、利用者や管理者にとって必要な処理を実行します。構成によっては、用途別にアプリケーションサーバ（群）を分けて用意したり、オンライン／バッチの処理方式ごとにアプリケーションサーバ（群）を用意したりします。

Note

オンライン処理とバッチ処理

情報システム一般においてオンライン処理とは、処理要求を随時処理する方式を指します。一方バッチ処理は、処理要求を一括処理する方式を指します。たとえば、授業中に随時質問を受け付けるのはオンライン処理、最後にまとめて受け付けるのはバッチ処理です。

アプリケーションサーバは、Webサーバと比較して1リクエストごとの処理が複雑で、1プロセスあたりCPUやメモリが多く必要です。アプリケーションサーバはCPUやメモリを活用して、リクエストに対するレスポンスを素早く返却しなければなりません。そのため、並列実行もさることながら、短い時間でリクエストを処理し高速に回すことが重視されます。

プログラミング言語のランタイムと密に結合しており、プログラミング言語ごとに開発されています。代表的なものは**表6.6**のとおりです。

表6.6 代表的なアプリケーションサーバプログラム

プログラミング言語	アプリケーションサーバプログラム
PHP	php-fpm
Perl	plack
Python	gunicorn
Ruby	unicorn
Java	Apache Tomcat

WebサーバとアプリケーションサーバとNの通信は、HTTPかFastCGIを用いることが多いです。アプリケーションサーバは、それぞれHTTP／FastCGIで受け取ったリクエストをもとにアプリケーションプログラムを実行します。

アプリケーションサーバとアプリケーションプログラムが協調動作するためのプロトコルは、プログラミング言語ごとに定番のものがあります（**表6.7**）。最近のWebアプリケーションプログラムは、ほとんどがWebアプリケーションフレームワーク（WAF：Web Application Framework）を利用しています。そのため、アプリケーションサーバおよびプロトコルは採用したWebアプリケーションフレームワークによって選定上の制約を受けます。

表6.7 アプリケーションサーバーアプリケーションプログラム間のプロトコル例

プログラミング言語	プロトコル
Perl	PSGI（Perl web Server Gateway Interface）
Python	WSGI（Web Server Gateway Interface）
Ruby	Rack
Java	AJP（Apache JServ Protocol）

なお、アプリケーションサーバーアプリケーションプログラム間だけでなく、Webサーバーアプリケーションサーバ間でプログラミング言語ごとの独自プロトコルを利用する場合もあります。

運用上の注意点

アプリケーションサーバの運用上、気をつけることはリソース利用状況です。

アプリケーションプログラムを長期間稼働させると、アプリケーションサーバプロセスのメモリ利用量が意図せず肥大化することがよくあります。アプリケーションサーバプロセスのメモリ利用量は、プロセスの処理内容・処理方式により大きく変動します。また、アプリケーションサーバプロセスのメモリ利用量は稼働させるアプリケーションプログラムの規模（分量）にもよるため、機能の追加や扱うデータ量の増加に伴って、メモリ利用量は自然と多くなっていきます。

プログラムに起因するメモリ利用量増加やメモリリークだけでなく、プログラムランタイムのGC（ガベージコレクション）の都合やメモリ利用方針によって、一度大きくなったプロセスが小さくならなかったり／なりにくかったり、さまざまな理由でアプリケーションサーバのメモリを使い切ることがあります。ずっとメモリ利用量が多いままではリソースの無駄遣いですしリソース活用の柔軟性が下がるので（他の用途に利用したい時に利用できる量が少なくなる）、アプリケーションサーバプロセスを自動的に再起動する機構が備わっていることが多いです。再起動のトリガーは一定時間ごとのチェック、または一定リクエスト回数ごとが定番です。再起動の閾値は、リクエストを一定回数処理したら、またはプロセスのメモリ利用量が一定量を超えたら、などです。

プロセスを再起動する場合は、あまりにシンプルな閾値運用だとすべてのプロセスが同時に再起動してしまい、その間のリクエストを処理できなくなる場合があります。対策として、リクエスト回数の閾値であれば、一定の幅の中でランダムに閾値を決定する手法で回避できます。

アプリケーションサーバを扱う時には、アプリケーションプログラム自身の設定やソースコードまで踏み込むことがあります。たとえば、予想より（世間の相場より）性能が出ないと思ったらデバッグモードになっていた、ログ出力設定が詳細過ぎて負荷になったりディスク使用量が莫大になったりしていた、といった場合には、アプリケーションプログラムの設定やソースコードまで踏み込む必要があるでしょう。かつては「インフラエンジニアは、アプリケーションプログラムやソースコードに踏み込まない」という切り分けをする人もいましたが、現代ではこのような踏み込んだ対処は必要不可欠です。積極的に踏み込んでいきましょう。

6.4 ロードバランサ

ロードバランサとは

ロードバランサは、負荷分散装置および負荷分散機構のことです。現代のWebシステムは分散システムで、多くのサーバやアプリケーションが協調動作して1つのシステムを構成しています。ある役割を持つサーバを多数用意し、それらに処理を分担してもらいます。分担してもらう方法は利用者からのリクエストの分散（発生した負荷を分散するのではなく、要求分散によって、発生するであろう負荷を分散させる）で、この分散処理を行うのがロードバランサです（図6.4）。

現代のWebシステムは、サーバ1台でサービスを提供することがほとんどなくなりました。クラウドサービスの普及も相まって複数台構成が基本になっています。そのため、ロードバランサはWebシステムの構成要素として必要不可欠な存在です。

図6.4 ロードバランサ

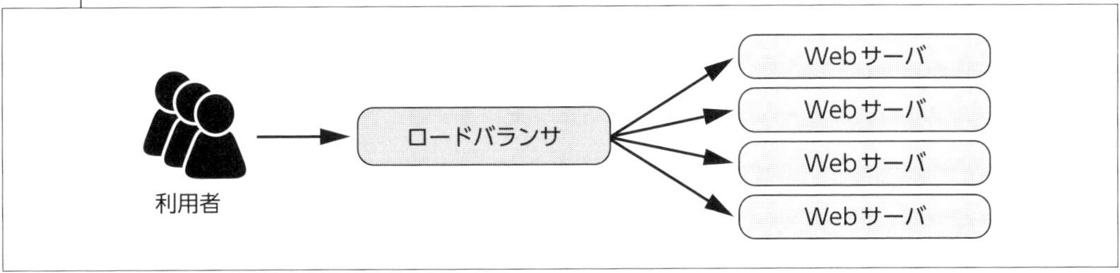

かつてはハードウェアロードバランサが主流でしたが、今はソフトウェアロードバランサが主流です。ロードバランサは、L4で分散するものとL7で分散するものがあります。L7ロードバランサは、つまり負荷分散機構を備えたプロキシです。暗号化通信の復号処理で多くの計算処理が必要なHTTPS終端の役割を担うこともあります。

代表的なOSSは**LVS** (Linux Virtual Server)、**HAProxy**です。他にも、ロードバランス機能を備えたWebサーバ (Apache、Nginx)、ロードバランス機能を備えたプロキシサーバ (Varnish Cache、Apache Traffic Server) などを利用することがあります。

クラウドサービスを利用する場合は、それぞれのクラウド事業者が提供するマネージドサービスを利用することがほとんどです。具体的にはAWSのElastic Load Balancing、AzureのAzure Load Balancer、GCPのGlobal Load Balancingなどです。

L4の場合はセッション単位、L7の場合はリクエスト単位で振り分けます。L4のほうがロードバランサでの処理量が少なくなるためロードバランサの負荷が軽く、L7のほうが高機能です。最近はクラウド事業者が提供するL7ロードバランサのマネージドサービスを利用することがほとんどですが、それらを利用せず、あえてL4を利用することもあります。最近の超巨大Webシステムでは、DNSやL4 (AnycastやEqual Cost Multi Path) のロードバランサとL7のロードバランサを多段構成にして併用することが多いようです。

バックエンド (後段のWebサーバ) へのリクエスト分散方式は、**表6.8**の方式が定番です。

表6.8 バックエンドへのリクエスト分散方式

分散方式	概要
Round Robin (ラウンドロビン)	バックエンドに順番に接続を回す
Least Connection (リーストコネクション)	現在の接続数が最も少ないバックエンドに新たな接続を回す

この他に荷重を考慮し接続先を決定するWeighted Round RobinやWeighted Least Connectionもあります (荷重の例：バックエンドXはバックエンドYの2倍)。

ロードバランサの付加機能

アプリケーションプログラムの都合で、同じ接続元からのリクエストは同じバックエンドで処理したい場合があります。これを実現する機能が**Persistence**（パーシステンス：接続維持）です。

L4の場合は接続元IPアドレスをもとに判断し、同じ接続元IPアドレスからの接続は同じバックエンドに回す方法があります。L7の場合はCookieを利用する方法があります。接続先バックエンドを示すCookieをバックエンドまたはロードバランサが埋め込むことで、Cookie発行単位（たいていはユーザ単位）で同じバックエンドへの継続的な振り分けが実現できます。

ロードバランサが可用性向上の役割を担うこともあります。具体的には、バックエンドのヘルスチェック（状態監視）を行い、バックエンドが過負荷や応答不能状態になったら、分散先バックエンドの一覧から対象を削除します。分散先バックエンドの一覧からバックエンドサーバを削除することを、俗に切り離しと呼びます。

ヘルスチェックは、ロードバランサが定期的に実行することが多いです。これを俗に**アクティブヘルスチェック**と呼びます。数秒〜数十秒に一度、ロードバランサがバックエンドへの疎通確認を行います。ネットワーク的な疎通確認か、もしくは所定のURLへアクセスし応答内容を確認します。L4ロードバランサでもヘルスチェックはL7で行うことがあります。ヘルスチェックは、専用のエンドポイント（URL）を用意することが多いです。

アクティブヘルスチェックの他に、**パッシブヘルスチェック**もあります。こちらは、バックエンドへのリクエストが失敗したことを検知して対象のバックエンドを切り離します。

バックエンドへのリクエスト分散方式として荷重を考慮する方式を採用している場合、ヘルスチェックの結果を用いて荷重を調整し、バックエンドの負荷を均質化する手法があります。バックエンドがヘルスチェックの応答の中で自身の負荷状況を報告し、その結果をもとにロードバランサが荷重を制御します。負荷の基準としてどの指標を用いるかが難しいところです。たとえばCPU利用率は刻一刻と値が劇的に変化するため、アクティブヘルスチェックでCPU利用率を収集しても、収集したデータの実効性は正直なところ微妙です。

いずれの手法の場合も、ヘルスチェックを敏感にしすぎると、各バックエンドへの分散比率や振り分け対象がドラスティックに変動して問題が起こります。切り離しが起きれば、そのバックエンドが担うはずだったリクエストは残ったバックエンドに振り分けられます。十分なキャパシティを持った設計であっても、切り離しの頻度が多いと、実質的に利用可能なバックエンドが総台数に対して非常に少なくなってしまうことがあります。結果的に負荷が偏ってしまい、1台ずつダウンしていくという事態が起きかねません。あまり細かく制御しようとせず、おおらかに設計します。システム可用性の向上と負荷分散の観点からは接続維持をしないほうが効果的なので、接続維持が必要ないようにアプリケーションプログラムやシステムを組むのが望ましいです。しかし、（主に2000年代までは）多くの開発者がバックエンドサーバを分散するシステム構成に習熟しておらず、このような接続維持設定が必要なシーンが多々ありました。

Note

ロードバランサを使わない負荷分散

実のところ、負荷分散には他にもいろいろな方法があります。

たとえば、前述したDNSラウンドロビンでも負荷分散が実現できます。ただし切り離し・リトライなどを確実に制御することはできず、またリクエストやセッションの単位での制御もできません。

バックエンドへのアクセスを一箇所に集めてから分散するのではなく、リクエスト元で出し分けてもらう方法もあります。たとえばConsistent hashing方式を利用したKVSクラスタへのアクセスは、リクエスト元で接続先を算出・決定します。

処理の出し側ではなく、受け側で負荷分散する手法もあります。処理要求をキューにためておき、サーバそれぞれがキューに処理要求を取りに来て処理する方式の場合、とても精度の高い負荷分散が果たされます。こちらは、大量の処理要求がある大規模システムでよく利用される方式です。

6.5 プロキシ(Proxy／CDN)

プロキシ(Proxy、プロクシとも)には、大きくパフォーマンス向上とセキュリティ向上の2つの役割があります。

プロキシは、役割ではなく配置方法によって、2種類に分類することができます。システムから外部にアクセスする時に経由させる**フォワードプロキシ**と、ロードバランサのようにシステムの前段に配置する**リバースプロキシ**です。

フォワードプロキシ

フォワードプロキシは、会社や学校などのネットワークから外部にアクセスする際のセキュリティ向上目的で利用されることが多いですが、Webシステムが外部のシステムやサービスのAPIにアクセスする時のパフォーマンス向上目的でも利用することがあります(**図6.5**)。

図6.5 フォワードプロキシの構成概要

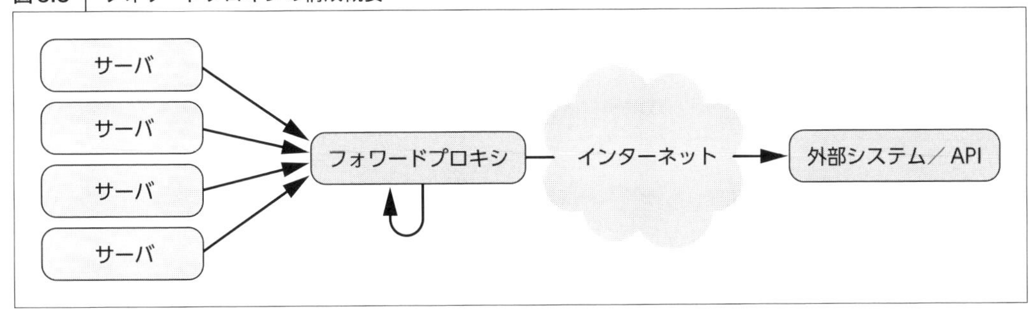

フォワードプロキシを利用するには、各接続元での設定が必要です。各接続元での設定を強制するために、直接インターネットに出ていく経路を塞いだうえで、フォワードプロキシからのみインターネットに出ていけるようにすることがあります。L7のフォワードプロキシを利用することで、どの接続元がどの接続先に接続したかを完全に記録できます。また、その接続元にとって好ましくない接続先は利用できないようにもできます。

Webシステムにフォワードプロキシを導入する場合、外部システムやAPIへアクセスする際のパフォーマンス向上が目的になります。といっても、フォワードプロキシを導入することで外部システムが高速化するわけではありません。フォワードプロキシが外部システムからのレスポンスを記録しておき、一定時間使い回すことで、実際には外部システムにアクセスすることなく外部システムからの応答（と同じ内容）を得ることができます。

たとえば、外部システムに郵便番号を渡すと住所が返却されるAPIがあったとして、同じ郵便番号を何度も調べるために何度も外部システムにアクセスする必要はありません。フォワードプロキシが郵便番号と住所の組み合わせを記憶しておき（キャッシュ）、一定時間使い回しても問題ありません。フォワードプロキシはこのような手法で高速化を図ります。フォワードプロキシで有名なOSSはSquidです。

リバースプロキシ

リバースプロキシはWebサーバの前段に位置します（図6.6）。そのため、セキュリティ面ではDoSやDDoSをWebサーバに代わって真っ先に被弾する盾となります。前述のとおり、流量制限やリクエストの検査を行うこともあります。セキュリティ視点のWAF（Web Application Firewall）のマネージドサービスは、リバースプロキシとしてシステムに組み込むことがほとんどです。

図6.6 リバースプロキシの構成概要

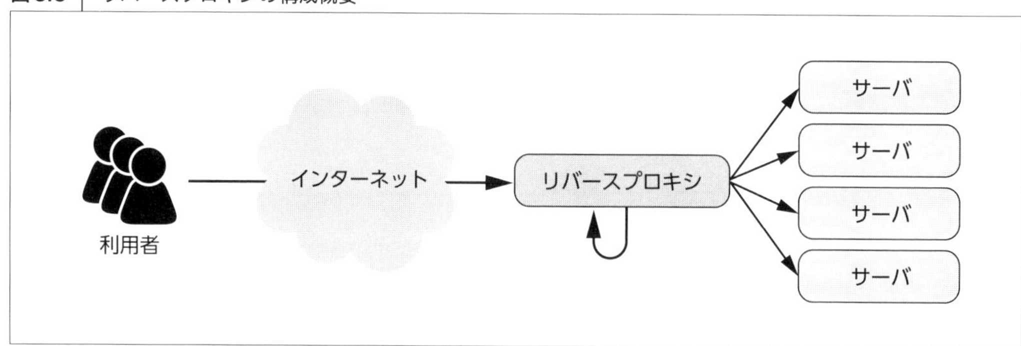

パフォーマンス面では、リバースプロキシがシステム利用者へのレスポンスをキャッシュして使い回すことで利用者は高速に応答を得ることができるようになります。またバックエンドへのリクエストを削減できるので負荷の最適化が図れます。リバースプロキシの文脈ではバックエンドのこ

とをオリジンとも呼びます。

リバースプロキシはスケールアウトしやすいので、HTTPS接続を終端させることで暗号化通信の復号処理をスケールアウトさせることもあります。リバースプロキシで有名なOSSは、**Varnish Cache**や**Apache Traffic Server**です。Apache HTTP ServerやNginxも同様の機能を備えているため、リバースプロキシとしても利用することが多くあります。

リバースプロキシは自分で用意することもありますが、マネージドサービスを使うことも多々あります。リバースプロキシを世界中に展開しマネージドサービスにしたものが**CDN**(Content Delivery Network)です。CDN事業者としては、Akamai、Fastly、Cloudflareが有名です。AWSのCloudFrontのように、各クラウド事業者もサービスを提供しています。

CDN事業者は**POP**(Point Of Presence)を世界中に展開し、世界中の利用者がネットワーク的に近いPOPにアクセスし、そこからレスポンスを得ることができるようにしています。2000年代までは、CDNは一部の大企業だけが導入できる高嶺の花でしたが、現在はマネージドサービスが普及し気軽に利用できるようになりました。今では、基本的に導入するものになっています。

CDNのPOPがあからさまなDoSやDDoSの一次受けとなり、システムへの攻撃を少し緩和してくれます。また、CDN事業者がCDNにWAFを組み込んで提供していることが多く、併用することが多々あります。

コンテンツキャッシュ

リバースプロキシ／CDNを上手に利用するためには、**コンテンツキャッシュ**を利用します。コンテンツキャッシュは、「コンテンツを特定する何かの値」と「コンテンツ自身」のセットを有効期限つきで管理するものです。コンテンツを特定する何かの値はURLで良さそうなものですが、実際はURLだけではだめなシーンが多々あります。

郵便番号をもとに住所を返すシステムがあったとして、URL設計が「https://<DomainName>/addresses/<郵便番号>」で、レスポンスが住所だけあれば、URLだけをキーにしてもとくに問題はなさそうです。しかし、もしそのシステムがログイン機能も持っていて、レスポンスにユーザ名が含まれるのであれば、URLだけをキーにしては問題があります。他のユーザにもキャッシュされたユーザ名が表示されてしまいます。

また「https://<DomainName>/mypage」はいかにもキャッシュするとまずそうです。一番初めにアクセスしたユーザのマイページが、他のユーザにも表示されてしまいます。

実はコンテンツキャッシュ・再利用のしくみはブラウザにも組み込まれています。エンジニアは、ブラウザとプロキシ(CDN)のキャッシュを利用してパフォーマンスを設計し、実現します。

キャッシュ可否はHTTPリクエストメソッド(GET、POSTなど)とレスポンスのステータスコードが大きく影響します。キャッシュの有効期限や同一性は、WebサーバやアプリケーションサーバがTTPへ発するレスポンスのHTTPヘッダで制御します。キャッシュ制御に主に利用するHTTPレスポンスヘッダは**表6.9**のとおりです。

表6.9 キャッシュ制御に影響するHTTPレスポンスヘッダ

ヘッダ	用途
Cache-Control	クライアント（ブラウザなど）やプロキシにキャッシュ可否、条件、有効期限を伝える。値の例：no-store、no-cache、public、private、max-age={有効期限N秒}
Last-Modified	コンテンツの最終更新日時を示す値。クライアントからサーバにキャッシュ済みのコンテンツのLast-Modifiedの値を渡し、その値が最新のコンテンツを示していれば（=キャッシュを利用してよければ）レスポンス200ではなく304を返却し、クライアントは304を受けてキャッシュを利用する
Etag	コンテンツの同一性を検証するための値。クライアントからサーバにキャッシュ済みのコンテンツのEtagの値を渡し、その値が最新のコンテンツを示していれば（=キャッシュを利用してよければ）レスポンス200ではなく304を返却し、クライアントは304を受けてキャッシュを利用する
Expires	コンテンツの有効期限（期日の日時）を示す。有効期限が切れたコンテンツはキャッシュとして利用できない
Vary	キャッシュ共有可能範囲を識別する値をプロキシに指示するためのヘッダ。値がUser-Agentの場合、プロキシはUser-Agentが異なる場合はURLが同じでもキャッシュを利用しない。プロキシはUser-Agentも同じ場合にキャッシュを利用してよいと判断する
Cookie	Cookieが設定されているレスポンスはキャッシュしないProxyが多い。Cookieに含まれるログインセッションをキャッシュすると、キャッシュされた人の情報が他人に提供されることもあるので、慎重に対処する必要がある

（参考）HTTP キャッシュ - HTTP MDN
https://developer.mozilla.org/ja/docs/Web/HTTP/Caching

キャッシュの誤用による情報漏洩（他人の情報が見えてしまう）は、非常によくあるセキュリティインシデントです。とはいえ、キャッシュを利用するとしないとでは必要なスペックが100倍も1000倍も変わってくるので、まったく使わないという選択肢も考えづらいものです。Webシステムに関わるエンジニアは、このあたりのキャッシュの挙動を理解し、適切に設定しなければなりません。

リバースプロキシによるキャシュ運用の注意点

リバースプロキシを利用したキャッシュの運用で気をつけることがあります。リバースプロキシは、キャッシュが無効になったらその次のリクエストはバックエンドまで到達します。リバースプロキシを適切に運用していると、リクエストの処理能力は「リバースプロキシ＞バックエンド」となっているので、バックエンドへのリクエストが同時期に発生しないよう配慮が必要です。有効なキャッシュがないタイミングでバックエンドへ同時に大量のリクエストが発生する事象を俗に**Thundering Herd問題**と呼びます。

Thundering Herd問題の対策としては、同じコンテンツへのリクエスト（もしキャッシュが有効期限内であればキャッシュを利用できるもの）は同時にバックエンドに取りに行かないようにする方法があります。リバースプロキシが多数ある場合のことを考えると、それぞれのリバースプロキシが有効期限を一定時間内でまばらにすることで緩和する方法もあります。Thundering Herd問題はリバースプロキシだけでなく、データをキャッシュするしくみを採用すると必ず発生する問題です。

ちなみにThundering Herd問題のように「処理要求が一気に来てキャパシティが飽和」となるパターンとして、リトライの滞留もあります。うまくいかなかったらN秒後にリトライ、というシンプルなしくみは実装しやすいのですが、多くのクライアントが同じ挙動をすると、ダウンタイムの長さに応じて再開時の同時処理要求が爆発的に増えてしまいます。具体的には、たとえば6000のクライアントが60秒ごとにシステムにアクセスするしくみ（均すと秒間100アクセス）において、クライアントが1秒後にリトライするようになっていると、1秒ダウンしたら再開時には秒間200アクセスに、5秒ダウンしたら再開時には秒間600アクセスに、30秒ダウンしたら再開時には秒間3000アクセスになります。これでは、再開時に過負荷でまたダウンということになりかねません。

これを避けるには、リトライの間隔を試行ごとに伸ばすのがよいです。実装はExponential backoff（指数関数的バックオフ）が定番です。試行ごとに1秒後、2秒後、4秒後……と試行間隔を伸ばしていきます。また、Jitter（揺らぎ）を導入しタイミングを均すのも有効です。

6.6 RDBMS

RDBMSとは

RDBMS（Relational DataBase Management System：関連データベース管理システム）は、システムの中でデータを管理します。データの管理とは、具体的にはデータの保存と取り出し（読み書き）です（図6.7）。具体的には以下のような要素があり、これらの機能はRDBMSに組み込まれています。

- データの検索・取り出し
- データの登録・変更・削除（確実に保存・更新）
- データへのアクセスのための認証
- データへアクセスして良いか確認するための認可
- 改竄防止、経年劣化変質抑止などデータの保全

図6.7 RDBMSがデータの操作要求を処理しデータを管理する

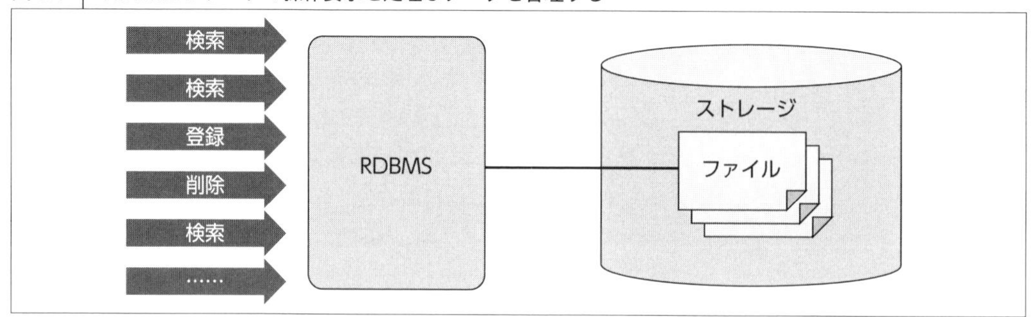

情報システムはデータを収集し、利活用するものです。RDBMSが上記の機能を実現し、かつ信頼性・可用性・保守性・保全性・機密性要求（RASIS：Reliability、Availability、Serviceability、Integrity、Security）を実現することで、情報システムがその役割を十全に果たすことができるようになります。わたしたちがRDBMSを利用し、データを読み書きする時は**SQL**を使います。

多くのシステムでは、RDBMSが唯一のデータ保管場所（データストア）であることも多く、データ量や処理負荷が集中しがちです。そんな中で、データを確実に永続化（不揮発性のストレージに書き込み完了）しなければなりません。不揮発性のストレージはメモリと比較して読み書き速度が遅いため、この読み書き処理がボトルネックになることが多々あります。RDBMSには、確実に永続化しつつ、かつ高性能を発揮する工夫が盛り込まれています。

また、集中する負荷に対処するために、多くのRDBMSが負荷分散機能を備えています。具体的には、自分と同じデータを他のサーバでも保持・提供できるようにする**データレプリケーション**（複製）機能を備えるRDBMSが多いです。データレプリケーション機能を活用し、数十台を超える規模のクラスタを構成することもあります。これは多くのWebシステムが、書き込み処理要求数よりも読み込み処理要求数のほうが圧倒的に多く、またデータに矛盾がないことが確実であればそれが利用可能になるのに少し時間がかかってもよいという特性があるためです。データレプリケーション機能は、可用性向上のために利用されることも多々あります。

RDBMSで有名なOSSは**MySQL**、**MariaDB**、**PostgreSQL**、有名な商用ソフトウェアは**Oracle**（オラクル）、**SQL Server**（マイクロソフト）です。クラウドサービスでは各社マネージドサービスを提供していますが、AWSのAuroraのような独自のRDBMSもあります。

なおRDBMS以外にも、RedisやMemcachedのようなKVS（キーバリューストア）や、CassandraやHBaseのような列指向DBMS、MongoDBのようなドキュメント指向DBMSなどがあります。

RDBMSでのデータの取り扱い

RDBMSでは、ユーザプロフィールなどひとかたまりのデータを**行**（row）、行の集合を**表**（table：テーブル）と呼びます。行それぞれのデータは保持できるデータ項目が同じで、データ項目を**列**（column）と呼びます。一般的な表をイメージすると想像しやすいと思います（**表6.10**）。また、表の集合を**デー**

タベースと呼び、多くのRDBMSでは同時に複数のデータベースを保持することができます。

RDBMSでは、あるテーブルの特定列と他のテーブルの特定列を関連付けてデータを整理できます。実はRDBMSの本来の姿は縦横の表ではなく、データとデータを関連付けて整理・活用するところにあります。行のことを**エンティティ**、列のことを**アトリビュート**（属性）と呼ぶこともあります。データ同士の関連付けをもとに、SQLを使ったデータの集合とデータの集合の論理演算によって目的のデータを抽出します。

とはいえ、最初の最初はそこまで深く理解せずとも、RDBMSを使ってみることはできます。表のイメージがとっつきやすいこともありRDBMSは爆発的に普及しました。

表6.10 RDBMSのテーブルのイメージ（横軸が列、縦軸それぞれが行、全体が表）

ID（整数値）	ユーザ名（文字列）	メールアドレス（文字列）	誕生日（日付）
1	tanaka	tanaka@example.com	1970/1/1
2	yamada	yamada@example.jp	1980/1/1

データを確実に取り扱うために、多くのRDBMSで**トランザクション**を使うことができます。トランザクションとは、一連の処理を指す一般的な語です。RDBMSにおいてトランザクションは、一連のSQL実行を指します。

SQLを使ってトランザクションの開始をRDBMSに対して宣言（BEGIN）すると、トランザクション終了のSQLを実行するまでの一連のSQL実行はひとまとまりで扱われます。たとえば、トランザクションの中でデータ登録処理を3件行った場合、トランザクション終了時にCOMMIT（結果を保存データに反映）を実行すれば3件とも登録され、ROLLBACK（巻き戻し・登録キャンセル）を実行すれば3件とも登録されません（**図6.8**）。

図6.8 トランザクションの例

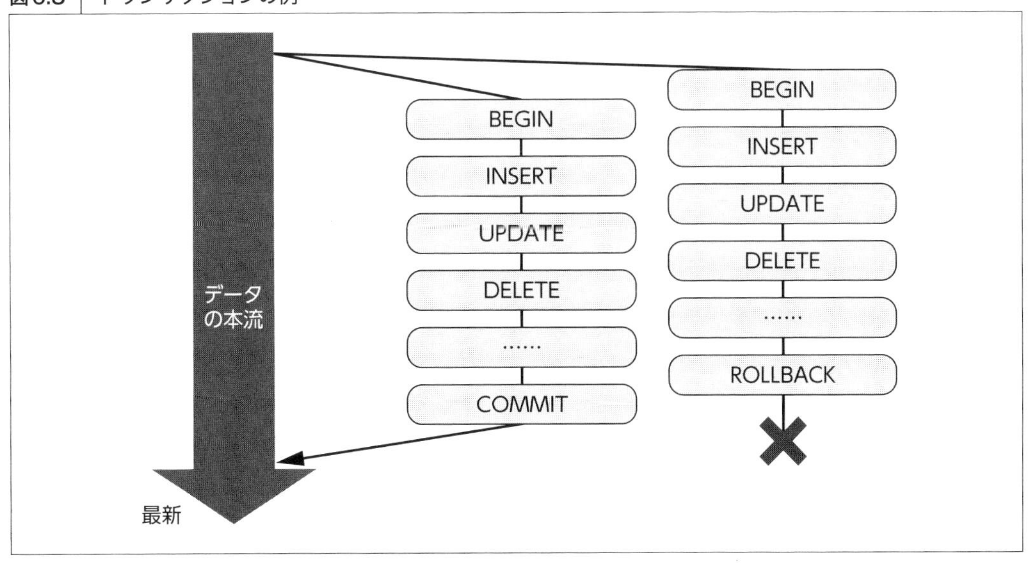

これは、RDBMSが内部的にデータのバージョン管理を行い、どのトランザクションにどの時のどのデータをどのように見せるか制御することで実現されています。トランザクションが他のデータやトランザクションにどのように影響するかは、トランザクション分離レベルの設定で変更可能な場合があります。

前述のとおり、RDBMSは情報システムの根幹に関わる重要なパーツです。RDBMSをきちんと管理し続けること、RDBMSを上手に使うことは、情報システムの維持管理上とても重要かつ難易度が高いテーマです。そのため**DBA** (DataBase Administrator) という、RDBMSのエキスパート職があります。DBAはRDBMSそのものの管理や、RDBMSを上手に使うSQLづくり、RDBMSを上手に使うための指南などを行います。

6.7 KVS

KVS (Key Value Store) はシンプルなDBMSで、データの管理ID (Key) とデータ自身 (Value) を保存・取り出しするためのDBMSです (**表6.11**、**表6.12**)。構造がシンプルなぶん、高速にデータを読み書きできるものが多いです。プログラミングの経験がある方は、他のサーバとデータを共有できるハッシュマップをイメージするとわかりやすいと思います。

表6.11 シンプルなKey、Valueの例

Key	Value
1	tanaka
2	yamada

表6.12 少し複雑なKey、Valueの例

Key	Value
user:1	{"id": 1, email": "tanaka", "birthday": "19700101" }
user:2	{"id": 2,"email": "yamada", "birthday": "19700101" }

KVS上のデータは揮発性であると割り切り、ディスクへの永続化をしないことで超高速なデータの読み書きを実現しているソフトウェアもあります。システム構成上、RDBMSなどと併用し、KVSを補助的な用途で利用することがよくあります。KVSで有名なOSSは**Memcached**、**Redis**です。

読み書き速度がRDBMSや外部システムよりも高速だという点を利用して、複数Webサーバ間でのセッション情報やキャッシュの共有などによく利用されます (この場合、セッションIDをKey、セッションデータをValueに格納します)。KVSはKeyから高速にValueを取り出すのが得意で、多くのValueの中から特定のデータを探し出すような検索は得意ではありません。

SQLのように統一された問い合わせ方法はなく、それぞれのソフトウェア独自のプロトコルを利

用してデータを読み書きします。このあたりの事情から、KVSのようなSQLを使わないDBMSを俗に**NoSQL**と呼びます。RDBMS（SQL系データベース）が普及し過ぎた結果、RDBMS以外がジャンルとしてくくられるようになりました。

広い意味では、**オブジェクトストレージ**もKVSです。たとえばAmazon S3は、バケット名とファイルパスがKey、ファイルが値のKVSです。読み書きはHTTP APIが主流ですが、Amazon S3はWebサイトとして直接データをServeする機能も持っています。このためWebサイトの静的コンテンツをS3に配置し、静的コンテンツはWebサーバではなくS3から配信する構成をとることがままあります。

オブジェクトストレージは管理単位をファイルにすることでデータを扱いやすくし、大規模・大容量なストレージとして利用できるよう構成されています。オブジェクトストレージの有名なOSSは**Ceph**ですが（Cephはオブジェクトストレージだけでなくブロックストレージなどストレージ全般を提供実現するソフトウェア）、ほとんどの場合はクラウドサービスのAmazon S3やGoogle Cloud Storageなどを利用します。

ここまでのまとめ

- **Webシステムの主要なミドルウェアはWebサーバ、アプリケーションサーバ、ロードバランサ、プロキシ、RDBMS、KVS**
- **目的に応じて、適切なミドルウェアを組み合わせて利用する**
- **Webシステムではミドルウェアの組み合わせや負荷分散を前提にシステムを構成する**

Webサービス運用の基礎知識

システム運用にあたり、重要な・残念な事実を2つ押さえておきましょう。

- **システムは何もしないと壊れる**
- **システムはよくわからない状態になる**

7.1 システムは何もしないと壊れる

システムは何もしないと壊れます。残念ながら塩漬けして長期保存・長期利用とはいきません。

システムの構成要素について考えます。情報システムを成すのは、**ソフトウェア・データ・ハードウェア**です。ソフトウェアはOS(デバイスドライバ、カーネル、プログラムライブラリ)、アプリケーションランタイム、アプリケーションプログラム、アプリケーションライブラリなどを指します。

クラウドインフラになり、ハードウェアを主体的に管理することは減りましたが、裏側にはたしかに存在しています。システム全体を考えるうえでは、裏にはハードウェアがたしかにあるということを頭の片隅に留めておかなければなりません。ハードウェアには突然の故障や経年劣化が発生します。独自開発したアプリケーションプログラムは自発的に更新しないと変化しませんが、その他のソフトウェアは時代の変化と共にバージョンアップしていきます。機能追加、機能削除、セキュリティ対策などが継続的に実施され、古いバージョンはサポートが終了し、利用できなくなっていきます。一度作ったシステムをそのまま何もせず長く使うことはできないのです。

次にデータの毀損について考えます。情報システムを成すソフトウェアや、情報システムが取り扱うデータは**電子データ**です。電子データ自体が、長期保存に伴い酸化して劣化することはありません。管理上はともかく、電子データそのものには本体／複製の概念はないので、複製容易性を活用して適切に管理すれば、長期保存に伴う経年劣化による毀損に対して非常に強いです(複製による劣化が発生せず複製元と複製先にまったく差がないので、データを複製して特性の異なる複数の保存方法を併用することができます)。しかしながら、電子データを保存するメディアやそれを管理する物理システムは経年劣化の影響を受けるので、システム全体で見ると経年劣化の影響は免れません。

このように、独自開発したアプリケーションプログラムがそのままであっても、同じ機能を果たす情報システムを継続利用するためには、継続的なメンテナンスが必要なのです。

7.2 システムはよくわからない状態になる

前述のとおり、現代の情報システムは多くの構成要素が協調動作することで成り立っています。

とくにWebシステムは大規模になり、世界最高峰のエンジニア集団をもってしても、どこがどのように壊れるかは神のみぞ知る領域になっています。

残念ながらシステムは、どう手を尽くしても「よくわからない状態」になります。とくに一部が物理的・論理的に壊れかけの時によくわからない状態になりがちです。

情報システムは、ほとんどの構成要素で階層構造をとっているので、下の階層が約束と違う挙動をした場合は妙なことになります。壊れかたをすべて予測し、対策をとることは不可能なのです。プロのエンジニアが真っ当に手を尽くしても、現実としてよくわからない状態になることがままあります。

このように、現実の課題に対処するエンジニアリングの観点で、「よくわからない状態になることがある」という前提で情報システムと付き合う必要があります。

7.3 システムの可用性とは

運用フェーズでシステムの成果を測る指標のひとつが**可用性**です。

可用性とは「利用可能な状態である度合い」のことで、古くはアップタイム（uptime：稼働時間）で計測していました。たとえばシステムのダウンタイム（downtime：利用不可能な時間）が月に10時間だった場合、1ヵ月が30日の場合のアップタイムは「720－10＝710時間」となり、可用性は「710÷720＝0.9861　→　98.61％」です。

最近のWebシステムの可用性判定基準はもう少し複雑で、リクエスト数ベースで計測することが増えました。具体的には「1－エラー応答やタイムアウトなどの異常応答となったリクエスト数÷総リクエスト数」で算出します。たとえば、システムの月の総リクエスト数が1,000,000、そのうちエラーとなったリクエストが100だった場合は「1－100÷1000000＝0.9999　→　99.99％」です。

このような、可用性を測定するための基準となる指標を**SLI**（Service Level Indicator）と呼び、SLIの目標値を**SLO**（Service Level Objective）、システム利用者に対しての約束を**SLA**（Service Level Agreement）と呼びます。

SLAの扱いは大きく2種類あり、SLAを保証値としているシステムと、利用料金の返金規準としているシステムがあります。保証値であり返金規準である、保証値だが返金しない、返金規準だが保証はしない、などのパターンがあるので、SLAを宣言する時やSLAをもとに判断する時は、内容や意味をよく確認しましょう。また、SLAの計測方法もよく確認しましょう。SLIはアップタイムだが、事前告知ありのメンテナンスは計算対象とする、などの除外既定が設けられていることもあります。

Note

可用性測定指標のトレンド

本文でも触れましたが、アップタイムと比較してリクエスト数ベースのほうがシステム利用者にとっての価値を適切に表していると考えられるため、リクエスト数ベースで評価するシステムが増えてきました。

アップタイムとリクエスト数ベースは、ともに時間帯によらずシステム利用者にとっての1秒（あるいは1リクエスト）の価値が変わらない前提で計測しています。しかし、システム利用者の観点でさらに深堀すると、利用するタイミングによって1秒（あるいは1リクエスト）の価値は変わります。たとえば会計系のシステムであれば、月末・月初の多忙なタイミングの1秒ダウン（あるいは1エラー）と、月の中頃の多少余裕のあるタイミングの1秒ダウン（あるいは1エラー）では影響が大きく異なります。

このようなシステムごとの特性を考慮した、システム利用者に着目した可用性計測指標を設けるのが今のトレンドで、現時点で決定版といえる測定手法はなく、各社が試行錯誤しています。

Note

システム運用での属人性との向き合い方

かつてシステム運用では、「いかに属人性を排除するか」が重視されていた時代があり、誰が突然いなくなっても大丈夫なようにしておくのが正しく美しいとされていました。それに伴い、やるべき作業は極力定型化し、また正確で厳密な大量のドキュメントが作成されていました。

しかし定型化できる作業はソフトウェアが実施できるようになりました。またドキュメントを完璧な状態に保ち続けることは非現実的なほどに困難だということ、そして大量のドキュメントは誰であっても読み込む難易度が高く実際のところ助けになっていないことに多くの現場が気づき、システム運用現場における属人性との向き合い方が変わってきています。

結局のところ、適切なシステム運用を実現するためには、そのシステムのコンテキスト（文脈）が重要なのです。ここで言うコンテキストは、たとえば成立の経緯や置かれている社内外の状況を指します。属人性に着目するのは良いのですが、こだわりすぎた結果、システム運用のレベルがお粗末になっては本末転倒です。

最近は、属人性をある程度許容したうえで、そのもの・ことに取り組む際の認知負荷を下げる方向性が主流になってきています。新たなメンバーが参画する時に、そして自分が久しぶりに携わる時にスムーズに参画できるようにする方向性です。本書で紹介している中でも、IaC（Infrastructure as Code：詳細は後述）によりインフラをコード化しまた要求事項を明らかにする取り組み、独自ソフトウェアを減らしてOSSを活用し共通知を活用する取り組み、マイクロサービスなどのアプリケーションを小さく保ち小さなアプリケーションの連携によって機能を実現する取り組みなどが当てはまります。

7.4 運用フェーズでの情報共有

運用フェーズは大人数が参画し長く継続するので、情報の蓄積・共有がとても重要です。情報は俗に**ストック情報**と呼ばれる蓄積型の情報と、**フロー情報**と呼ばれる流動性の高い情報があります。いずれも重要で欠かせません。

ストック情報の取り扱い

ストック情報にはドキュメントとチケットの2種類があります。ドキュメントの基盤は、Wikiやナレッジベースのような、唯一の最新版が容易に特定でき、変更履歴が追跡できるツールを利用します。チケットの基盤は**ITS**（Issue Tracking System）や**BTS**（Bug Tracking System）と呼ばれるチケットシステムを利用します。

> **Note**
>
> **ファイル名「最新のNEWの最新」は本当に新しい？**
>
> Wikiやチケット、バージョン管理システムを適切に利用せず、ファイルベースで課題や情報の管理をすると、すぐにどのファイルが最新なのかわからなくなります。こんな時によく起きるのがファイル名のsuffixの工夫で、次のようなファイルが作成されはじめたら要注意です。
>
> - 課題一覧_NEW
> - 課題一覧_NEW2
> - 課題一覧_最新2
> - 課題一覧_20200625_2
>
> 結局、見るべきファイルがどれなのかわからないため、この時点で破綻しています。こうなったら大至急、Wikiやチケット、バージョン管理システムを利用しましょう。

Wikiやナレッジベースが登場・普及するより昔の時代は、ドキュメントにテキストファイルやMicrosoft Office文書を利用し、メールなどでファイルをやりとりしていましたが、今はほとんど使いません。変更管理を容易にするために、Git FlowやGitHub Flowのようなソフトウェア開発の技法を取り入れて管理することもあります。

運用上、ドキュメントに必要なのは「正確さ」で、正確さを実現するのは「鮮度」（更新の頻繁さと、それを実現する更新の容易さ）です。読み手の視点では、ドキュメントの形式も重要です。形式が整っていると読みやすく理解しやすいので、誤読しにくい形式を作成し守ることは優先度が高い事項です。

ただし、形式の効果が発揮されるためには鮮度が高い正確なドキュメントであるというのが前提です。正確さを第一とし、それを実現する鮮度を優先し、その次に形式を気にします。この順番を取り違えてはいけません。

一方のチケットは、課題管理に利用するITSやBTSが基盤となります。開発プロジェクト向けのITSやBTSは、カンバン、ガントチャート、バーンダウンチャート、タグによる分類など、さまざまな機能を備えています。ところが運用現場で使う場合、開発プロジェクトと前提条件が違いすぎて、これらの機能がうまくマッチしないことが多い印象です。利用方法は複雑にせず、担当・期日・起票テンプレートなどシンプルな部分をキッチリ使い、1チケット1トピックを守り、1つずつきちんと閉じていくのがお勧めです。

フロー情報の取り扱い

フロー情報の基盤はチャットです。かつてはメール(メーリングリスト)や掲示板、電話が利用されていましたが、いまはチャットが支持されています。きちんと証跡が残りあとから確認できる、やりとりの手間が少なく同時に拘束する必要がないので時間拘束が短く緩い、比較的即応性が高い、などが主な理由です。

7.5 構成管理・変更管理

構成管理とは、システムの構成要素を把握・管理することを指します。一方の**変更管理**は、システムに対する変更を把握・管理することを指します。一昔前、これらの作業の正確性は人力で実現するものでしたが、今はインフラがソフトウェア化したことによりアプローチが大きく変わっています。構成管理は**インベントリ管理**とも呼びます(図7.1)。

図7.1 最近の構成管理

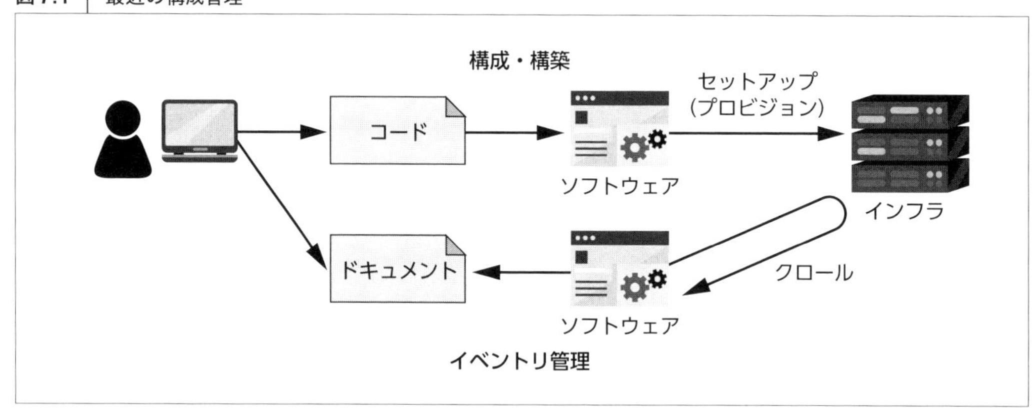

システムインフラのあるべき状態をソースコードで表現し、適用する取り組みが**IaC**（Infrastructure as Code）です。ソースコードで表現することにより、構築（セットアップ）時に意図したあるべき姿が明確になり、後の変更可否判断がしやすくなります。

また、ソースコードで表現することでバージョン管理、差分把握、テスト、CI／CDなどのソフトウェア開発のプラクティスが利用できるメリットがあります。インフラに対する変更はコードの差分の形で明確に管理できるようになり、また変更適用前後の関係者連絡や実施など定型的な作業のほとんどは自動化できます。現代のWebシステムは多くのサーバを利用するため、手作業によるミスの可能性を排除できるIaCがよくマッチします。このような構築行為を**プロビジョニング**、これらの構築ツール類を**プロビジョニングツール**と呼びます（**表7.1**）。

表7.1 スコープごとの代表的な構築手法

スコープ	手法
OS・ミドルウェア・アプリケーションセットアップ	Puppet、Chef、AnsibleなどでOS上の構築・継続更新を実施
物理サーバのOSインストール（クラウドサービスを利用する場合はインストール済みイメージを利用）	PXE Bootでインストール用イメージを使って起動→Kickstartでインストール、ネットワーク設定、ディスク利用設定、プロビジョニング用ユーザ作成などの基本的な初期構築を実施
クラウドサービス	Terraform、CloudFormationなど

IaCが言葉として確立される以前から、構築の自動化は行われてきました。たとえばPXE BootとKickstartによる自動インストールや、手動操作を自動化する構築スクリプトは2000年代以前から活用されています。

▶ RedHat Linux KickStart HOWTO
http://linuxdocs.org/HOWTOs/KickStart-HOWTO.html

▶ Part I. Performing an automated installation using Kickstart Red Hat Enterprise Linux 8 | Red Hat Customer Portal
https://access.redhat.com/documentation/en-us/red_hat_enterprise_linux/8/html/performing_an_advanced_rhel_installation/performing_an_automated_installation_using_kickstart

その後、Webシステムの大規模化に伴い大量（2桁、3桁、あるいはそれ以上）のサーバを管理することが増えたため、それらをうまく構築・管理していくためのツール、具体的には**表7.1**にも挙げた**Puppet**、**Chef**、**Ansible**などのツールが開発され、広く利用されるようになりました（**リスト7.1**）。

これらのツールは構成を宣言的に記述できる特徴があり、何度実行しても同じ状態に収束するよう作られています（このような特性を冪等性（べきとうせい）と呼びます）。Puppet、Chef、Ansibleは主にOSインストール後のOSの構築・管理を対象にしていますが、一部拡張によりクラウドサービスも取り扱うことができます。

- Powerful infrastructure automation and delivery | Puppet | Puppet.com
  https://puppet.com/
- Chef: Enabling the Coded Enterprise through Infrastructure, Security and Application Automation
  https://www.chef.io/
- Ansible is Simple IT Automation
  https://www.ansible.com/

リスト7.1　AnsibleのPlaybook例：yumコマンドを利用してhttpdパッケージをインストールし、起動状態とし、自動起動を有効にする

```
- name: apache
  yum:
    name: httpd
    state: present

- service:
    name: httpd
    state: started
    enabled: yes
```

IaCという言葉が広く認知され、ソフトウェア開発のプラクティスが取り入れられ始めたのはこの頃からです。たとえば構成テストツール**Serverspec**が開発され、CI/CDの文脈もあり広く利用されるようになりました(**リスト7.2**)。Serverspecの影響を受け、InSpecなどの類似ツールも開発されました。

- Serverspec - Home
  https://serverspec.org/
- Compliance Solutions | Chef
  https://www.chef.io/solutions/compliance/

リスト7.2　Serverspecのテストコード例：httpdパッケージがインストールされており、httpdサービスが起動状態で、自動起動が有効になっていることを確認する

```
require 'spec_helper'

describe package('httpd') do
  it { should be_installed }
end

describe service('httpd') do
  it { should be_running }
  it { should be_enabled }
end
```

クラウドサービスの利用が広く普及するに従い、クラウドサービスを対象としたIaCツールも開発されました。クラウドベンダ非依存のTerraformが旗手となり一気に普及しました（リスト7.3）。各クラウドベンダも、たとえばAWSのCloudFormationのように独自のツールを開発・提供しています。

▶ Terraform by HashiCorp
https://www.terraform.io/

リスト7.3 Terraformのコード例：AWSのap-northeast-1リージョンでEC2インスタンスを起動する

```
provider "aws" {
  region = "ap-northeast-1"
}

resource "aws_instance" "web" {
  ami           = "ami-06a46da680048c8ae"
  instance_type = "t3.small"
}
```

インフラのソフトウェア化が進んだ応用例として、稼働中のインフラを変更しない運用ポリシーをとる手法が登場しました。インフラに対する操作を、「作成・更新・破棄」ではなく「作成・破棄」に限定することで、インフラの状態を必ずコードと同一に保つ手法です。インフラを変更する場合は、変更操作ではなく、新しいものを作ってそちらに切り替え、古いものを破棄します。この手法をImmutable Infrastructureと呼びます。なお、データに対する更新操作をなくし、操作を作成・破棄に絞ることで取り扱いをシンプルにする手法は、DBMSでもとられることがあります。

7.6 CI/CD

インフラにおけるCI/CD

CI（Continuous Integration：継続的インテグレーション）は、ソフトウェア・システムの品質維持向上を自動化する取り組みです。ソフトウェアの場合、典型的には静的解析ツールによる品質検査、ビルド、テスト、セキュリティ検査などを自動的に行います。実行タイミングは日次などの定期的な実行だけでなく、コード変更時にも実施します。コード変更時に自動実施することで、健全な状態を保ちやすくなります（図7.2）。

図7.2 Go言語におけるCIワークフロー例

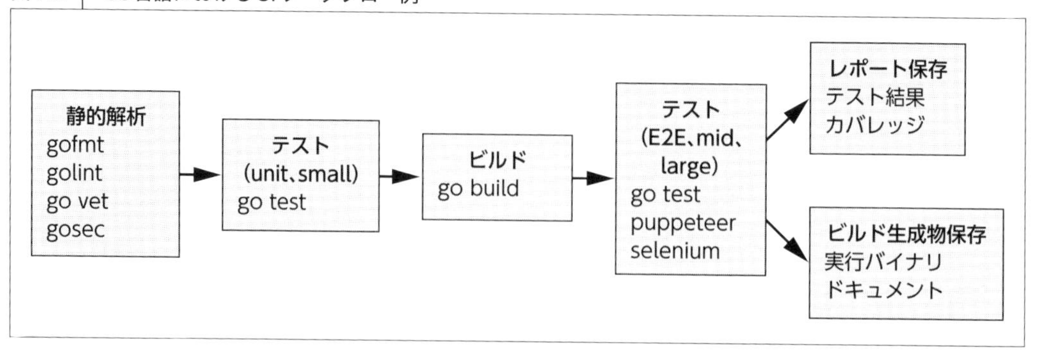

CD（Continuous Deployment：継続的デプロイ）は、リリース作業を自動化する取り組みです。つまりデプロイは、稼働環境に配備し利用可能にすることを指します。類語にContinuous Delivery（継続的デリバリ：デリバリ＝ユーザが利用可能な状態にすること）があります。学術的にはContinuous Deliveryのデプロイは手動だそうですが、現場ではあまり意識的に使い分けていないと思います。定義上は「Continuous Deployment＝Continuous Delivery＋自動デプロイ」を指します。

多くのWebシステムの場合、デプロイ作業はデータベースのマイグレーション（スキーマ変更や初期データ投入）、デプロイ対象サーバのシステムからの切り離し、アプリケーションのアップデート、動作テスト、システムへの再投入……を台数分行います。アップデート前後のアプリケーションが混在してもユーザ利用に支障がないよう、ロードバランサの設定を変えながら切り離し・再投入します。

ソフトウェア開発において、CIは2000年代から利用されてきました。一方、CDが広く普及したのは筆者の観測範囲では2010年代に入ってからです。インフラを含めたCI/CDを実現するうえでクラウドインフラやIaCはとても相性がよく、現代では積極的に活用されています。インフラのソフトウェア化やクラウドインフラが普及・発展した結果、ソフトウェア開発のプラクティスが利用できるようになり、CI/CDでOSセットアップからアプリケーション動作確認まで一気に実行できるようになりました。アプリ・インフラすべて組み合わせた状態での自動テストが可能なので、セキュリティアップデートの適用を本番環境に反映してトラブルが発生するリスクをコントロールしやすくなっています。

DevOpsとCI/CD

CI/CDなくして10+ Deploys Per Dayは成しえません。CI/CDがDevOpsの基盤として語られることが多いのは、DevOpsを実現する手法としてCI/CDが欠かせないからです。CI/CDがありさえすればDevOpsが実現できるわけではないので、依存関係の向きを取り違えないようにしてください（図7.3）。

図7.3 CI/CDとDevOpsの依存関係

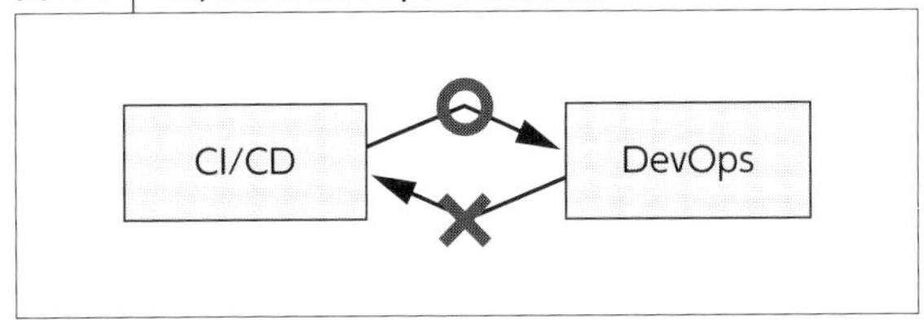

デプロイを頻繁に行えるということは、改善や検証の試行数が大幅に増やせるということです。短期的な視点では緊急性の高い修正を迅速に適用できるメリットがあり、中長期的な視点ではシステムの成長が期待できます。

頻繁にデプロイするためには、デプロイが一大事であってはなりません。デプロイを日常のありふれた出来事に、ごくごく簡単な操作のみで、過度なストレスなく実施可能なことにしなければなりません。何度も繰り返す定型的な作業ですから、作業を自動化し、日常のツールであるソースコード管理ツール・チャット・チケット管理ツールなどで管理できるようにします。

GitHubやGitLabのようなソースコード管理ツールをトリガーにデプロイする手法を俗にGitOpsと呼びます。人間がソースコード管理ツールで特定のGitブランチにマージすると、そこから先はソースコード管理ツールが起点となってCI/CDを実行し、デプロイまで実施します。Jenkins、GitHub Actions、GitLab CIなどのCIツールを利用して実現します。

- Jenkins
  https://www.jenkins.io/
- Actions | GitHub
  https://github.co.jp/features/actions
- GitLab CI/CD | GitLab
  https://docs.gitlab.com/ee/ci/

またチャットをインターフェイスとする手法を俗にChatOpsと呼びます。チャットでbot（チャットで入出力可能な対話型プログラム）に「xxxをyyyにデプロイして」とコマンドを発行すると（チャット上でのコマンド実行、あるいはbotに話しかける）、botが起点となってCI/CDを実行し、デプロイまで実施します。デプロイ処理そのものだけでなく、デプロイの記録、チームへの周知、デプロイ後の様子の確認まで同じところで一気にできるためたいへんお得です。

デプロイ戦略

頻繁にデプロイするとなると、デプロイが起因でトラブルが発生したり、またそれに長時間気づかなかったりという事態が心配です。多数のサーバを利用し、24時間365日システムを提供し続けている巨大Webシステムの運用の中で、**デプロイ戦略**が磨かれてきました。代表的なデプロイ戦略は**表7.2**のとおりです。

表7.2 代表的なデプロイ戦略

デプロイ戦略	概要
Blue/Green Deployment	稼働環境をもう一式フルセットで用意し、一気に切り替える
Rolling Deployment (Rolling Update)	少数ずつ更新していく
Canary Deployment (Canary Release)	少数を更新し、しばらく様子を見る。問題がなさそうなら他にも適用していく (Rolling Deploymentの一形態。語源は炭鉱のカナリア)

Blue/Green Deploymentはしくみがシンプルでわかりやすいのがメリットです (**図7.4**)。ただし、並走期間を絞ったとしても大量のインフラリソースを必要とするので、システムが大規模になればなるほど採用が難しくなります。Rolling DeploymentとCanary Deploymentは大きな余剰リソースを必要としないので、利用しやすい手法です (**図7.5**)。なおRolling DeploymentやCanary

図7.4 Blue/Green Deploymentの例

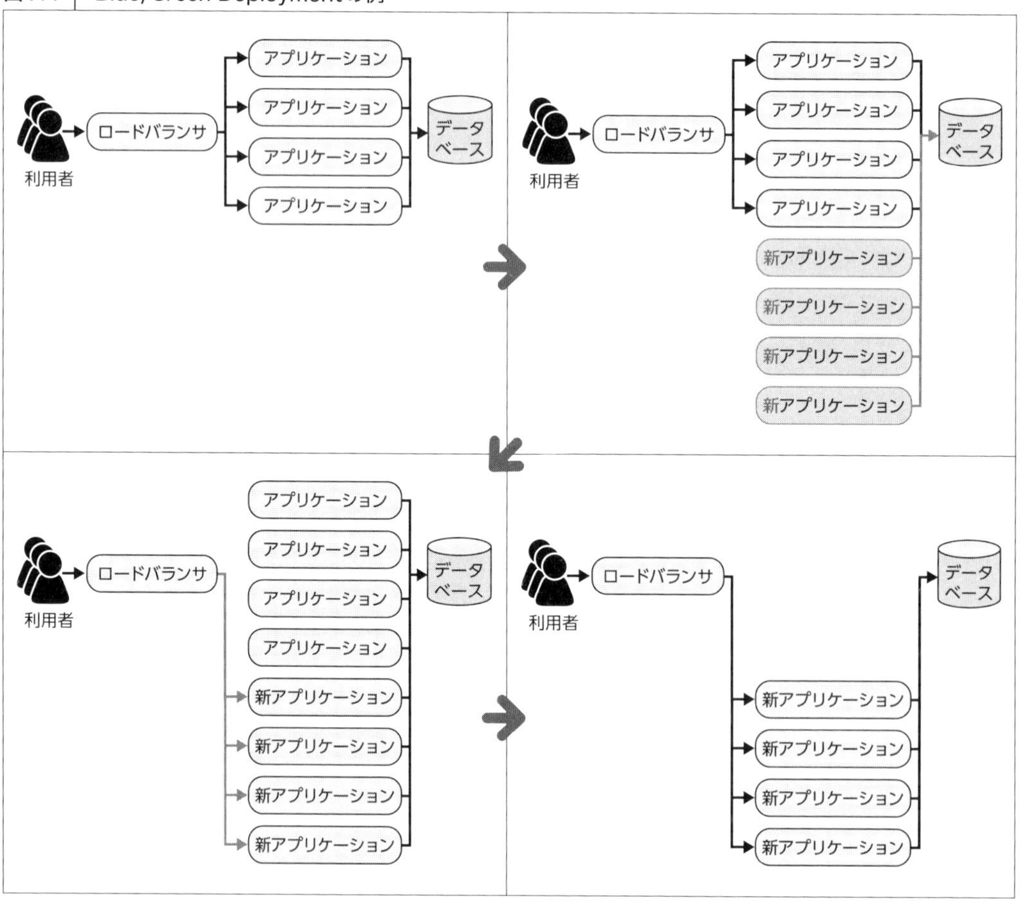

図7.5 Rolling Deployment（Rolling Update）の例（1台ずつ更新する場合）

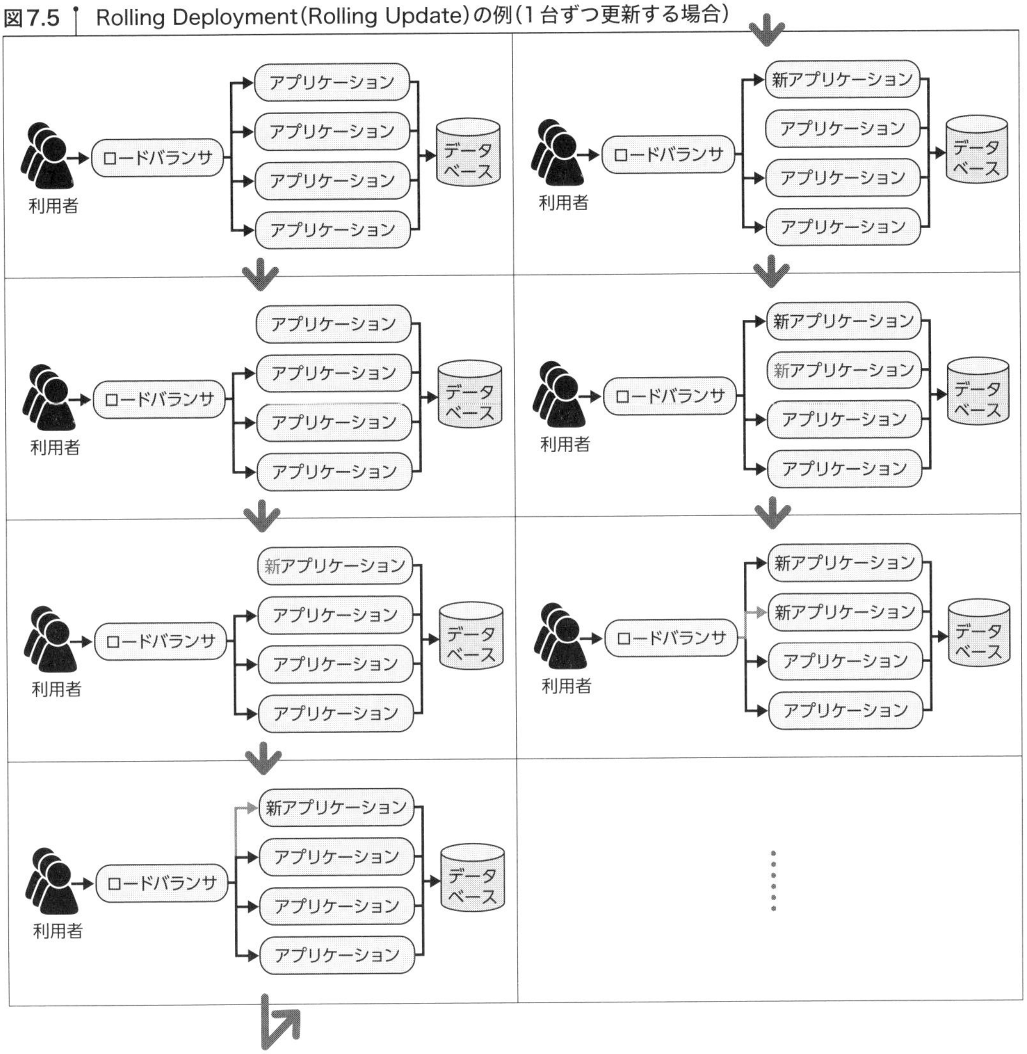

Deploymentを採用するためには、アプリケーションで「デプロイ前後の2バージョンが同一環境内に混在してもユーザの利用に支障がない」ようにしておく必要があります。たとえばRDBMSのテーブル定義を変更する時、既存列のデータ型を変更するのではなく、新しい列を追加するなどの工夫が必要です。

CIがあるとは言え、CIだけで完全な動作保証はできません。通常のRolling Updateでは見逃しがちな異常を「一定期間様子を見る」ことで炙り出し、全体への適用を継続するかどうか判断できるCanary Deploymentは、たいへんリーズナブルな手法であり多く採用されています。

Canary Deploymentがうまく機能するためには、CIでは検知できない異常をCanaryの稼働状況から把握します。Canaryの稼働状況（著しい高負荷や低負荷になっていないか？）、稼働結果が健全か（応答時間が著しく変化していないか？　エラー応答が増えていないか？）を把握する**モニ**

タリングが必要不可欠です。執筆時点では、CD関連の動きがとくに活発です。Linux Foundation傘下のCDF (Continuous Delivery Foundation) では、Jenkins、Spinnaker、TektonなどいくつかのメジャーなOSSをホストしています。

▶ CD Foundation
https://cd.foundation/

ここまでのまとめ

- システムは何もしないと壊れる
- システムはよくわからない状態になる
- システムの状態を計測する指標にはよく可用性が使われる
- システムを運用するうえではストック情報とフロー情報をうまく取り扱うのが重要
- 構成管理・変更管理・デプロイなどにおける定型作業をソフトウェアに任せることで、精度・頻度・情報の確からしさを担保できる

7.7 モニタリング

前述のとおり、情報システムは壊れたり、よくわからない状態になったりします。そのため、日々の状態確認や健康診断は欠かせません。また情報システムが健全に機能し活躍できているかどうかをウォッチすることも必要です。

モニタリングは日本語で監視 (システム監視) と呼ばれますが、広義では状況把握のための計測 (メトリクス観測・収集) も含むことがあります。監視ツールにおいても、異常検知を目的の中心とした「チェック志向の監視システム」、状況把握を目的の中心とした「メトリクス志向の監視システム」があります。いずれも必要な要素であり、どちらかだけですべてをカバーするのは無理があるので、うまく併用します。

軸は可用性

モニタリングの目的は、可用性を把握しコントロールすることです。

可用性を直接把握するためには、定期的[注7.1]にシステム外からユーザを模したシステム利用を行い、システムが利用可能かどうかを確認します。このようにシステム外部から、システムの外形的な挙

注7.1 「定期的に」の頻度は、かつて5〜10分に一度が多かったものの、2010年代になってからは1〜3分に一度がほとんどです。

動を確認するテストを俗に**外形監視**と呼びます。稼働している（up）／していない（down）を判定する目的の監視を**死活監視**と呼ぶこともあります。

なお、可用性測定指標がリクエスト数ベースの場合は、リクエスト数も確認します。死活監視だけでなく、メモリ利用量やディスク利用量などシステムリソースの利用状況（リソースメトリクス）、処理したトランザクション数やログインユーザ数などシステムの稼働結果（ワーキングメトリクス）も定期的に観測し、収集・保存します（**図7.6**）。

図7.6 モニタリングシステムと被監視システム

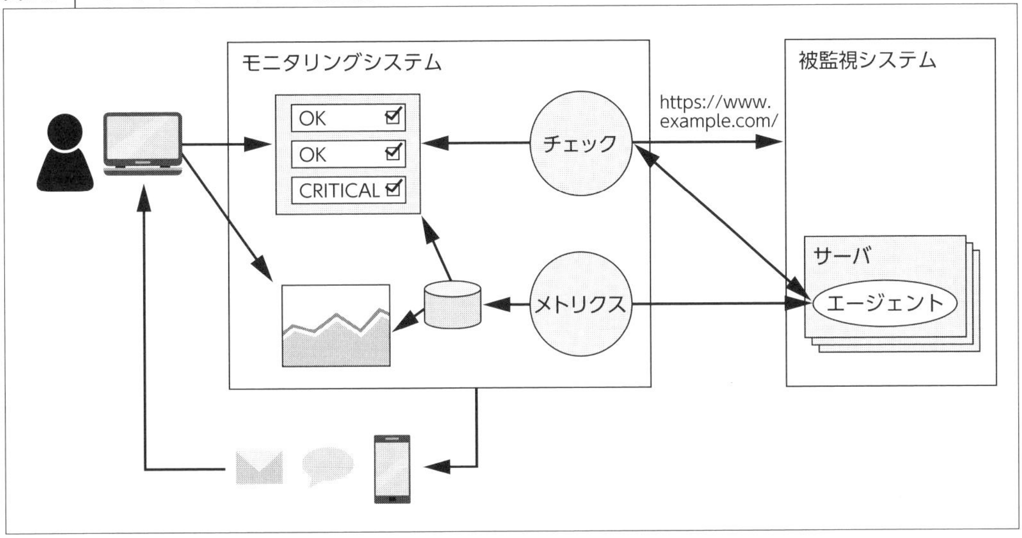

観測により可用性を把握し、可用性の低下が起きていること（＝インシデント）、あるいはこのままいくと可用性の低下につながる事象を確認したら、回復措置を実施します。

異常かを判定する基準を**閾値**と呼び、異常という判定結果を通知する行為を**アラーティング**、通知そのものを**アラート**と呼びます。また、アラートを受けて対応するということを**インシデントレスポンス**（アラート対応、障害対応）と呼びます。可用性が低下している状態であれば、すぐに復旧する必要があるので、電話などで担当者に連絡を取り対応を開始します。このような、即時対応のために拘束力や到達性の強い方法（通称：強い通知）で連絡を行うことを俗に**オンコール**と呼びます。

モニタリングをきちんと導入し、インシデントレスポンスの体制を構築・運用することでインシデントの放置がなくなり、システムの可用性を設計値近くまで引き上げることができます。

一方で、ディスク空き容量減少のように現時点で可用性に影響していないものの、このままいくと可用性に影響するインシデントになる事項もあります。このような先回りの対応＝プロアクティブなインシデントレスポンスは、常にすぐ対応を開始する必要はありません。オンコールではなく、チケット起票などを行い漏れなく忘れずに対応できるように通知（通称：弱い通知）します。

強い通知は、受信した担当者のプレッシャーが非常に強く、扱いが難しい通知方法です。人間ですから、通知（とくに強い通知）を受け取りすぎて嫌になってしまう、雑になってしまう、緊急性を感じなくなってしまうケースが多々あります。これを俗に「アラート疲れ」と呼びます。

これに対処するには、強い通知を減らし、弱い通知を活用することが重要です。モニタリングをしていると、検知したいというニーズの中には、即時対応が必要なもの、近々に対応が必要なもの、対応は必要ないが適宜認識しておきたいもの、適宜認識する必要はないが記録だけしておきたいもの、などのレベルがあります。それぞれのレベルに応じた適切な通知・情報蓄積が必要です（**表7.3**）。

表7.3 通知の分類例

分類	状況の例	通知の種類	通知の例
大至急インシデントレスポンスを開始する必要がある	可用性が低下している（サイト表示不可・著しい遅延）	強い通知	当番の担当者が対応を開始したことが確認できるまで電話やチャットで声をかける
〃	終業まであと2時間だが、このままいくと夜半にはディスク空き容量が0になる	強い通知	〃
翌営業日以降にインシデントレスポンスを開始する必要がある	このままいくとあと1ヵ月以内にディスク空き容量が0になる	弱い通知	チケットを起票して期限を設定し、システム管理者を担当者にアサインする
とくに対応はないが状況を認知したい	CPU利用率が恒常的に高止まりしている	弱い通知	チケットを起票して、認知したいと言った人にアサインする

Note

異常を検出するのではない

「システムを監視するぞ！」と意気込むと、あるいは不安から、なんでもかんでも計測・観測し、普段と異なる挙動を検出して通知したくなることがあります。これは、アラート疲れまっしぐらの典型的なアンチパターンです。心拍数計をつけて生活している時に、階段移動での心拍の急上昇や、風呂のために外した時の心拍検出停止をいちいち緊急通報するのはナンセンスですよね。可用性を軸に、対応する必要がある状態を検知し通知するアラーティングを実現するのがポイントです。

メトリクス

人間の健康診断では、身長・体重をはじめ、血液中の成分の含有量や濃度などを計測し記録します。システムのモニタリングにおいても、システムの外形的・内的な各種指標を計測・観測・記録します。これを**メトリクス**と呼びます。システムリソースの利用状況を示すメトリクスを俗に**リソースメトリクス**、システムの動作状況や結果・成果を示すメトリクスを俗に**ワーキングメトリクス**と呼びます（**表7.4**）。

表7.4 メトリクスの例

種類	項目
リソースメトリクス	CPU利用率
リソースメトリクス	メモリ利用量
リソースメトリクス	ネットワーク転送量
ワーキングメトリクス	ログインユーザ数
ワーキングメトリクス	成約数

メトリクスは利用しているOSやソフトウェアが計測したデータを取得することが多いですが、計測・観測を行うプログラムがデータを集計することもあります。たとえばLinuxでは、CPU利用率を知るにはOSによる計測結果である/proc/statの内容を集計し、メモリ利用量を知るにはOSによる計測結果である/proc/meminfoの内容を集計します。

計測結果の値には**ゲージ**(gauge)と**カウンタ**(counter)の2種類があります。ゲージは、自動車の燃料計のようにその瞬間の状態を値にしたものです。一方のカウンタは、自動車の走行距離計のような累積値です。カウンタは、前回観測時との差分を経過時間で割り返して利用することが多いです(被観測側が、カウンタを細かく計測し割り返して、ゲージとして提供していることもあります)。

メトリクスは、計測・観測が高頻度であればあるほどシステムの状態を高い解像度で(＝鮮明に)記録・把握することができます。しかし、解像度が高ければ高いほど保存するメトリクスデータの容量が増え、データの容量が増えれば扱うために必要な計算機資源も多くなります。現実的には1分に一度、超高頻度でも5〜15秒に一度程度で計測を行うことが多いです。

収集したメトリクスは、横軸が時系列、縦軸が値のグラフに描画して可視化し、確認します。代表的なOSSはGrafanaです(**図7.7**)。

図7.7 Grafanaによるメトリクスの可視化

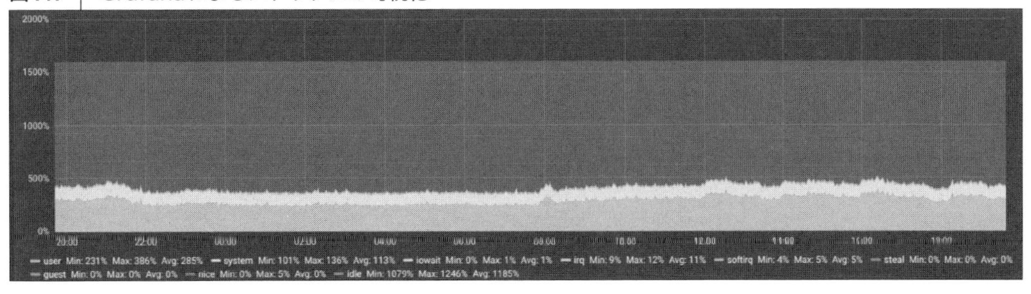

最近のシステムでは、サーバ1台あたり200〜500、多いと10,000ものメトリクスを収集します。これだけの数のメトリクスを毎分取得するので、それはそれは大量のデータを扱うことになります。

メトリクスは、計測あるいは観測した日時・項目・結果の値がセットになったデータです。メトリクスのように時系列に沿ったデータを**時系列データ**と呼び、時系列データの保存・活用に特化したデータベースを**時系列データベース**(TSDB：TimeSeries DataBase)と呼びます。代表的なOSSはRDDtool、Graphite、InfluxDB、TimescaleDBです。

イベント・ログ

システムでのできごと、システムに対するできごとを**イベント**と呼びます。イベントにはシステムの内部で発生するもの、システムの外部で発生するものがあります。障害などのアクシデントに起因するイベント、計画的なイベントなどさまざまです（表7.5）。

表7.5 システムのイベントの例

発生要因	イベント
内部	冗長化構成のフェイルオーバー
内部	自動スケールアウトの発動
外部	利用している外部システムのスローダウン
外部	新機能のデプロイ
外部	TVCMの放映

このようなイベントとモニタリングやメトリクスを関連付けると、システムの状態をより適切に理解できるようになります。イベントとメトリクスの関連付けは、モニタリングシステムによって名前がまちまちですが、タグやアノテーションといった名前で実装されていることがあります。

ログにはシステム内部で起こったできごとが記録されています。ログにもいくつか種類があります。代表的なものは、処理結果を記録したログ、エラーを記録したログです。処理結果を記録したログは**アクセスログ**や**トランザクションログ**と呼ばれることが多いです。このログには、リクエストの日時や対象、応答のステータスコードやサイズ、応答所要時間などを記録しています。

エラーを記録したログは**エラーログ**と呼ばれることが多いです。エラーログの出力は、構成によっては可用性に影響を与える即時対応が必要な内容を含むことがあるので、こうした内容は監視して即時対応する場合があります。

その他にも、デバッグ用の出力を集めるデバッグログや、その他もろもろを出力する一般ログ(general log)を用意する場合もあります。

ログはその重大性や重症度（Severity）によってレベル分けをします（表7.6）

表7.6 一般的なログ出力のレベル分け

Severity（重大性・重症度）	意味
DEBUG	デバッグレベルの詳細な出力
INFO	記録目的の情報
WARNING	警告
ERROR	エラー
CRITICAL／FATAL	致命的なエラー

本番環境では、INFOまたはWARNING以上のみを出力することが多いようです。ソフトウェアでは、たいていWARNINGまでは動作の異常を示すものではなく、あまり気にしなくても良いもの

もあります。一方、ERRORやCRITICAL、FATALは動作の異常を示すため、(ソフトウェア次第ですが) 原因や影響範囲を確認する必要があることが多いです。

最近のシステムはサーバの数が多くなったこともあり、ログをリアルタイムやセミリアルタイムで収集して取り扱うことが増えました。各サーバのディスクに出力されたログを都度読み込み、一箇所に集約します。集約した後に内容の検査 (出力内容チェック) や集計を行い、グラフにして可視化することもあります。

なお、集約後は非常に大量のデータが集まるため、全量検査が必要な監視は各サーバで実施し、結果だけを集約することもあります。集計も同様で、各サーバで一次集計を行い、集約後に分析を行うことがあります。代表的なOSSはfluentdやElastic Stackです。

Note

リアルタイム・セミリアルタイム

リアルタイムと言う語は、一般には遅延がないことを指します。fluentdやElastic Stackを利用してログを集約する場合、アプリケーションはまず各サーバのディスクにログを出力します。アプリケーションとしてはこれで処理は終わりです。その後、fluentdやElastic Stackがログを出力都度読み込み、集約先のサーバに転送します。この間、何秒もかかることはほとんどないのですが、とはいえアプリケーションから見ればログ出力は一連のトランザクションとして処理されていません。このような遅延ありのしくみの場合、セミリアルタイムと呼ぶことがあります。

7.8 バックアップ

情報システムにおける**バックアップ**とは、ある時点の状態を復元 (リストア) するための手法やデータのことです。データやシステムが壊れたり失われたりした時に使うことが多く、リストアではなくリカバリと言うこともあります。リスクを想定して復元ありきで行うものなので、「どのような事態を想定し」「どの時点の何を復元したいか」を考えてから取り組みます (**図7.8**)。とくに、「対象が再入手可能かどうか」は重要な判断指標になります。

図7.8 バックアップの検討軸

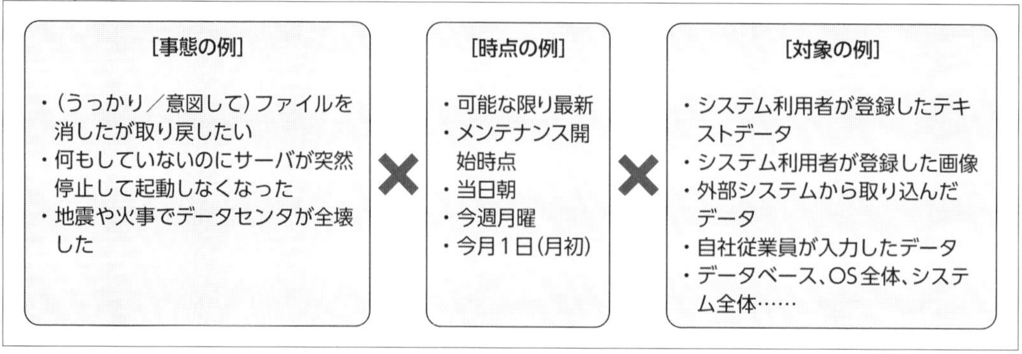

[事態の例]
・(うっかり/意図して)ファイルを消したが取り戻したい
・何もしていないのにサーバが突然停止して起動しなくなった
・地震や火事でデータセンタが全壊した

[時点の例]
・可能な限り最新
・メンテナンス開始時点
・当日朝
・今週月曜
・今月1日(月初)

[対象の例]
・システム利用者が登録したテキストデータ
・システム利用者が登録した画像
・外部システムから取り込んだデータ
・自社従業員が入力したデータ
・データベース、OS全体、システム全体……

対象のシステムやデータ全体の全量をバックアップすること、および取得したデータを**フルバックアップ**と呼びます。フルバックアップを取得する際は、対象のシステムやデータに更新がない状態にして、フルバックアップ全体を通じて整合性のとれた状態を取得するのが鉄則です。整合性のとれたフルバックアップがあれば、何があってもたいてい復元できます。ですが、往々にしてたいへん時間がかかります。これは全量を扱う宿命で、バックアップの取得・復元ともに所要時間がかかるのが玉に瑕です。

対象のシステムやデータ全体を対象範囲にしつつ、フルバックアップを活用し、フルバックアップ取得以降の変更内容(データの書き込み内容)を取得していく**増分バックアップ**という手法があります。増分バックアップでは、まずフルバックアップを取得し、前回バックアップからの変更内容を日々取得します。また、フルバックアップと違うところのみを取得する**差分バックアップ**という手法もあります。いずれも整合性のとれたフルバックアップの存在が前提ですが、短時間で効果的なバックアップを取得できる良い方法です(**表7.7**)。

表7.7 バックアップ手法の特徴

バックアップ手法	バックアップ実行時の取得データ	リストアに必要なデータ	メリット	デメリット
フルバックアップ	全量	全量	一式揃っているので安心	データ量が大きく、取得も復元も時間がかかる
増分バックアップ	前回バックアップからの変更内容のみ	増分の起点になっているフルバックアップ+そのフルバックアップ以降リストアしたい時点までのすべての変更内容	データ量が小さく取得の所要時間が短い	変更内容を記録する機構を用意し、それを動かしておく必要がある。復元の際はフルバックアップ+増分バックアップすべてを復元するので、3つの中で一番時間がかかる
差分バックアップ	フルバックアップからの差分内容のみ	差分の起点になっているフルバックアップ+リストアしたい時点の差分内容	データ量が小さく取得の所要時間が短い(ただし差分を抽出する時間がかかる)	差分を抽出する機構を用意する必要がある。復元の際はフルバックアップ+差分バックアップを復元する

バックアップの整合性の実現方法

前述したとおり、整合性のとれたバックアップを取得するためにはデータに更新がない状態にしなければなりません。具体的には**表7.8**の手法があります(**図7.9**)。

表7.8 データ更新がない状態の実現方法

方法	実施例
サーバを止める	サーバをシャットダウンし、電源オフにする
データの入口となるプログラムを止める	Webシステムの場合はWebサーバプログラムを停止する
データを管理するプログラムを止める	DBMSを停止する
データ変更要求を止める(書き込み停止)	xfs_freezeやlock databaseのように書き込み要求を凍結する

図7.9 書き込み停止によるバックアップの整合性

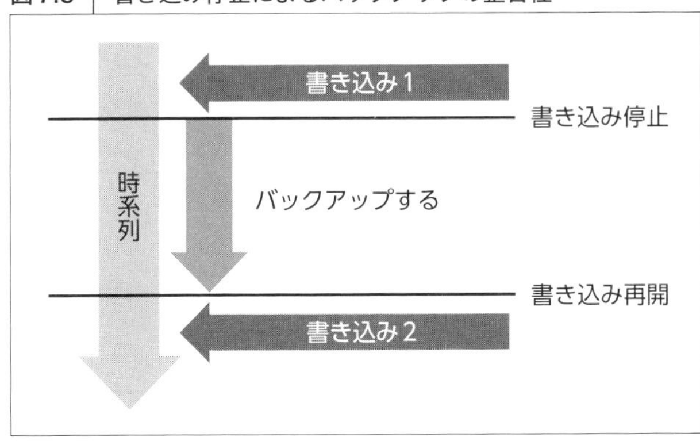

これらの方法は確実ですが、バックアップ中はシステムの利用が不可能になる場合もあり、バックアップ取得に時間がかかるようだと気軽にバックアップが取得できません(なお、物理機器を直接利用している場合、サーバを停止した状態でバックアップデータを取得するのは不可能ではないものの、かなり難易度が高いです)。

必要なバックアップを確実に取得するためには、バックアップは一大事ではなく日常のできごとでなければなりません。データ管理機構が**静止点管理機構**を備えていれば、この制約を緩和・回避することができます。静止点作成処理はバックアップ取得よりも所要時間が圧倒的に短く、よほど負荷が高いシステムでもなければ、システムを停止せずバックアップを取得できるようになります。ただし、たいていの静止点管理機構は、静止点保持のための制約があります。また静止点を保持している間は多少なりとも性能劣化があるため、手放しでいつでもどれだけでも利用できるというところまではいきません(**表7.9**、**図7.10**)。

表7.9 静止点管理機構の例

箇所	機構の例と利用上の制約事項
ファイルシステム	LVM2のsnapshot（あらかじめFreePEが確保されていること、バックアップ処理がFreePEが枯渇する前に完了できること）
ディスクデバイス	AWSならAmazon EBSのスナップショット
RDBMS	MySQLのMVCC（Multi Version Concurrency Control）（利用しているストレージエンジンがトランザクションをサポートしているものだけであること、バックアップ中にトランザクションを強制終了（コミット／ロールバック）するALTER TABLEなどの操作が実行されないこと）

図7.10 静止点管理機構によるバックアップの整合性

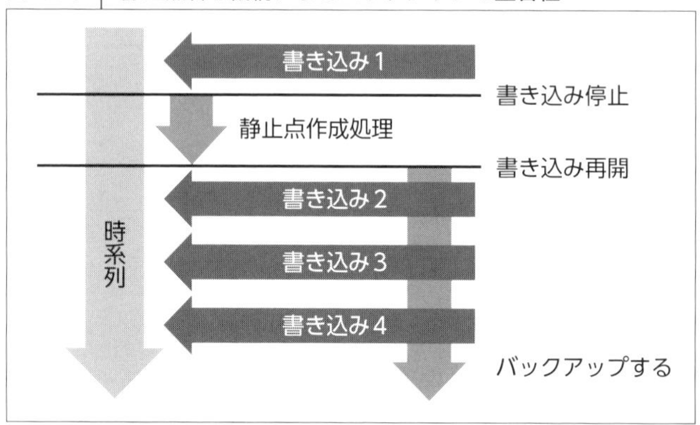

増分バックアップ

増分バックアップはバックアップ取得の所要時間が短いメリットがありますが、変更内容を記録する機構を用意し、それを動かしておかなければなりません。また、復元にはフルバックアップが必要で、フルバックアップ＋増分バックアップを復元するので時間がかかります。

時点A（書き込み1実施済み）を起点として、それ以降の書き込み2、書き込み3、書き込み4の内容をバックアップします（**図7.11**）。書き込み2、書き込み3、書き込み4の内容をバックアップすること、および取得したデータを増分バックアップと呼びます。

図7.11 増分バックアップ

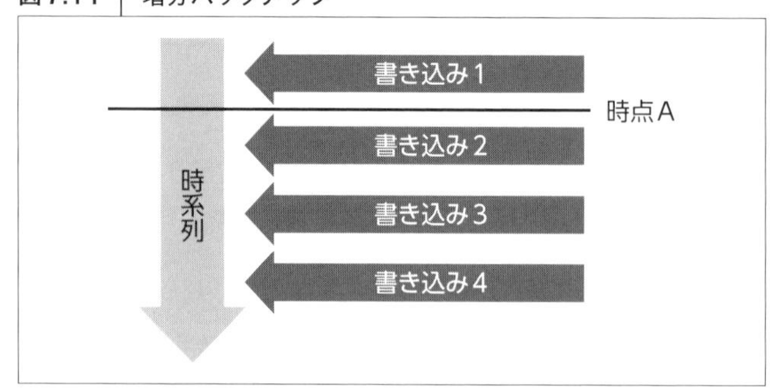

変更内容を記録する機構が必要なので、後付けで気軽に使えるものではありません。**表7.10**のような機構を事前に組み込み、有効にしておきます。ただし、MySQLは最新版（8.0）からデフォルトで有効になっていて、今は使いやすい選択肢になっています。

表7.10 変更内容を記録する機構の例

対象	機構
ブロックデバイス	WalB[注7.2]
MySQL	バイナリログ

復元する時は、まずフルバックアップ（**図7.11**の時点A）を復元し、そこからさらに増分を適用していきます（**図7.11**の書き込み2、書き込み3、書き込み4）。このように、ある時点から先に進んでいく復元方法を**ロールフォワードリカバリ**と呼びます。増分バックアップを応用すると、増分の適用を全量でなく途中で止めることで、フルバックアップ以降の任意のタイミングの状態を再現できます。

差分バックアップ

差分バックアップは、フルバックアップよりもディスク読み書き量が少なくなることが多いメリットや、バックアップ世代あたりの容量が小さくなるメリットがありますが、差分を抽出する機構を用意しなければなりません。また、復元にはフルバックアップが必要で、フルバックアップ＋差分バックアップを復元するので時間がかかります（**図7.12**）。

図7.12 差分バックアップ

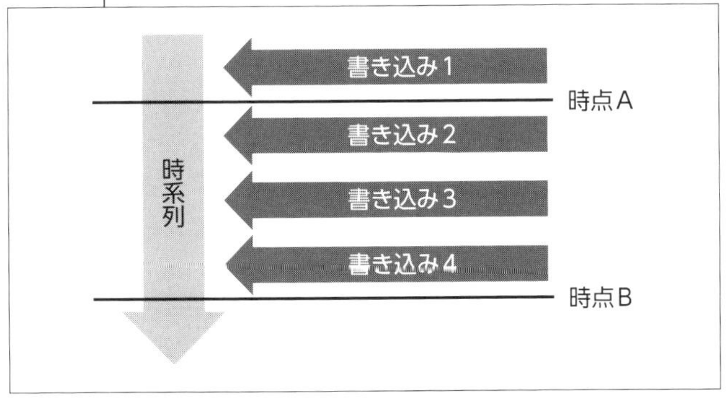

増分バックアップと異なり、増分を記録する機構を動かし続けなくても、時点Aと時点Bの比較さえできれば差分バックアップが可能です。そのため、増分バックアップと比較して後付けできる

注7.2 WalB ▶ https://walb-linux.github.io/

対象が比較的多いです。ただし、差分を抽出する処理の負荷が高い場合は、いっそのことフルバックアップのほうが好ましいということもあり得ます。

たとえば現在が**図7.12**の時点Bで、ファイルシステムの差分バックアップを取得する場合、時点Aのフルバックアップと時点Bの静止点のファイル全部の更新日付を比較し、更新日付が異なるファイルを差分と判定しバックアップする方法があります。「更新日付は新しくなっていても内容は変わっていない」ということも考えられますが、内容まで比較するとディスクからの読み込み量が非常に多くなるため、差分バックアップのメリットが薄くなってしまいます。差分は簡易な方法（＝ファイルすべてをディスクから読み込むよりも負荷が軽い方法）で抽出します。

差分を抽出しバックアップする機構として、rsyncコマンドがあります。

ここまでのまとめ

- モニタリングの目的は、可用性を把握しコントロールすること
- モニタリングはチェック、メトリクス、イベント、ログの観点で整理するとよい
- バックアップは復元のために、復元ありきで行う

セキュリティの基礎知識

8.1 情報セキュリティとは

情報システムにおけるセキュリティの役割は、システムの価値を支えて伸ばすことです。**情報セキュリティ**は、リスクを排除し守りを固めるのが仕事ではありません。情報システムはセキュリティ対策をしてもしなくても動きます。そのうえで、セキュリティ対策をしたほうがよいからするわけです。

システムが継続的に価値を創出・発揮できなくなるセキュリティ対策は本末転倒です。リスクを管理し、システムが継続的に価値を創出・発揮できるようにするのが情報セキュリティの存在意義です。情報セキュリティの価値は、情報セキュリティ単体では計測できず、システムが継続的に創出・発揮した価値によって計測できるものです。

> **Note**
>
> **健康のためなら……**
>
> 情報セキュリティを人間の健康と節制にたとえた、「健康のためなら死んでもいい！」という与太話があります。節制は、QoL（Quality of Life）にプラスとマイナス双方の影響を及ぼします。健康で長生きするためならQoLを著しく下げても良いという考え方もあれば、長生きよりもQoLを高く保つことを優先したいという考え方もありますね。情報セキュリティでも同じ葛藤が生じることが多々ありますが、その葛藤に道筋をつけて運用し続けるのは、情報システムに関わるすべての人の仕事です。

セキュリティに限らず、システムにおいて技術的判断をする場合は、重視するスコープを明らかにしてから判断します。短期のスコープを優先するのか、中期のスコープを優先するのか、長期のスコープを優先するのか、システムの種類やその時の状況によって優先すべき価値は変わります。

一般に不確実性が高い事項への対処は費用・手間ともに高コストで、感覚的には指数関数的に不確実性とコストが高くなります。セキュリティ担当が開発・運用チームから独立している場合、どのスコープをどの程度優先するのかという前提を合わせることで、健全な協力体制を構築することができます。

情報システムやデータの価値が社会的に認められた結果、情報システムやデータを標的にした攻撃も盛んに行われるようになっています。標的型攻撃のような狙いすました攻撃から、うっかり設定ミスを発見する投網的な攻撃まで、さまざまな攻撃手法があります。攻撃者の狙いはデータの持ち出しだけでなく、サイトダウンやスローダウン（およびその予告・脅迫）など、機能要件・非機能要件全般に及びます。素人が思いつく工夫は一瞬で破られる世界なので、鉄板の対策をもれなく粛々と実施しましょう。

システムパフォーマンスのボトルネックと同じく、セキュリティレベルはシステムおよびそれをとりまく環境全体を見て「いちばん弱いところのセキュリティレベル」がそのシステムのセキュリティレベルです。環境全体というのはアプリケーションプログラム、ミドルウェア、ランタイム、OS、ネットワークなどIT技術面のセキュリティだけでなく、運用体制や運用者、承認者など関係者の技術的能力、情報リテラシも含んでいます。

セキュリティについて考える時は、他にも法令や規制があるか確認する必要もあります。独立行政法人情報処理推進機構の非機能要求グレードでは、「制約となる社内基準や法令、各地方自治体の条例などの制約が存在しているかの項目」として以下のような項目を紹介しています。

・国内/海外の法律
不正アクセス禁止法・不正競争防止法・プロバイダ責任法・改正個人情報保護法・SOX法・EU一般データ保護規則(GDPR)・特定電子メール送信適正化法・電子署名法 など
・資格認証
プライバシーマーク・ISMS/ITSMS/BCMS/CSMS・ISO/IEC27000系・PCI DSS・クラウド情報セキュリティ監査・TRUSTe など
・ガイドライン
FISC・FISMA/NIST800・政府機関の情報セキュリティ対策のための統一基準 など
・その他ルール
情報セキュリティポリシー など

(出典)システム構築の上流工程強化(非機能要求グレード):IPA 独立行政法人 情報処理推進機構
https://www.ipa.go.jp/sec/softwareengineering/std/ent03-b.html
03_グレード表.pdf 8ページ

8.2 鉄板の対策①[ID管理]

ID管理はセキュリティの基本中の基本です。ID管理は、十分に強力なパスワード・多要素認証(MFA: Multi Factor Authentication)など**個別のアカウントの管理**と、入社・異動・退社などに伴うアカウント作成・失効など**ライフサイクル管理**の2種類があります。

個別のアカウントの管理強化

まずは個別のアカウントの管理強化です。ほとんどのシステムは、IDとパスワードで認証処理を行います。どれだけ強固に対策しても、正規のIDとパスワードによる不正なアクセスはシステム側での対策は困難です。個別のアカウントを守ることは、システムを守ることと同義です。

IDは公知にすることも多いので、パスワードをいかに強力にしておくかというのがポイントです。100文字を超える長いランダムなパスワードを設定し、パスワードマネージャを利用して手入力せずコピー&ペーストするのがよいでしょう。

また、**多要素認証**も積極的に利用しましょう。利用可能な場合は必ず利用します。パスワードのような「ユーザが知っていること」、スマートフォンやOTP (One Time Password) トークンのような「ユーザが持っているもの」、指紋や虹彩のような「ユーザそのもの (生体情報)」を組み合わせて認証するのが多要素認証です。ひとつはパスワードがほとんどで、もうひとつ以上、何かを付け足します。

ユーザが持っているものについては、SMS (ショートメッセージサービス) は問題点が指摘されておりあまり利用されません。ユーザそのもの (生体情報) は漏洩した時に生体側を交換不可能なので、情報の取り扱いが難しく避けられることがあります。そのような理由から、最近は誰もが自分のものを持っているスマートフォンへのプッシュ通知による確認が多いです。

ライフサイクル管理

個別のアカウント管理強化の次はライフサイクル管理です。

現代の会社は、多くのシステムを利用して成立しています。OSアカウントだけでなく、クラウドサービス、チケット管理システム、ソースコードリポジトリ、チャット、VPNなど多くのシステムのアカウントが必要になります。異動や退職の時に、どれかひとつでもうっかりアカウントが残ると、そこから事故になりかねません。きちんとすべてのシステムを洗い出し、継続的に管理しなければなりません。

ただ、これらの作業を個別にやるのはとてもしんどいので、**SSO** (Single Sign On) システムを利用してIDを統合管理することが多いです。IDを統合管理し、統合管理システムだけをきちんと継続的に管理するのが現実的です。もしSSO非対応のシステムやサービスがある場合は、自力でアドオンを開発するか、そのサービスの利用をやめることも検討しましょう。

Note

パスワード定期変更の功罪

パスワードを定期的に変更する運用は、かつて頻繁に行われていましたが、今はほとんど行われていません。ユーザに対して定期的な変更という手間をかけると、ユーザはパスワードを簡単にするなど、パスワード強度を下げる方向にいきがちです。これは、表面的にはユーザのリテラシの問題ですが、根本的にはシステムのアフォーダンスの問題です。パスワードの定期的な変更をユーザに求めると逆にセキュリティレベルが下がるケースがあり、現代では推奨されていません。

しかし、パスワードの定期的な変更が効果を発揮することがまったくないわけではありません。たとえばアカウントを複数人が共用している場合、異動や退職の都度パスワードを変更しなければなりません。

故意にせよ、過失にせよ、攻撃にせよ、どうしても漏れることはあります。パスワードを定期的に変更することで、漏れの影響を小さくできる可能性があります。

8.3 鉄板の対策②［アップデートと期日管理］

ソフトウェアのバージョン

残念ながらソフトウェアには必ずバグや脆弱性（ぜいじゃくせい）が含まれています。健全な継続開発体制を実現していれば、それらの数はどんどん減っていきます。ですから、活発に更新されているソフトウェアやバージョンのうち新しいものを使うほうが安全です。ソフトウェアの利用が活発になり開発が進み、バグや脆弱性が減った状態を俗に「枯れた」と呼びます。枯れたソフトウェアとは、バグや脆弱性がある程度出尽くしたソフトウェアのことです。

ソフトウェアは、たいてい並行していくつかのメジャーバージョンを継続開発します。最新機能は最新バージョンにのみ追加し、1つか2つ前のメジャーバージョンまではセキュリティ対策のみ行うというのがよくあるパターンです。

ソフトウェアはそれぞれ独自のライフサイクルを持っています。

- 例：メジャーバージョン奇数が開発版、偶数が安定版
- 例：バージョンα（アルファ）やβ（ベータ）がついたバージョンが開発版、それらがない数字のみのバージョンが安定版

つまりソフトウェアは最新安定版が一番安全です。筆者が管理していたシステムの中には、毎日すべてのアップデートを自動適用するシステムもありました。

なお、**LTS**（Long Term Support）というしくみを取り入れているソフトウェアも多くあります。安定版のうち、いくつかにひとつをLTSとし、他の安定版よりも長期間サポート（セキュリティ対策などのバージョンアップ）を行うしくみです。

前述のとおり、セマンティックバージョニングに従っているソフトウェアであれば、メジャーバージョンが同じであれば比較的安全にバージョンアップできます。LTSがないソフトウェアの場合は、最新安定版メジャーバージョンの最新版、または（開発が継続しているのであれば）最新安定版メジャーバージョンの1つ前のメジャーバージョンの最新版を利用するのが定番です。LTSがあるソフトウェアの場合は、LTSがリリースされるたびにLTSを乗り換えていくのが定番です。

LTSにせよ安定版メジャーバージョンにせよ、リリース直後はなんだかんだとトラブルがつきものです。リリース直後のバージョンは本番投入せず検証用途での利用に留め、自分でも世間でも多少検証が進んだ時期を見計らって移行することがよくあります。時期の見極めは難しいのですが、枯れるのを待ちすぎると残りのサポート期間が少なくなります。OSSであれば利用して改善に貢献することも重要です。最新のソフトウェアのほうが機能豊富・高速・安全であることが多いこともあり、早め早めに、継続的にバージョンアップしていくのがお勧めです。

頻繁にバージョンアップできるようにするために、CI/CDなどに取り組んでいきましょう。また、サポート期間が絶対に切れないよう計画的にバージョンアップしていきましょう。

期日管理

システムを運用するうえでは、**期日管理**するべき項目がたくさんあります。ハードウェアの耐用年数、ハードウェアの保守期限、ソフトウェアのライフサイクル、商用ソフトウェアのライセンス期限、セキュリティソフトウェアのサブスクリプション期限、TLS証明書の期限など、数多くの項目を漏れなくケアしなければなりません。運用側で漏れないようカレンダーなどを活用するのが基本ですが、期限が近づいてきたことを監視システムで検知し、通知するようにする方法の併用も検討するとよいでしょう。

Note

期日管理や有効期限に関する情勢

ほとんどの場合、HTTPS通信に利用する証明書を購入する時の有効期限は1年単位です。今までは有効期限が長い証明書を購入し利用することができましたが、2020年9月1日以降はそうはいきません。Chrome、Firefox、Safariなどの主要ブラウザが、2020年9月1日以降に発行された証明書について、有効期限が長い(398日を超える)ものはエラー/警告の対象にするアップデートを行います。期日管理や有効期限について考える時は、単に切れなければOKというだけでなく、市況や世情をキャッチアップし、適切な期日・有効期限を設定する必要があることも覚えておいてください。

8.4 鉄板の対策③[Firewallによる境界型防御]

システムのセキュリティ対策として真っ先にやるのはFirewall(ファイアウォール)の導入です。システムの内と外の境界に防火壁を構築します。

Firewallによる防御

Firewallでは、外→内の通信を事前に定義した許可リスト(Allowlist)に基づき制御し、許可リストにない通信は遮断します。遮断の方法はドロップ(パケットを破棄する)、リセット(TCP RST)、却下(ICMP unreachable)などのバリエーションがあります。

Note

許可リスト・拒否リスト

許可リスト・拒否リストは、かつてはWhitelist・Blacklistと呼ばれていましたが、人種差別を想起させるなどの理由で、最近はAllowlist・Denylistと呼ぶことが多くなりました。

Firewallというと、L4の制御を指すことが多いです。たとえばWebシステムであれば、80/tcpと443/tcpのみ接続を許可し、外→内の通信を可能とします。筆者が携わった事例ではほとんどありませんが、厳密に制御する場合は内→外も事前に定義した許可リストに基づき制御することもできます。

リストベースの許可・拒否の他に、接続数や流量に応じた接続制御機能を備えたFirewallもあります。たとえばLinuxのiptablesのhashlimitモジュールには、接続元ごとに、一定時間内のパケット数をもとに流量制限を行う機能があります。

Note

流量制限は難しい

わたしたちは(ネットワークだけでなく)限られた計算機資源を共有しているので、有効活用するためにはどうにかしていい感じに共有しなければなりません。使い勝手を著しく損なわず、かつまあまあ公平な制御が求められます。難しいです。筆者の知る限り、現時点で決定版と言える方式はありませんが、iptablesのhashlimitモジュールでも採用されているleaky bucket(水漏れバケツ)方式はよく利用されています(図8.1)。

バケツの大きさまでは一気に水を注ぐことができるものの、バケツがいっぱいになったら、以降は水が漏れる速さでしかバケツに水を入れられなくなる方式です。バケツの大きさまでバースト利用でき、バーストの許容量を超えたら水が漏れる速さに律速します。バケツに水が入る速さが水が漏れる速さよりも遅ければ、徐々にバーストできる余裕が回復していきます。leaky bucket方式の流量制限は、ネットワーク関連だけでなくクラウドサービスのAPI呼び出し回数制限などでも利用されています。

図8.1 | leaky bucket方式のイメージ

Firewallの中にはL7でリクエストやレスポンスの内容まで踏み込んで検査するプロダクトもあります。たとえば、Webシステムのトラフィックを検査できる**WAF** (Web Application Firewall) や、Webシステムだけでなくメールなども検査できる**UTM** (Unified Threat Management) です。

WAFを利用すると、SQLインジェクションやOSコマンドインジェクションのようなリクエスト内容に基づいた攻撃を防ぐことができるようになります。UTMの場合はメールのウィルスチェックなどもできます。WAFやUTMをネットワークの境界に導入することで、その境界を通るトラフィックを漏れなく検査できるようになります (**図8.2**)。

図8.2 WAFによるトラフィック検査のイメージ

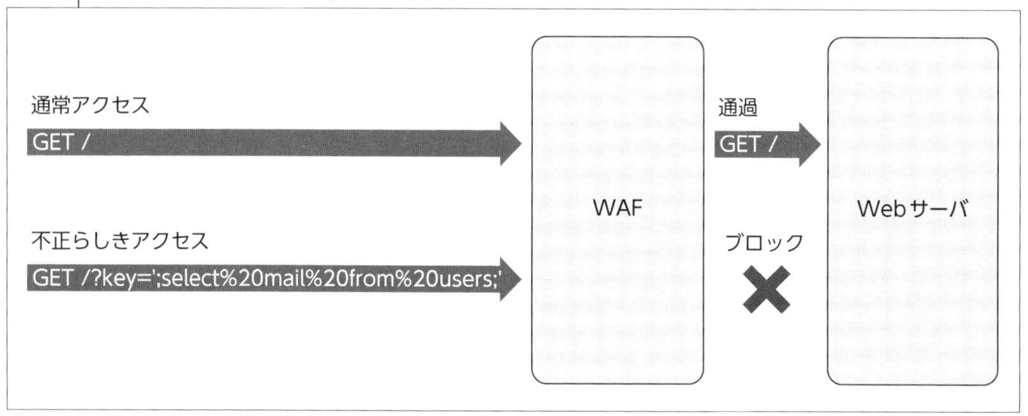

ゼロトラストという考え方

Firewallによる防御は「内と外を区別し、その境界を守れば内は安全」という発想に基づいたものです。システムを内と外に区切り、外→内と内→内でセキュリティレベルを変える (内→内は利便性重視で緩くする)、システムをメンテナンスするために内部にアクセスする必要があるため、VPNや専用線でメンテナンスする側まで内の範囲を拡張する、という形でシステムを構成し、VPNを導入することが多々あります。

これはわかりやすい考え方ですが、しかし現実には「内は安全」というのは成立していません。実は、攻撃の多くは経路として「内」を経由しています。システム全体を見渡して、内→内のセキュリティレベルが相対的に低いようであれば、ここが狙われるのは自明です。

とはいえシステム内部にアクセスする必要はあるし、クラウド時代ですからリモートアクセスは大前提です。そこで最近は、内／外の概念に基づく境界型の防御ではなく、それぞれのノードが接続を複数の要素に基づいて都度評価する**ゼロトラスト**の考え方が普及し始めました。ゼロトラストはまだ途上で普及はこれからですが、今後一般的になっていくことでしょう。

8.5 鉄板の対策④[IDSやIPSによる内部検査]

セキュリティ対策と言えば、一般のパソコンではアップデートとウィルスチェックソフトウェアだと思います。サーバ用のウィルスチェックソフトウェアも販売されており利用できます。ウィルスチェックだけでなく、Firewallと連携可能な**侵入検知システム**(IDS:Intrusion Detection Systems)や**侵入防止システム**(IPS:Intrusion Prevention Systems)を併用することもあります。

ウィルスチェックソフトウェアは各サーバに導入します。ディスクに読み書きするタイミングで読み書きの内容を検査するタイプと、定期的にディスクの内容を検査するタイプがあります。侵入検知システムや侵入防止システムは、サーバに導入するタイプとネットワークに導入するタイプがあります。

サーバに導入するタイプの侵入検知・防止システムの場合は、それぞれのサーバにインストールして動作させ、それぞれのサーバ上でのプロセスの振る舞いをチェックすることもできます。ネットワークに導入するタイプの侵入検知・防止システムの場合は、通信経路上に設置し、どんなサーバが何台あろうが構わず行き交う通信を検査することができます。

侵入検知システムや侵入防止システムはかつて高嶺の花でしたが、最近はクラウド時代に伴う従量課金制の導入、普及に伴う手軽に利用できる価格帯の製品の登場などにより、広く利用されるようになってきました。

8.6 鉄板の対策⑤[セキュリティインシデント対応と証跡取得]

なにかしらセキュリティ上の問題と捉えられるできごとを、**セキュリティインシデント**と呼びます。Webサイトの改ざん、システムへの不正侵入、情報漏洩、マルウェア感染、ランサムウェア感染、DoS攻撃、DDoS攻撃などが代表的なセキュリティインシデントです。

セキュリティインシデントはないに越したことはないのですが、外に出れば交通事故に遭う可能性が0にできないように、システムを運用していればセキュリティインシデントが発生する可能性は0にできません。発生に備えて、対応をあらかじめ計画しておくことが肝心です。

実際にセキュリティインシデントが発生した場合、入門レベルのみなさんがすべき対応は、即時に上長に連絡をとり、包み隠さずできごとをすべて報告することです。自分で情報の要否や重要度を判断せず、手持ちの情報を共有し指示を仰ぎます。素早く正確に振り返るために、やりとりを記録しておくとよいでしょう。

とはいえ、緊急対応はそうそう起こるものではないので、緊急対応スキルの高い上長は基本的に存在しません。専門家の支援を得ることも検討しましょう。たとえばセキュリティ関連を専門にしている株式会社ラックや株式会社ブロードバンドセキュリティが緊急対応支援のサービスを提供しています。

▶緊急対応サービス「サイバー119®」| セキュリティ対策のラック
https://www.lac.co.jp/service/consulting/cyber119.html
▶緊急対応支援 | 株式会社ブロードバンドセキュリティ
https://www.bbsec.co.jp/service/incident/index.html

前述のとおり、セキュリティインシデントは不可避だというのはシステム運用における前提条件です。普段の仕込みとして、**証跡**を記録しておきましょう。システムに対するログインや各種操作について、いつ・だれが・なにを行い・どうなったかを漏れなく記録しておきます。

記録の手法として台帳管理が選択されがちですが、台帳と事実が一致しているとは限らないので、事実の把握という観点ではあまり意味がありません。証跡が自動的に記録されるようにしくみを作ることが必要です。もし閲覧性の高い台帳が必要な場合は、記録をもとにリストアップするようにします。

証跡を意味のあるものにするためには、記録システムの時計が合っていること、操作者が確実に一意に特定できること、操作内容と操作結果が記録されていることが必要です。操作アカウントが複数人で共有されていたりして操作者が特定できなくなるようであれば、操作アカウントを共有してはなりません（一義的な証跡記録とは別のしくみを組み合わせて操作者を一意に特定できるのであれば、アカウント自体を共有することはあり得ます）。

なお、セキュリティインシデントに備えて保険に加入しておく方法もあります。サイバーセキュリティ保険と呼ばれる商品を軸に調査し、比較検討してみるとよいでしょう。

ここまでのまとめ

- 情報セキュリティはリスクを排除し守り固めることではない
- 情報セキュリティの価値は、情報セキュリティ単体では計測できず、システムが継続的に創出・発揮した価値を通して計測する
- 非専門家は工夫せずID管理、アップデート、期日管理、Firewallなど鉄板の対策をコツコツやるのが重要
- セキュリティインシデントが起きたら即時に包み隠さず上長に報告し指示を仰ぐ

クラウドの基礎知識

クラウドコンピューティングとパブリッククラウドの登場・普及によって、情報システムのインフラに劇的な変化が起きました。物理的なモノであるがゆえの、調達リードタイム、物理的配置速度、コストなどの制約から解き放たれ、価値基準が変わったのです（クラウドに対して、物理的なインフラストラクチャや機器のことをオンプレミス（On-premises）と呼びます）。

仕事において段取りが重要なのは相変わらずですが、物流基準での段取りの綿密さ、事前の見積り精度の価値が相対的に下がり、状況に迅速に適応するアジリティ（敏捷性）の価値が上がりました。本章では、これらの変化を実現したクラウドサービス、クラウドコンピューティングについて学びます。

9.1 クラウドコンピューティングとは

クラウドコンピューティングの定義

「クラウドコンピューティングとは何か」については、NIST（米国 国立標準技術研究所）の定義が鉄板です。

- The NIST Definition of Cloud Computing
  https://nvlpubs.nist.gov/nistpubs/Legacy/SP/nistspecialpublication800-145.pdf
- IPA（独立行政法人情報処理推進機構）による日本語訳：NISTによるクラウドコンピューティングの定義
  https://www.ipa.go.jp/files/000025366.pdf

IPAによる日本語訳によれば、基本的な特徴は**表9.1**です。とくにオンデマンドセルフサービス（On-demand self-service）、幅広いネットワークアクセス（Broad network access）、スピーディな拡張性（Rapid elasticity）の特徴、これらの実現度合いは、クラウド以前のインフラとは一線を画す革新的なものです。

表9.1 クラウドコンピューティングの特徴（出典：「IPA（独立行政法人情報処理推進機構）による日本語訳：NISTによるクラウドコンピューティングの定義」 https://www.ipa.go.jp/files/000025366.pdf

特徴	概要
オンデマンド・セルフサービス（On-demand self-service）	ユーザは、各サービスの提供者と直接やりとりすることなく、必要に応じ、自動的に、サーバーの稼働時間やネットワークストレージのようなコンピューティング能力を一方的に設定できる。

幅広いネットワークアクセス (Broad network access)	コンピューティング能力は、ネットワークを通じて利用可能で、標準的な仕組みで接続可能であり、そのことにより、様々なシンおよびシッククライアントプラットフォーム（例えばモバイルフォン、タブレット、ラップトップコンピュータ、ワークステーション）からの利用を可能とする。
リソースの共用 (Resource pooling)	サービスの提供者のコンピューティングリソースは集積され、複数のユーザにマルチテナントモデルを利用して提供される。様々な物理的・仮想的リソースは、ユーザの需要に応じてダイナミックに割り当てられたり再割り当てされたりする。物理的な所在場所に制約されないという考え方で、ユーザは一般的に、提供されるリソースの正確な所在地を知ったりコントロールしたりできないが、場合によってはより抽象的なレベル（例：国、州、データセンタ）で特定可能である。リソースの例としては、ストレージ、処理能力、メモリ、およびネットワーク帯域が挙げられる。
スピーディな拡張性 (Rapid elasticity)	コンピューティング能力は、伸縮自在に、場合によっては自動で割当ておよび提供が可能で、需要に応じて即座にスケールアウト／スケールインできる。ユーザにとっては、多くの場合、割当てのために利用可能な能力は無尽蔵で、いつでもどんな量でも調達可能のように見える。
サービスが計測可能であること (Measured Service)	クラウドシステムは、計測能力※を利用して、サービスの種類（ストレージ、処理能力、帯域、実利用中のユーザアカウント数）に適した管理レベルでリソースの利用をコントロールし最適化する。リソースの利用状況はモニタされ、コントロールされ、報告される。それにより、サービスの利用結果がユーザにもサービス提供者にも明示できる。

※通常、従量課金（pay-per-use）または 従量請求（charge-per-use）ベースで計算される。

また、これらを実現したサービスモデルは**SaaS**（Software as a Service）、**PaaS**（Platform as a Service）、**IaaS**（Infrastructure as a Service）の3種類があります。これは、クラウド事業者（クラウドプロバイダ、クラウドベンダ、クラウド提供者）がどこまでを管理し、ユーザがどこまで管理できるかで線を引いています。

おおまかに、アプリケーションまですべてクラウド事業者が管理し、クラウド利用者はその機能を利用するサービスモデルがSaaS、アプリケーションフレームワークまでをクラウド事業者が管理し、クラウド利用者はその上でアプリケーションを自由に構築できるサービスモデルをPaaS、ネットワークまでをクラウド事業者が管理し、クラウド利用者はその上でOSを自由に構築できるサービスモデルをIaaSと呼びます（**図9.1**）。

管理されている部分を**マネージド**と呼ぶことがあります。たとえば、クラウド事業者がMySQLの稼働や冗長化に責任を持ち管理しているMySQLのPaaSの場合、「MySQLのマネージドサービス」と呼びます。

なお、特定領域に特化したBaaS（Backend as a Service）、MBaaS（Mobile Backend as a Service）、CaaS（Container as a Service）、KaaS（Kubernetes as a Service）などの造語もありますが、これらはNISTの定義には登場しません。

図9.1 サービスモデルごとのクラウド事業者の責任範囲

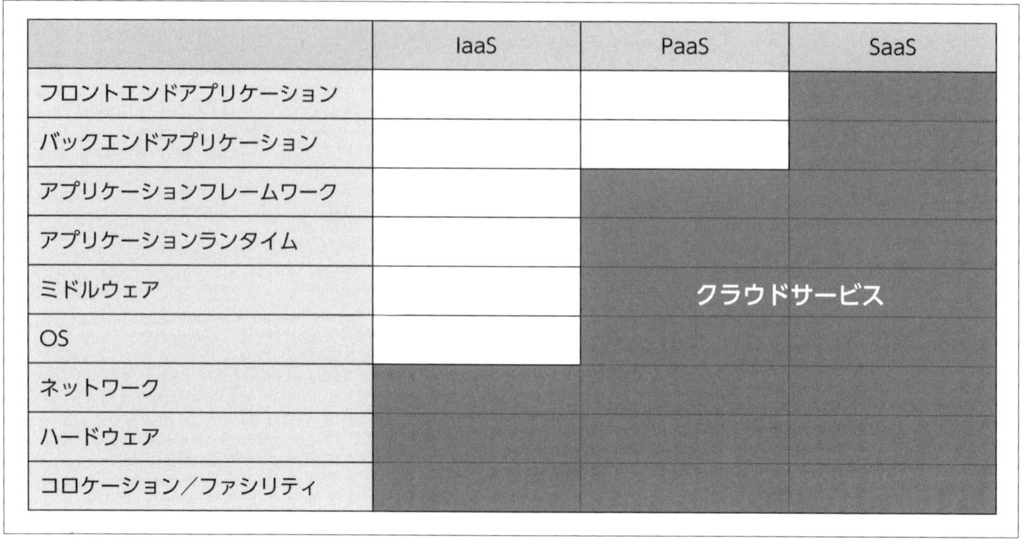

	IaaS	PaaS	SaaS
フロントエンドアプリケーション			クラウドサービス
バックエンドアプリケーション			クラウドサービス
アプリケーションフレームワーク		クラウドサービス	クラウドサービス
アプリケーションランタイム		クラウドサービス	クラウドサービス
ミドルウェア		クラウドサービス	クラウドサービス
OS		クラウドサービス	クラウドサービス
ネットワーク	クラウドサービス	クラウドサービス	クラウドサービス
ハードウェア	クラウドサービス	クラウドサービス	クラウドサービス
コロケーション／ファシリティ	クラウドサービス	クラウドサービス	クラウドサービス

パブリッククラウドサービスの動向

2019年10月時点でパブリッククラウドのシェアトップ3のクラウドサービスであるAmazonのAWS (Amazon Web Services)、MicrosoftのAzure、GoogleのGCP (Google Cloud Platform) は、SaaS・PaaS・IaaSすべてのサービスモデルを提供しています。

NISTの定義によると、クラウドサービスの実装モデルは**パブリッククラウド** (Public cloud)、**プライベートクラウド** (Private cloud)、**ハイブリッドクラウド** (Hybrid cloud)、**コミュニティクラウド** (Community cloud) の4種類があります。筆者の見聞きする範囲ではクラウド事業者が保有・管理する設備を共用するパブリッククラウド、特定の組織が専有的に保有・管理する設備を特定少数の組織が専有利用するプライベートクラウド、パブリッククラウドとプライベートクラウドを組み合わせたハイブリッドクラウドがよく利用されます。

パブリッククラウド業界を牽引する前述のクラウド事業者は、**表9.1**の5つの基本的な特徴を実現するため、ワールドワイドで何兆円もの投資を行っています。ハードウェア・ソフトウェアともに莫大な投資を行い、莫大な投資を行うがゆえに購買力が上がり好条件で仕入れが可能で、好条件で仕入れが可能であるがゆえに競争力が上がり、また莫大な投資を行い……という絵に書いたような、しかし自分がやるとなると胃が痛くなるようなサイクルを実際に回しているのも、これらクラウド事業者のすごいところです。

システムのキャパシティ設計において、オンプレミスのインフラストラクチャは、ライフサイクル内で必要な最大性能 (システムが現役であるうちのシステム利用のピーク) を基準に選定されてきました。たとえば1年のうち1ヶ月間が繁忙期・残りの11ヶ月が閑散期であっても、繁忙期用のキャパシティを1年中確保するのです。これは、機器の調達や入れ替えに時間がかかるオンプレミスならではの問題で、クラウドサービスを適切に利用する場合、この問題は発生しません。余剰キャパシティなどの無駄を抑えることができるようになるため、従量制の利用費用体系と相まって、リーズナブルな（＝合理的で無駄のない）利用費用になります。なお、インフラ機器・設備が会計上の資産ではなく費用として処理できることも、パブリッククラウドが選ばれる理由の1つになっています。

パブリッククラウドでは、サービスごとにSLA（Service Level Agreement）の有無や水準が設定されています。ほとんどのSLAは月のアップタイムで設定されています。サービスごとに設定されているため、組み合わせて使うと（＝サービスを併用すればするほど）全体の可用性が落ちることに注意してください。

また、SLAは保証値ではなく返金規準であることが多く、違反時の対応も損害賠償や機会損失補填はなく「返金は利用費用の○%」という規定が多く見られます。クラウド事業者のSLA（返金規準）をもとに自社サービスのSLA（保証値）を決定することがないよう、十分に注意してください。

9.2 クラウドコンピューティングで変わったこと

サーバの扱い

クラウドコンピューティングの登場により、インフラストラクチャはソフトウェアになりました。それに伴って、サーバも同じものを長く使うのではなく、OSにおけるプロセスのような、動作中の変更をしない（Immutable）、気軽に破棄できる（Disposable）ものになりました。サーバ○台、ではなく、コンピューティングリソースの量として見ることができるようになったのです。

この変化を表した有名な言葉が「ペットから家畜へ」です。かつてサーバは、1台1台思いを込めて特徴的な名前をつけて管理されていました。惑星シリーズ、星座シリーズ、スーパーカーシリーズ、力士シリーズなどの個性が見られました。仮想サーバはインスタンスと名を変え、現代のサーバ命名は種類と番号での管理へと変化しました。番号も連番ではなく、単なるIDを使うことが多くあります。

可用性の考え方

多くのパブリッククラウドサービスでは、コンポーネント単位の個々の要素の可用性をさほど高く設定していません。たとえばAWSのEC2や競合他社のサービスの場合、月のアップタイムのSLAは99.95～99.99%程度です。クラウド事業者は、（仮想サーバなど構成要素の）冗長化や、データセンタ単位での冗長化を利用し組み合わせることで、系（システム）全体として可用性を高めることを推奨しています。

前述のとおり、インスタンスはImmutableでDisposableなものとして扱われます。これを実現するには、実はアプリケーションも環境変化に適応しなければなりません。クラウド時代のアプリケーションの要点をまとめたのが「The Twelve Factors」です。

The Twelve Factorsに則って構成・稼働しているアプリケーションは、クラウドコンピューティングプラットフォーム上で稼働させることでその真価を発揮します。しかしながら、仮にクラウドコンピューティングサービス上で稼働させなくても、堅牢で更新しやすいアプリケーションを実現するうえで重要な事項だと言えます。

The Twelve Factors

I. コードベース
　バージョン管理されている1つのコードベースと複数のデプロイ
II. 依存関係
　依存関係を明示的に宣言し分離する
III. 設定
　設定を環境変数に格納する
IV. バックエンドサービス
　バックエンドサービスをアタッチされたリソースとして扱う
V. ビルド、リリース、実行
　ビルド、リリース、実行の3つのステージを厳密に分離する
VI. プロセス
　アプリケーションを1つもしくは複数のステートレスなプロセスとして実行する
VII. ポートバインディング
　ポートバインディングを通してサービスを公開する
VIII. 並行性
　プロセスモデルによってスケールアウトする
IX. 廃棄容易性
　高速な起動とグレースフルシャットダウンで堅牢性を最大化する
X. 開発/本番一致
　開発、ステージング、本番環境をできるだけ一致させた状態を保つ
XI. ログ
　ログをイベントストリームとして扱う
XII. 管理プロセス
　管理タスクを1回限りのプロセスとして実行する

(出典) The Twelve-Factor App (日本語訳)
https://12factor.net/ja/

Lift and Shift

クラウドコンピューティングを利用する場合、クラウドコンピューティングに適したアプリケーションの作り方や動かし方をするべきです。The Twelve Factorsやクラウドネイティブ(後述)を前提としたアプリケーションが最適ではあるものの、多くのケースで一気にそこまで到達するのは難易度が高いものです。その一方で、クラウドコンピューティングの拡張性・柔軟性・敏捷性や資産の費用化は大変な魅力であり、みすみす逃す手もありません。

ひとまず現行システムにあまり手を入れずクラウドに移し替える、**Lift and Shift**と呼ばれる移行が多く行われてきました。これは、Lift and Shiftでも実務上の要求事項を十分に満たせることが多いのが理由です。もちろん最適な形ではないため、ミスマッチが起きることは多々ありますが、最初の一歩としてLift and Shiftを選択するケースはよく見られます。

クラウドネイティブ

クラウドファーストの時代になり、クラウドコンピューティングが当たり前に利用されるようになったことで、クラウドコンピューティングに最適なシステムづくりのポイントが明らかになってきました。クラウドコンピューティングに最適なシステムや取り組み全般を、**クラウドネイティブ**(Cloud Native)と呼びます。Linux Foundation傘下の団体であるCNCF (Cloud Native Computing Foundation)[注9.1]による定義は次のとおりです。

> *クラウドネイティブ技術は、パブリッククラウド、プライベートクラウド、ハイブリッドクラウドなどの近代的でダイナミックな環境において、スケーラブルなアプリケーションを構築および実行するための能力を組織にもたらします。このアプローチの代表例に、コンテナ、サービスメッシュ、マイクロサービス、イミュータブルインフラストラクチャ、および宣言型APIがあります。*
> *これらの手法により、回復性、管理力、および可観測性のある疎結合システムが実現します。これらを堅牢な自動化と組み合わせることで、エンジニアはインパクトのある変更を最小限の労力で頻繁かつ予測どおりに行うことができます。*
> *Cloud Native Computing Foundationは、オープンソースでベンダー中立プロジェクトのエコシステムを育成・維持して、このパラダイムの採用を促進したいと考えてます。私たちは最先端のパターンを民主化し、これらのイノベーションを誰もが利用できるようにします。*
>
> *(出典) CNCF Cloud Native Definition v1.0*
> *https://github.com/cncf/toc/blob/master/DEFINITION.md*

注9.1 Cloud Native Computing Foundation ▶ https://www.cncf.io/

CNCFでは、クラウドネイティブなシステムを支援するプロジェクトを数多くホストしています。

- Kubernetesに直接関連するもの：Kubernetes、Envoy、CoreDNS、Fluentd、etcd...
- Kubernetesをうまく使うためのもの：Helm、Argo...
- Kubernetes上で動かす分散ストレージ：Vitess、Rook...
- 分散システムモニタリング関連：Prometheus、Cortex、Jaeger、OpenTracing...
- 分散システムで使える通信処理の規格関連：gRPC
- コンテナの規格関連：containerd、CNI、CRI-O

サーバレス

クラウドコンピューティングを活用したシステムを突き詰めると、OS以下のレイヤを意識せず、コンピューティングリソースとしてだけ利用する方式のアプリケーション・システム構成方法にたどり着きます。このように、アプリケーション開発者がOS（サーバ）以下のレイヤを意識しないで済むアプリケーションやシステムの作り方を、俗に**サーバレス**（Serverless）と呼びます。

アプリケーション開発者がOS以下のレイヤを意識せずに済むようにするためには、OS以下のレイヤを抽象化し、ソフトウェアとして利用できるようにしなければなりません。これを実現するには、最終的に物理的なモノを取り扱うハードウェアなどのエンジニアリング、それらをソフトウェアにより抽象化し提供するソフトウェアのエンジニアリングが必要です。

世間でサーバレスの活用が進むと、「上に載せるアプリケーションのソフトウェアエンジニア」「クラウド側のソフトウェアエンジニア」「クラウド側のハードウェアエンジニア」とで大きく職能が分かれてくるかもしれません。ちなみに、クラウド側のハードウェアエンジニアには、ハードウェアの取り扱いに長けたエンジニアとハードウェアそのものを作るエンジニアの両方がいます。2021年1月時点、クラウド事業者各社は、汎用ハードウェアだけでなく独自開発のハードウェアを組み合わせてクラウドコンピューティングを実現しています。

9.3 代表的なクラウドサービス：AWS(Amazon Web Services)の基礎知識

Synergy Research Groupの調査によると、2019年10月時点でパブリッククラウドのシェアトップはAmazonのAWS（Amazon Web Services）で40%弱です。そして、MicrosoftのAzureが20%弱、GoogleのGCP（Google Cloud Platform）が10%弱と続きます[注9.2]。トップ3で70%弱と

注9.2 Amazon, Microsoft, Google and Alibaba Strengthen their Grip on the Public Cloud Market | Synergy Research Group ▶ https://www.srgresearch.com/articles/amazon-microsoft-google-and-alibaba-strengthen-their-grip-public-cloud-market

いう寡占状態です。トップ3各社ともIaaS、PaaS、SaaSのいずれも提供しており、パブリッククラウドだけでなくプライベートクラウドやハイブリッドクラウドにも手を出しています。

少なくとも現時点で、AWSは他社を寄せ付けない圧倒的なシェアを誇るリーディングカンパニーです。本書ではAWSを例にクラウドコンピューティング・サービスについて見ていきます。

リージョンとゾーン

AWSは通信販売大手のAmazonが始めたクラウドコンピューティングサービスです。わたしたち利用者は、Amazonが世界中に配置したデータセンタや設備をオンラインで間借りすることができます。2011年3月に東京リージョンが開設され、日本におけるクラウドコンピューティングサービス普及のきっかけになりました。

AWSには**リージョン**と**ゾーン**（AZ：Availability Zone）という概念があり、日本国内には2つのリージョン（東京リージョン、大阪リージョン）があります。

AWSの各サービスは、基本的にリージョン単位で展開されています。すべてのサービスがすべてのリージョンで利用できるわけではなく、希望するリージョンで利用したいサービスが提供されているとは限りません[注9.3]。

なお、特定のいくつかのリージョンは、他のリージョンから独立した特別なリージョンです。たとえば米国政府用や中国本土のリージョンは、他のリージョンのように希望すれば誰でも簡単に利用できるものではありません。

> *各AWSリージョンは、1つの地理的エリアにある、複数の、それぞれが隔離され物理的にも分離されたAZによって構成されています。*
>
> *（出典）グローバルインフラストラクチャーリージョンとアベイラビリティーゾーン*
> *https://aws.amazon.com/jp/about-aws/global-infrastructure/regions_az/*

ゾーン（AZ）は、利用者が認識する物理地理的配置の最小単位です。東京リージョンには4つのAZがあります。それぞれのAZが実際にいくつのデータセンタで構成されているか、それらの規模はどの程度かといった詳細を、利用者は知ることができません。ゾーンによって細かい制約が異なり、特定のゾーンでは特定のスペックでサービスを利用できない場合があります。

> *アベイラビリティーゾーン（AZ）とは、1つのAWSリージョン内でそれぞれ切り離され、冗長的な電力源、ネットワーク、そして接続機能を備えている1つ以上のデータセンターのことです。*
>
> *（出典）グローバルインフラストラクチャーリージョンとアベイラビリティーゾーン*

注9.3　一部サービスはどのリージョンでも利用できるグローバルスコープのサービスです。

https://aws.amazon.com/jp/about-aws/global-infrastructure/regions_az/

データセンタの見学は受け付けておらず、利用者はAWSが取得している各種認定（ISO、SOCなど）をもとにAWSが信頼に足るかを判断します。

▶コンプライアンスプログラム | AWS
https://aws.amazon.com/jp/compliance/programs/

なお、リージョンやゾーンとは別に、**エッジロケーション**という物理拠点もあります。エッジロケーションはCDNにおけるPOP（「6.5　プロキシ（Proxy／CDN）」を参照）のようなものです。AWSのCDNサービス（Amazon CloudFront）では、エッジロケーションとリージョン別エッジキャッシュを総称してPOPと呼んでいます。

▶特徴 - Amazon CloudFront | AWS
https://aws.amazon.com/jp/cloudfront/features/

AWSの利用

AWSを利用するには、AWSのアカウントを開設します。アカウントは、メールアドレス、電話番号、クレジットカードがあれば、法人・個人問わずオンラインで開設できます。手続きは慣れると10分ほどで完了し、即時利用可能になります。

従量課金制であり、アカウント開設料金や基本料金はかかりません。さらに大手クラウド事業者各社は、アカウントごとに無料利用枠を設けていることが多くあります。そのため、個人での学習・検証用のアカウントを持っているエンジニアが多くいます。この無料利用枠の存在も、個人での学習・検証を推奨し、利用者や利用シーンの裾野を広げることに一役買っています。

一方で従量課金制の難点は、事前見積りを高精度で行うのが難しい点、費用上限を事前に確定できない点です。予算の不安はあるでしょうが、利用したぶんは支払うべきですから、提供されている見積りツール[注9.4]を利用して概要を把握したうえで、小さく試して想定と実態の乖離を確認するのが良いでしょう。

ユーザにとっては、多くの場合、割当てのために利用可能な能力は無尽蔵で、いつでもどんな量でも調達可能のように見える。

（出典）IPA（独立行政法人情報処理推進機構）による日本語訳：NISTによるクラウドコンピューティングの定義
https://www.ipa.go.jp/files/000025366.pdf

注9.4　AWS Pricing Calculator ▶ https://calculator.aws/

上記の特徴を持つクラウドサービスですが、アカウント開設当初は利用可能なリソース量に制限がかかっています。この制限を**サービスクォータ**(Service Quota)と呼びます[注9.5]。制限項目のうち多くは、利用者がクラウド事業者に対して上限緩和申請を行うことで緩和できます。

9.4 AWSの代表的なサービス

AWSをはじめ、大手クラウド事業者は総花的に多くのジャンルのサービスを提供しています。2021年1月時点で、AWSの管理画面であるAWS Management Consoleのサービス一覧は**図9.2**のようになっています。

図9.2 AWS Management Consoleのサービス一覧(2021年1月時点)

コンピューティング
EC2
Lightsail
Lambda
Batch
Elastic Beanstalk
Serverless Application Repository
AWS Outposts
EC2 Image Builder

コンテナ
Elastic Container Registry
Elastic Container Service
Elastic Kubernetes Service

ストレージ
S3
EFS
FSx
S3 Glacier
Storage Gateway
AWS Backup

データベース
RDS
DynamoDB
ElastiCache
Neptune
Amazon QLDB
Amazon DocumentDB
Amazon Keyspaces
Amazon Timestream

移行と転送
AWS Migration Hub
Application Discovery Service
Database Migration Service
Server Migration Service
AWS Transfer Family
AWS Snow Family
DataSync

ネットワーキングとコンテンツ配信
VPC
CloudFront
Route 53
Direct Connect
AWS App Mesh
AWS Cloud Map
Global Accelerator

開発者用ツール
CodeStar
CodeCommit
CodeArtifact
CodeBuild
CodeDeploy
CodePipeline
Cloud9
CloudShell
X-Ray

Customer Enablement
AWS IQ
サポート
Managed Services
Activate for Startups

ロボット工学
AWS RoboMaker

ブロックチェーン
Amazon Managed Blockchain

衛星
Ground Station

Quantum Technologies
Amazon Braket

管理とガバナンス
AWS Organizations
CloudWatch
AWS Auto Scaling
CloudFormation
CloudTrail
Config
OpsWorks
Service Catalog
Systems Manager
AWS AppConfig
Trusted Advisor
Control Tower
AWS License Manager
AWS Well-Architected Tool
Personal Health Dashboard
AWS Chatbot
Launch Wizard
AWS Compute Optimizer
Resource Groups & Tag Editor
Amazon Grafana
Amazon Prometheus
AWS Proton

メディアサービス
Kinesis Video Streams
MediaConnect
MediaConvert
MediaLive
MediaPackage
MediaStore
MediaTailor
Elemental Appliances & Software
Amazon Interactive Video Service
Elastic Transcoder

Machine Learning
Amazon SageMaker
Amazon Augmented AI
Amazon CodeGuru
Amazon DevOps Guru
Amazon Comprehend
Amazon Forecast
Amazon Fraud Detector
Amazon Kendra
Amazon Lex
Amazon Personalize
Amazon Polly
Amazon Rekognition
Amazon Textract
Amazon Transcribe
Amazon Translate
AWS DeepComposer
AWS DeepLens
AWS DeepRacer
AWS Panorama
Amazon Monitron
Amazon HealthLake
Amazon Lookout for Vision
Amazon Lookout for Equipment
Amazon Lookout for Metrics

分析
Athena
Amazon Redshift
EMR
CloudSearch
Elasticsearch Service
Kinesis
QuickSight
Data Pipeline
AWS Data Exchange
AWS Glue
AWS Lake Formation
MSK
AWS Glue DataBrew

セキュリティ、ID、およびコンプライアンス
IAM
Resource Access Manager
Cognito
Secrets Manager
GuardDuty
Inspector
Amazon Macie
AWS Single Sign-On
Certificate Manager
Key Management Service
CloudHSM
Directory Service
WAF & Shield
AWS Firewall Manager
Artifact
Security Hub
Detective
AWS Audit Manager
AWS Signer

AWS コスト管理
AWS Cost Explorer
AWS Budgets
AWS Marketplace Subscriptions

モバイル
AWS Amplify
Mobile Hub
AWS AppSync
Device Farm
Amazon Location Service

拡張現実 (AR) とバーチャルリアリティ (VR)
Amazon Sumerian

アプリケーション統合
Step Functions
Amazon AppFlow
Amazon EventBridge
Amazon MQ
Simple Notification Service
Simple Queue Service
SWF
マネージド Apache Airflow

カスタマーエンゲージメント
Amazon Connect
Pinpoint
Simple Email Service

ビジネスアプリケーション
Alexa for Business
Amazon Chime
WorkMail
Amazon Honeycode

エンドユーザーコンピューティング
WorkSpaces
AppStream 2.0
WorkDocs
WorkLink

IoT
IoT Core
FreeRTOS
IoT 1-Click
IoT Analytics
IoT Device Defender
IoT Device Management
IoT Events
IoT Greengrass
IoT SiteWise
IoT Things Graph

ゲーム開発
Amazon GameLift

注9.5　クォータはクラウドに限らない用語です。たとえばディスク利用量制限のことをディスククォータと呼びます。

本項では、筆者がとくに重要だと考える**表9.2**のサービスを紹介します。

表9.2 本書で紹介するAWSのサービス

種別	内容
主要サービス（AWSを利用／理解するうえで筆者が重要だと考えるサービス）	アカウントとIAM（アイアム：AWS Identity and Access Management）
	CloudWatch（クラウドウォッチ：Amazon CloudWatch）
	CloudTrail（クラウドトレイル：AWS CloudTrail）
	CloudFormation（クラウドフォーメーション：AWS CloudFormation）
	SQS（エスキューエス：Amazon Simple Queue Service）
コンピューティング系	EC2（イーシーツー：Amazon Elastic Compute Cloud）
	Lambda（ラムダ：AWS Lambda）
ストレージ系	S3（エススリー：Amazon Simple Storage Service）
	EBS（イービーエス：Amazon Elastic Block Store）
	RDS（アールディーエス：Amazon Relational Database Service）
ネットワーク系	VPC（ブイピーシー：Amazon Virtual Private Cloud）
	ELB（イーエルビー：Elastic Load Balancing）
	Route53（ルートフィフティースリー：Amazon Route 53）
	CloudFront（クラウドフロント：Amazon CloudFront）

AWSは、AWS Management Consoleを利用してブラウザからGUIで操作することができます。HTTP APIが用意されており、HTTP APIを簡単に利用するためのコマンド[注9.6]も用意されているのでCUIで操作することもできます。また、HTTP APIを利用するためのSDKも用意されています。HTTP APIが充実しているからこそ、AWSはソフトウェアとして利用可能なインフラとして成立しています。

主要サービス：アカウントとIAM

▶ AWS IAM（ユーザーアクセスと暗号化キーの管理）| AWS
https://aws.amazon.com/jp/iam/

AWSを利用する場合、アカウントを開設して利用します。アカウントは数字12桁のID（AWS Account ID）で区別されます。アカウント開設時のメールアドレスは、アカウントのルートユーザ（特権管理者）のメールアドレスになります。

AWSにおけるアカウントは、日本語で言うところの取引口座のようなもので、特定個人を指すものではなく取引単位を指すものと考えるとイメージしやすいと思います。ルートユーザも特定個人を指すわけではなく、アカウントに完全に紐付いています。

注9.6 AWS コマンドラインインターフェイスAWS ▶ https://aws.amazon.com/jp/cli/

特定個人の識別、特定個人とAWSの操作単位の紐付けは**IAM**で行います。IAMでIAMユーザを作成し、普段はIAMユーザを利用します。ルートユーザは権限が強すぎるため普段づかいはせず、ルートユーザでしか行うことができない一部の操作（利用料金支払関連や解約など、一部の設定や申請）を行う時のみ利用します。

ルートユーザはとても強い権限を持っているため、強固に守らなければなりません。筆者の観測範囲では、100文字を超える長いランダムなパスワード、ワンタイムパスワードアプリケーションを利用したMFA（多要素認証）を必ず設定しています。

Note

他クラウド事業者におけるアカウント

他のクラウド事業者の場合、AWSのような「アカウント＝取引口座」ではなく、アカウントはあくまで個々人を指すパターンもあります。この場合、取引単位としてはプロジェクトやサブスクリプションという別の概念があり、それらの管理者として特権管理者権限を持つアカウントを指定します。AWSのルートユーザのように、個々人と独立したアカウント紐付きのユーザ的なものは存在しない、という方式です。このように、同じ用語でも概念が大きく異なる場合があるので、事前に確認しておきましょう。

AWSの操作における認証・認可はIAMで制御します。IAMには3種類の管理対象があります（**表9.3**）。

表9.3 IAMの管理対象

IAMオブジェクト	概要
IAMユーザ	IAM上のユーザ。個々人やアプリケーションごとに作成する
IAMグループ	IAMユーザの集合。複数のIAMユーザが所属できる。またIAMユーザは複数のIAMグループに所属できる
IAMロール	IAMユーザと似ているが、AWSのリソースにアタッチできる

IAMユーザ、**IAMグループ**はLinuxのユーザ、グループに似ています。IAMユーザ単位で認証を行い、IAMユーザまたはIAMグループ単位で認可設定を行うことができます。

IAMユーザの認証は、ユーザ名とパスワード（＋MFA）による認証の他に、APIキー（ACCESS KEYとSECRET ACCESS KEY）で認証できます。ユーザ名・パスワードを強固に守るのはもちろんのこと、APIキーも同様に強固に守らなければなりません。うっかりソースコードに書き込んでバージョン管理システムにコミットしてしまい漏洩、仮想通貨のマイニングのために大量のコンピューティングリソースを利用され高額請求……というのが定番のトラブルなので、APIキーの扱いには十分気をつけましょう。ソースコード中のファイルには書き込まず、環境変数で渡すよう徹底しておくのが良いです。また、Gitにうっかりコミットしないよう、git-secretsを導入するのもお勧めです。

▶ awslabs/git-secrets: Prevents you from committing secrets and credentials into git repositories
https://github.com/awslabs/git-secrets

IAMロールは、AWSのリソースに付与することができます。特定のEC2インスタンスに対して認可を与える、特定の経路でSSOログインしたユーザに特定の認可を与える、などの用途で利用できます。なお、AWSでは**ARN**(Amazon Resource Name)という独自の記法でそれぞれのAWSリソースを表します。

IAMでの認可設定は**IAMポリシー**を利用します。IAMポリシーをIAMユーザ、IAMグループ、IAMロールにアタッチすることで、宣言的に認可設定を行います。IAMポリシーによる認可は、それぞれのIAMユーザ、IAMグループ、IAMロールに対して最小限のものを付与するべきですが、厳密にやりすぎて運用しきれなくなっては元も子もありません。

IAMポリシーを一から書くためには、AWSの各サービスをきちんと理解している必要があり、それなりに難易度が高いです。そのためまずはAWSがあらかじめ用意している定番ポリシーを利用することがほとんどです。「AdministratorAccess」「ViewOnlyAccess」のようなJob function(職務機能)を想定したポリシー、「AmazonEC2FullAccess」「AmazonRoute53ReadOnlyAccess」のようにAWSのサービスをもとにしたポリシーが用意されています。それぞれのIAMポリシーはJSONで表現されます(**リスト9.1**)。

リスト9.1 AmazonEC2FullAccessのIAMポリシー(例)

```
{
    "Version": "2012-10-17",
    "Statement": [
        {
            "Action": "ec2:*",
            "Effect": "Allow",
            "Resource": "*"
        },
        {
            "Effect": "Allow",
            "Action": "elasticloadbalancing:*",
            "Resource": "*"
        },
        {
            "Effect": "Allow",
            "Action": "cloudwatch:*",
            "Resource": "*"
        },
        {
            "Effect": "Allow",
            "Action": "autoscaling:*",
            "Resource": "*"
        },
```

```
            {
                "Effect": "Allow",
                "Action": "iam:CreateServiceLinkedRole",
                "Resource": "*",
                "Condition": {
                    "StringEquals": {
                        "iam:AWSServiceName": [
                            "autoscaling.amazonaws.com",
                            "ec2scheduled.amazonaws.com",
                            "elasticloadbalancing.amazonaws.com",
                            "spot.amazonaws.com",
                            "spotfleet.amazonaws.com",
                            "transitgateway.amazonaws.com"
                        ]
                    }
                }
            }
        ]
    }
```


IAMロールとIAMポリシーは、AWSを利用する中で至るところに登場します。AWSでシステムを構築する場合、複数のサービスを組み合わせて利用することが多く、組み合わせる時には必ず認可機構が登場します。IAMロールとIAMポリシーを押さえておくと、今後のAWS利用がとてもスムーズになります。

主要サービス：CloudWatch

▶ Amazon CloudWatch（リソースとアプリケーションの監視と管理）| AWS
https://aws.amazon.com/jp/cloudwatch/

CloudWatchは、AWSのモニタリングプラットフォームです。AWSの各種リソースの状態を収集・可視化する機能を備えています。

利用者が管理していない部分（＝AWS側が管理しているレイヤ）は、利用者が直接確認することはできません。CloudWatchを通じてメトリクスやログを確認し、システムの状態を把握することができます。

CloudWatchに対して独自のメトリクス（カスタムメトリクス）を投入することもできますし、CloudWatchで異常を検知し通知を発報したりすることもできます。AWSの各種サービスを利用したシステム運用を支えているのがCloudWatchです（**表9.4**）。

表9.4 CloudWatchの機能

機能	概要
Metrics	メトリクス収集・保存・可視化
Dashboard	ダッシュボード作成・共有
Alarms	異常検知
Logs	ログ収集・保存・表示
Events	システム変更イベント収集・トリガー発火
Contributor Insights	時系列データ分析
Synthetics	外形監視

主要サービス：CloudTrail

▶ AWS CloudTrail（ユーザーアクティビティと API 使用状況の追跡）| AWS
https://aws.amazon.com/jp/cloudtrail/

情報システムを管理するうえで、操作の証跡を漏れなく取得し追跡可能にするのは非常に重要です。**CloudTrail**を利用すると、AWS Management ConsoleやHTTP APIでの操作証跡を記録・確認できます。AWS Management ConsoleやHTTP APIでの操作を完全に把握できるのはAWSだけです。システム監査の際に必須の機能ですが、システム監査がなくても常用すべきです（筆者はしています）。日常の異変やうっかりを追跡し、改善するための材料としても有用です。

CloudTrailを有効にすると、証跡記録が有効になります。実際の証跡データはS3に保存されます。CloudWatch Logsを利用して証跡データ（＝ログ）を監視することもできます。

主要サービス：CloudFormation

▶ AWS CloudFormation（テンプレートを使ったリソースのモデル化と管理）| AWS
https://aws.amazon.com/jp/cloudformation/

CloudFormationはAWSリソースのプロビジョニングツールです。構成情報をJSONベースのDSLで記述してAWSに託すと、AWSがDSLに従い構成を実現してくれます。

筆者の私見では、JSON DSLを直接書くのはかなり難易度が高いです。AWS Management ConsoleにはGUIで設定・操作できるDesignerが用意されています（**図9.3**）。また、CloudFormationをバックエンドとして利用する**AWS CDK**（Cloud Development Kit）[注9.7]もあります。筆者は、CloudFormationを直接利用するならAWS CDKを利用します。

注9.7 AWS クラウド開発キット – アマゾン ウェブ サービス▶ https://aws.amazon.com/jp/cdk/

図9.3 AWS CloudFormation Designer

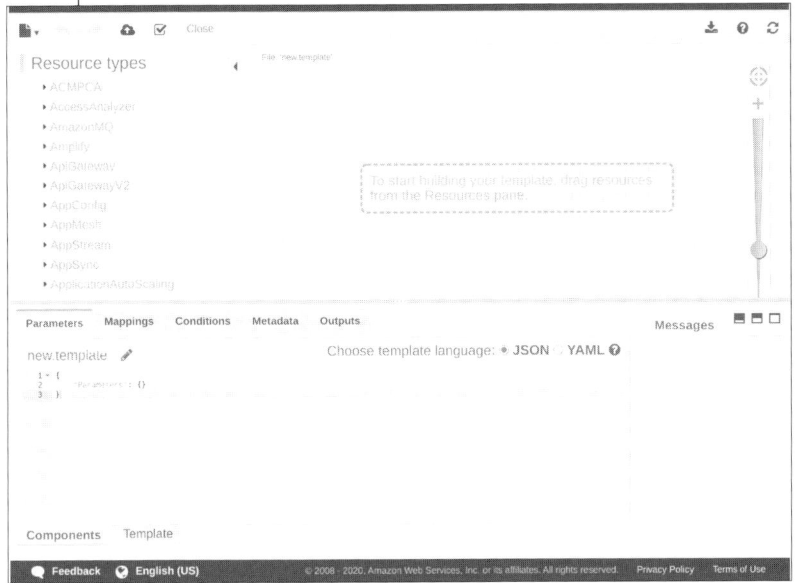

CloudFormationは、AWSのリソースを組み合わせて利用する場合にとても有用です。AWSのサービスのバックエンドとしてCloudFormationが利用されることもあります(例：AWS CodeStar[注9.8])。CloudFormationは、直接利用していなくとも裏方として活躍していることが多々あります。

主要サービス：SQS

▶ Amazon SQS（サーバーレスアプリのためのメッセージキューサービス）| AWS
https://aws.amazon.com/jp/sqs/

SQSは、フルマネージド型のメッセージキューイングサービスです。ある処理の後に別の処理を行うにあたり、処理間での処理内容やデータの受け渡しにキューを利用すると、それぞれの処理系を独立させることができ、スケールアウトしやすいアプリケーションを構築しやすくなります。キューを活用したい時はSQSの出番です。標準キュー(At least Once)とFIFO(順序保持とExactly-onceが可能)の2種類のキューを利用できます。

SQSは頼れる裏方で、AWSの各種サービス、たとえばCloudWatchなども裏でSQSを利用していると噂されています。そのため、SQSでトラブルが起きた時には、一見無関係のAWSのサービスにも影響が及んでいるということがあり得ます。

注9.8 AWS CodeStar（AWS アプリケーションの開発とデプロイ）| AWS ▶ https://aws.amazon.com/jp/codestar/

コンピューティング系：EC2

▶ Amazon EC2 (安全でスケーラブルなクラウド上の仮想サーバー) | AWS
https://aws.amazon.com/jp/ec2/

EC2は、AWSの基盤上でOSを実行できるサービスです。従来のサーバと異なる思想・用法を想定し設計されていますが、最近はわかりやすさを優先してか「仮想サーバ」と自称しています。

EC2では、OSの実行単位をインスタンスと呼びます。その名のとおり揮発性で、データの永続化は基本的にサポートされていません。他のストレージ系サービス (後述) を併用することで、データの永続化を実現します。任意のOSを実行できるため、Lambdaのようなマネージドサービスと比較して制約が少なく、コンピューティングリソースが必要なシーンに幅広く対応できます。

OSの起動には**AMI** (Amazon Machine Image) を利用します。AMIは、初期セットアップ済みのサーバのHDDをまるごと固めたものをイメージすると近いです。AMIは誰でも作成・共有可能なので、自分たちのシステムに合ったイメージを作成しておきます。インスタンスの用途 (Webサーバ、アプリケーションサーバなど) ごとに専用のAMIを作ることもありますが、どのインスタンスにも利用できるAMI (通称ゴールデンイメージ) を作って利用することもあります。

AMIはマーケットプレイス形式での提供もなされており、有償プロダクトをセットアップ済みのAMIを利用することもできます。有償プロダクトの場合は、AWSに対してプロダクト利用料金とEC2利用料金を併せて支払うことができます。

EC2インスタンスは、起動するとRunning (実行中) になります。主要な状態はRunning (実行中) とStopped (停止中) の2種類です。Terminate処理を行うとインスタンスは自動的に削除されます (**図9.4**)。

図9.4 EC2インスタンスのライフサイクル

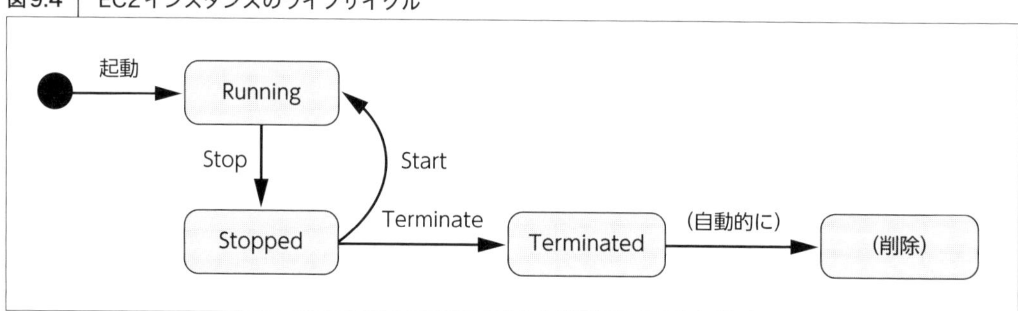

EC2でインスタンスを起動 (Launch) すると、AWS管理のハードウェア上にAMIが展開され、OSが起動し、プライベートIPアドレスが付与されます。AMIを展開するブロックデバイス (ストレージボリューム) を**ルートボリューム**と呼びます。ルートボリュームは、かつてエフェメラルディスク (再起動でリセットされる揮発性のディスク) が利用されていましたが、最近はEBS (後述) が多く

利用されています。ディスプレイ（VGA）やキーボード、マウスなどの入出力デバイスの提供はなく、SSHまたはRDP（リモートデスクトップ）によるネットワークアクセスのみが提供されます。

起動時点でCPUやメモリなどのスペックを指定します。AWS側で用途を想定し、既定のCPU数（vCPUコア数）、メモリ容量の組み合わせ（インスタンスタイプ）を用意しているので、利用者はラインナップされたインスタンスタイプの中から選びます。なおCPUパワー自体は**ECU**（Elastic Compute Unit）という独自の基準での割り当てになります。

起動の手続きは数分で完了し、手続きから数分でOSが起動し利用可能になります。リードタイムが短いので、もしスケールアウトが必要になったら（必要そうになったら）追加のインスタンスをさっと起動し、必要なくなればすぐに破棄できます。初期費用無料の完全従量課金性ということもあり、必要な時に使った分だけを支払えば良い、たいへん合理的なしくみです。

長期間稼働を保証しない代わりに、AWSの余剰リソースを格安で利用できる可能性が高い**スポットインスタンス**[注9.9]というしくみもあります。

基本的にメールを送受信する想定はなく、どうしてもEC2からメールを送信したい場合は、事前にAWSへの申請が必要です。

> *AWSは、デフォルトですべてのEC2インスタンスとLambda関数のポート25（SMTP）でのアウトバウンドトラフィックをブロックします。ポート25でアウトバウンドトラフィックを送信する場合は、この制限の削除をリクエストできます。*
>
> *（出典）EC2インスタンスからポート25の制限を削除する*
> *https://aws.amazon.com/jp/premiumsupport/knowledge-center/ec2-port-25-throttle/*

コンピューティング系：Lambda

▶ AWS Lambda（イベント発生時にコードを実行）| AWS
https://aws.amazon.com/jp/lambda/

Lambdaは、AWSの基盤上でアプリケーションプログラム（バックエンドアプリケーション）を実行できるサービスです。EC2と比較して自由度が低いものの、アプリケーションプログラムより下のレイヤをAWSに委任できるため、Lambdaでとくに問題のないアプリケーションはLambdaで実行したほうが楽で便利です。

Lambdaの料金は、起動回数と実行時間（100ms単位）です。Lambdaは単体で成立するものではなく、多くのAWSサービスと連携することで価値を発揮するものです。

扱うことができるイベントは、あらかじめLambdaが対応しているものだけです。とはいえ、

注9.9 Amazon EC2 スポットインスタンス | AWS ▶ https://aws.amazon.com/jp/ec2/spot/

HTTPリクエスト、SQSキューへのエンキュー、CloudWatch Eventによるスケジュール実行・定期実行など、数多くの方式に対応しています。LambdaのログはCloudWatch Logsで確認することができます。

LambdaはPaaSやFaaS (Function as a Service) と呼ばれ、サーバレスの文脈でもよく利用されます。入力（イベント）を受け、処理を実行し、出力する、という関数としての捉え方です。ただし、サーバレスだけのためのものではなく、AWSを管理するうえで細かい隙間を埋める糊のような存在でもあります（オンプレミスではシェルスクリプトがこの役割を担っていました）。

ストレージ系：S3

▶ Amazon S3（拡張性と耐久性を兼ね揃えたクラウドストレージ）| AWS
https://aws.amazon.com/jp/s3/

S3は**オブジェクトストレージ**のマネージドサービスです。オブジェクトはファイルのことで、ファイル単位でデータを保存・取得するストレージをオブジェクトストレージと呼びます。S3はファイルの保存・読み出しをHTTP API経由で行います。バケットという単位で設定を管理し、それぞれのバケットが独立したネームスペースになります。前述のとおり、S3はバケット名とファイルパスがキー、ファイル（のデータ）がバリューのKVSとも言えます。

フルマネージド、無限のスケーラビリティとキャパシティ、バージョン管理がされていて、ライフサイクル管理もでき、従量課金制で利用できる、「これぞクラウドサービス」と言えるのがS3です。

S3はHTTP APIで利用できるため、広く一般にファイルを公開することもできます。S3を静的なウェブサイトのホスティング先として利用することもできます。

なお、過去に何件も、S3の公開設定の誤りによって機密情報を公開してしまい、漏洩する事故が起きています。一般公開設定や共有設定を行う場合は、有識者の確認のもとで実施しましょう。

S3は大量・大容量ファイルの長期保存に向いているので、前述のCloudTrailのログ保存のように多くのAWSサービスのバックエンドとしても活用されています。ログ保存用途では、CloudTrailだけでなくロードバランサ（ELB、後述）やCDN（CloudFront、後述）のログもS3に保存します。また、ブロックストレージ（EBS、後述）やデータベースのマネージドサービス（RDS、後述）のバックアップ保存先としても利用されています。

ストレージ系：EBS

▶ Amazon EBS（EC2 ブロックストレージボリューム）| AWS
https://aws.amazon.com/jp/ebs/

EBSは、EC2インスタンスからブロックデバイスとして利用できるデバイスを提供します。差し替え可能なハードディスクをイメージするとわかりやすいと思います。ボリューム暗号化やスナップショット取得、ボリュームサイズの動的変更(増量)、クラスタリングシステム用のマルチアタッチなどの機能があります。

EC2インスタンスと共に利用しますが、EC2インスタンスとは別のライフサイクルを持っています。EC2インスタンスのTerminate(破棄)と同時にEBSボリュームを破棄することもできますが、破棄せず別のEC2インスタンスにアタッチして(付け替えて)データを読み書きすることもできます。

汎用SSD(GP2:General Purpose SSD)、Provisioned IOPS SSD、Cold HDDなどの種類があります。容量とIOPS(Input/Output per Seconds:秒間読み書き回数)が選定ポイントです。価格は性能(容量・IOPS)、利用時間をもとにした従量制です。

2021年1月時点ではGP2をよく利用します。GP2は容量に応じて最大IOPSが決まるしくみなので、IOPS目当てで少し大きめのデバイスを利用することもあります。

ストレージ系:RDS

▶ Amazon RDS(マネージドリレーショナルデータベース)| AWS
https://aws.amazon.com/jp/rds/

RDSはRDBMSのマネージドサービスです。AWSが管理するMySQL、MariaDB、PostgreSQL、Oracle、SQL Serverなどを利用できます。マネージドサービスなので、冗長化、高可用性機構の再構築、負荷分散、バックアップ、バージョンアップ、モニタリングなどをAWSに委任することができます。ただし制約もあります(例:一部拡張機能が利用不可)。

AWS Management ConsoleやAPIを操作して、RDBMSの種類(MySQL、PostgreSQLなど)、スペック(CPU、メモリ、ディスク)、初期設定などを指定してRDBMSを起動します。AWS側で起動処理が完了すると、接続先のエンドポイント(ドメイン名、ポート番号)が発行されるので、そこに接続するとネットワーク越しにRDBMSが利用できます。認証・認可はIAMとRDBMSの認証・認可機構を利用し、接続制御はSecurity Group(後述)を利用します。

Amazon Auroraという、クラウドに最適化されたAWS独自のRDBMSも利用できます。Amazon AuroraにはMySQLとの互換性を実現したAmazon Aurora MySQLと、PostgreSQLとの互換性を実現したAmazon Aurora PostgreSQLがあります。

ストレージ系のマネージドDBMSには、KVSのマネージドサービスである**ElastiCache**(エラスティキャッシュ:Amazon ElastiCache)、Elasticsearchのマネージドサービスである**Amazon Elasticsearch Service**などがあります。

▶ Amazon ElastiCache(インメモリキャッシングシステム)| AWS
https://aws.amazon.com/jp/elasticache/

▶ Amazon Elasticsearch Service (Elasticsearchを簡単にデプロイ、保護、運用) | AWS
https://aws.amazon.com/jp/elasticsearch-service/

ネットワーク系：VPC

▶ Amazon VPC (仮想ネットワーク内での AWS リソースの起動) | AWS
https://aws.amazon.com/jp/vpc/

VPCの正式名称はAmazon Virtual Private Cloudですが、サービスの主な守備範囲はクラウドコンピューティング全体ではなくネットワークです。VPCはサービス名であり、サービス提供単位の名前でもあります。

VPCを1つ作る時は、作成するリージョンと、利用するCIDRブロックを指定します。1つのVPCはリージョン内でアベイラビリティゾーンをまたいで作成されます。アベイラビリティゾーンごとにサブネットを作成し、CIDRブロックをさらに細かく切ってサブネットに割り当てます (図9.5)。

図9.5 VPCの構成例

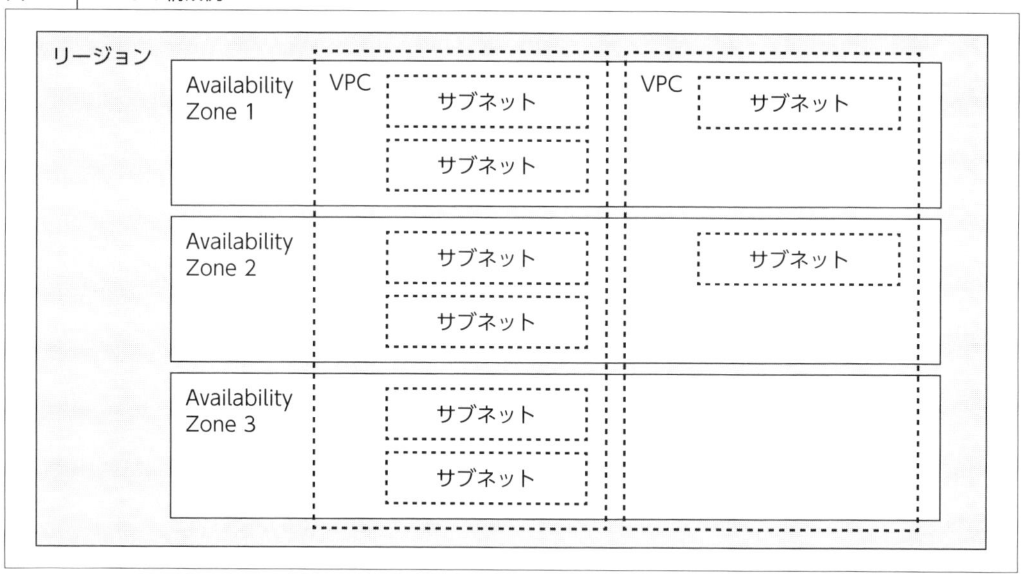

サブネットの特徴的なところは、ルーティングの制御をルータではなく**ルートテーブル** (Route Table) で行うところです。サブネットのトラフィックをルータに集めてから配分するのではなく、サブネット内の各ノードからネットワークに発信されたタイミングでルーティングを行います (図9.6)。VPC内のノード同士は直接通信できますが、VPC内ではブロードキャストパケットは利用できません。

図9.6 ルートテーブルのルーティング制御

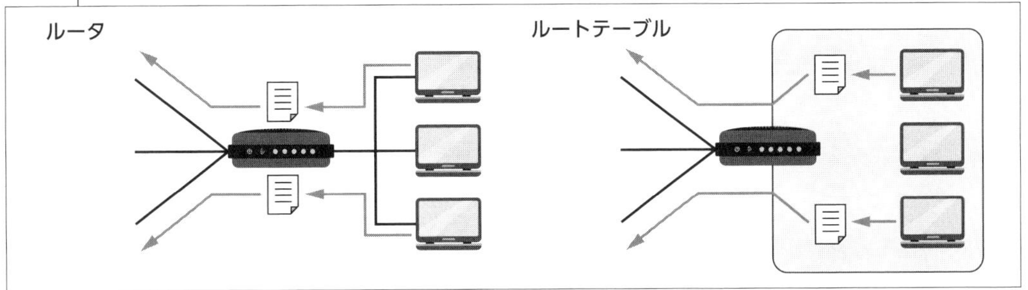

パケットをVPCから外に出すためにはゲートウェイが必要です。**インターネットゲートウェイ**(Internet Gateway)、**NATインスタンス**(NAT instance)、**NATゲートウェイ**(NAT Gateway、マネージドNATインスタンス)という3種類のゲートウェイが用意されているので、利用者が適切なものを選択して利用します。

デフォルトルートがインターネットゲートウェイに向いたサブネットを**パブリックサブネット**と呼び、そうでないサブネットを**プライベートサブネット**と呼びます。パブリックサブネットであれば、サブネット内のノードに対してグローバルIPアドレスを通じて直接VPC外部から接続・通信できます。ただし、ノードに直接グローバルIPアドレスを付与するのではなく、ノードに付与されたプライベートIPアドレスと1対1で紐付いたグローバルIPアドレスを発行し紐付けます。

接続制御は、**ネットワークACL**(Access Control List)をサブネットごとに設定し、制御します。サブネットごとではなくノードごとの制御は、**セキュリティグループ**で行います。セキュリティグループは、EC2インスタンスなどのAWSリソースに適用できるステートフルファイアウォールです。インバウンド・アウトバウンド共に制御できますが、リクエストに対するレスポンスは自動的に許可されます。

ネットワークACLはネットワーク境界での制御、セキュリティグループはノードごとの制御という違いがあります。基本的にセキュリティグループを利用し、特別な要件や要請があった場合にはじめてネットワークACLを検討することが多いと思います。

ネットワーク系：ELB

▶Elastic Load Balancing(複数のターゲットにわたる着信トラフィックの分配) | AWS
https://aws.amazon.com/jp/elasticloadbalancing/

ELBはロードバランサのマネージドサービスです。**ALB**(Application Load Balancer)、**NLB**(Network Load Balancer)、**CLB**(Classic Load Balancer)の3種類があります(**表9.5**)。筆者は、要件的に可能ならALBを、だめならNLBを、それでもだめならCLBを利用します。

表9.5 Elastic Load Balancingt概要差分比較

機能	ALB：Application Load Balancer	NLB：Network Load Balancer	CLB：Classic Load Balancer
プロトコル	HTTP、HTTPS	TCP、UDP、TLS	TCP 、SSL/TLS 、HTTP 、HTTPS
WebSocket対応	○	○	–
HTTP/HTTPSパスベースルーティング	○	–	–
HTTPヘッダベースルーティング	○	–	–
HTTPメソッドベースルーティング	○	–	–
SNI（Server name Indication）対応	○	○	–
静的IPアドレス	–	○	–
Elastic IPアドレス	–	○	–
送信元IPアドレスの保持	–	○	–

ELBを1つ作る時は、種類、利用するVPC・ゾーン、アタッチするセキュリティグループなどを指定します。すると、AWSがそれぞれ指定されたゾーンにELBのノードを起動します。ELBを作成すると、接続先のエンドポイント（ドメイン名、ポート番号）が発行されるので、そのドメイン名を本来利用したいドメイン名のCNAMEレコードとしてDNSに設定することで、トラフィックを受け付けます。Route53（後述）を利用すると、ALIASレコードを利用してZone ApexもCNAMEのように設定することができます。

スペックやノード数の指定はなく、リクエストの量やELBの負荷などによって自動的に調整されます。ただし、メンテナンス明けやキャンペーンなど自動調整では対応しきれない急激な変化が想定できている場合、AWS側に依頼して事前にELBのキャパシティを拡張しておくこともあります。

ELBでは、アクティブヘルスチェックによる疎通確認と切り離しが可能で、振り分け方式はラウンドロビンやLOR（最小未解決リクエスト：least outstanding requests）が利用できます。ALBであればHTTPSの終端機能もあるので、暗号化通信の復号処理をオフロードすることもできます。

ELBのアクセスログは非同期にS3に保存することができます。なお、ELBはコンテンツキャッシュの機能を持っていないので、CDNのCloudFront（後述）と組み合わせて利用することがよくあります。

ネットワーク系：Route53

▶ Amazon Route 53（スケーラブルなドメインネームシステム（DNS））| AWS
https://aws.amazon.com/jp/route53/

Route53はDNSのマネージドサービスです。任意のドメイン名をホストすることができます。

DNSはシステムの入口として、またAWSリソース間接続の際に必要になるので、システムの中でもとくに高い可用性が必要です。この部分をAWS（のようなパブリッククラウドサービス）の超強力なインフラに委託できるのは、たいへん大きなメリットです。Route53はSLA 100%を掲げるサービスです。

▶ Amazon Route 53 SLA
https://aws.amazon.com/route53/sla/

Route53は、単にゾーンをホストし名前解決を行うだけでなく、アクティブヘルスチェック機能を利用したDNSでのフェイルオーバーのような動的機能も備えています。

ネットワーク系：CloudFront

▶ Amazon CloudFront（グローバルなコンテンツ配信ネットワーク）| AWS
https://aws.amazon.com/jp/cloudfront/

CloudFrontはCDNのマネージドサービスです。利用者はAWSが世界中のPOPに配備したコンテンツキャッシュ機能を備えたリバースプロキシを間借りします。ELBやS3の前段に配置して利用します。リクエスト数や転送量をもとにした完全従量課金制で、クラウド以前は気軽に利用できなかったCDNの敷居を下げて裾野を広げました。WAF（ワフ：AWS WAF）などと組み合わせて、より堅牢で高速なWebシステムを実現することができます。

▶ AWS WAF（ウェブアプリケーションファイアウォール）| AWS
https://aws.amazon.com/jp/waf/

CloudFrontはディストリビューションという単位で管理します。ディストリビューションを作成すると、接続先のエンドポイント（ドメイン名、ポート番号）が発行されるので、そのドメイン名を本来利用したいドメイン名のCNAMEレコードとしてDNSに設定することでトラフィックを受け付けます。

9.5 利用するサービスの選び方

AWSでは非常に多くのサービスが提供されており、それらを組み合わせてシステムの機能を実現します。システムの構成方法は何パターンもあり、エンジニアが適切な手法を見極めて構成する必要があります。それぞれの構成要素を目的に沿った利用方法で使うのであれば、関わるエンジニアの認知負荷を低く抑えられるので、中長期でのシステムの継続性に大きく寄与します。

しかし、適切な構成要素の見極めは難しいです。ひとつ考慮すべきなのは、AWSをはじめとしたクラウドサービスはプロプライエタリなサービス・プロダクトなので、基本的に利用者個々の事情に歩み寄ってくれることはありません。それぞれのサービスが想定したユースケースの問題をうまく解けるよう構築され、継続的に発展していきます。

クラウドサービスは、自分たちのユースケースとサービスが想定したユースケースが一致した時に採用すべきです。用途や目的は異なるが援用可能なので採用する、といった選定方法はアンチパターンです。

適切なものを適切につないでいった結果、多くの構成要素が必要になることはよくあります。ただし、構成要素が多いほど可用性は下がり、システムは複雑になり、認知負荷が上がります。そうなった場合は、構成要素単位よりもさらに広い視点で処理のしかたそのものを見直すと、改善すべき点が見えてくることがあります。

継続的に変化するのが現代のシステム構成です。そして、変化しやすい点はクラウドサービス利用のメリットです。クラウドをうまく使い、現代的なシステムを継続運用していきましょう。

ここまでのまとめ

- クラウドサービスはオンデマンドセルフサービス、幅広いネットワークアクセス、スピーディな拡張性などの特徴を持っている
- パブリッククラウドサービスによって価値基準が変わりアジリティが重視されるようになった
- AWSはリージョンとアベイラビリティゾーンの観点で物理地理的配置を検討する
- クラウドサービスは、自分のユースケースや課題とクラウドサービス側が想定したユースケースや課題が一致した時に活用すると効果的

法律・ライセンスの基礎知識

法律・ライセンスは必ず守らなければならないもの、わたしたちエンジニア個々人が認識しておく必要があるものです。しかし正しく守ることは意外と難しいものです。まずは知識をつけるところから始めましょう。

本章では、IT業界にとくに関わりが深いと思われるものをいくつかピックアップし簡単に紹介します。ここで紹介した以外にも、社会の一員である以上は刑法、民法、商法、著作権法、下請法、労働基準法、男女雇用機会均等法、派遣法（労働者派遣法）、PL法（製造物責任法）など状況に応じてさまざまな法規を遵守しなければなりません。

本書は参考情報の提供のみを目的としています。とくに本章の領域に関しては解釈が難しい面があり、正確な解釈は弁護士などの資格を持つ専門家に、専門家としての回答を確認してください。

10.1 通信の秘密

いわゆる**通信の秘密**とは、通信の宛先や内容を第三者に知られたり漏洩されたりしない権利のことです。日本国憲法に明記されています。

> *〔集会、結社及び表現の自由と通信秘密の保護〕*
>
> *第二十一条　集会、結社及び言論、出版その他一切の表現の自由は、これを保障する。*
>
> *2　検閲は、これをしてはならない。通信の秘密は、これを侵してはならない。*
>
> *(出典) 日本国憲法　第二十一条*
> *http://www.shugiin.go.jp/internet/itdb_annai.nsf/html/statics/shiryo/dl-constitution.htm*

憲法に規定されているくらいですから、時代背景を考えても、「通信」とはコンピュータネットワークを流れているデータのみを指すわけではなく、手紙などの信書も含まれています。また、電子データもTCPセッションだけでなく、メールの内容や通信記録なども対象になります。

懲役または罰金などの罰則規定もあります。電気通信事業法などに、通信の秘密を犯した場合の罰則規定が設けられています。令状がある警察からの照会など特定の場合を除き、たとえ会社や上長からの業務命令であったとしても、実行した本人が罰せられる可能性があります。

10.2 善管注意義務

善管注意義務（ぜんかんちゅういぎむ：善良な管理者の注意義務）は民法 第六百四十四条に規定されています。

> *（受任者の注意義務）*
>
> *第六百四十四条　受任者は、委任の本旨に従い、善良な管理者の注意をもって、委任事務を処理する義務を負う。*
>
> *（出典）民法 第六百四十四条*
> *https://elaws.e-gov.go.jp/document?lawid=129AC0000000089#2345*

システムの運用管理の受託など、なにがしかサービスを提供する際、受任者は「一般にそのサービスや提供者が達成することが期待される品質・内容の水準」を満たさなければなりません。基準は「一般に」であり、具体的な内容・水準の指定はありません。善管注意義務に違反した場合に、受任者に対して直接的な刑罰はありませんが、裁判などの係争の際には重要な判断基準となることが多いようです。

具体的な内容・水準については、行政や業界団体（例：情報通信系の事業の場合は総務省、経済産業省、IPA（独立行政法人 情報処理推進機構）など）が発表しているガイドラインなどを参考にしましょう。

▶安全なウェブサイトの作り方：IPA 独立行政法人 情報処理推進機構
https://www.ipa.go.jp/security/vuln/websecurity.html

業務遂行上なにがしかトラブルとなった場合、それが故意によるものか過失によるものかで、係争や保険適用での扱いが変わることがあります。過失の中でも、あまりにも酷い過失は重過失として特別扱いされています（重過失の考え方はIT業界特有のものではなく一般的なものです）。

善管注意義務違反であるか、故意であるか、重過失であるかは、法律の素人が軽々しく判断できる内容ではありません。くれぐれも自己判断しないようご注意ください。

10.3 プロバイダ責任制限法

プロバイダ責任制限法の正式名称は「特定電気通信役務提供者の損害賠償責任の制限及び発信者情報の開示に関する法律」です。

▶ 特定電気通信役務提供者の損害賠償責任の制限及び発信者情報の開示に関する法律
https://elaws.e-gov.go.jp/document?lawid=413AC0000000137

総務省のWebサイトによると、要旨は以下のとおりです。

> *趣旨*
>
> *特定電気通信による情報の流通(掲示板、SNSの書き込み等)によって権利の侵害があった場合について、特定電気通信役務提供者(プロバイダ、サーバの管理・運営者等。以下「プロバイダ等」といいます。)の損害賠償責任が免責される要件を明確化するとともに、プロバイダに対する発信者情報の開示を請求する権利を定めた法律です。*
>
> *内容*
>
> *1. プロバイダ等の損害賠償責任の制限*
> *特定電気通信による情報の流通により他人の権利が侵害されたときに、関係するプロバイダ等が、これによって生じた損害について、賠償の責めに任じない場合の規定を設けるものです。*
>
> *2. 発信者情報の開示請求*
> *特定電気通信による情報の流通により自己の権利を侵害されたとする者が、関係するプロバイダ等に対し、当該プロバイダ等が保有する発信者の情報の開示を請求できる規定を設けるものです。*
>
> *(出典) 総務省 | インターネット上の違法・有害情報に対する対応(プロバイダ責任制限法)*
> *https://www.soumu.go.jp/main_sosiki/joho_tsusin/d_syohi/ihoyugai.html*

筆者の感覚だと、プロバイダ責任制限法という名前が直感的でなくわかりづらいのですが、プロバイダ(典型的にはわたしたちシステム運営・サービス提供者)を縛るものではありません。プロバイダ責任制限法でプロバイダの責任範囲を限定することで、権利の侵害をスムーズに解決しやすくなっています。

たとえば損害賠償責任については、情報が流通したことによる侵害対象者に対する損害賠償責任、プロバイダが情報を削除したことによる発信者に対する損害賠償責任の両方が対象になっています。

10.4 OSSとライセンス

近年のインターネットの発展を支えてきたのは数多くの**OSS**（Open Source Software：**オープンソースソフトウェア**）です。ライセンス費用の心配なく自由に改変して利用することができることもあり、GoogleやFacebookなどの超大規模Webシステムの基盤技術としても利用されてきました。数多くのWebシステムを支えているLinux、Apache、Nginx、Ruby、Python、PHP、MySQLなどはOSSです。

プロダクトがOSSかどうかは明確な基準があり、プロダクトが採用しているライセンスが**OSI**（Open Source Initiative）の**OSD**（Open Source Definition）に準拠しているかで判別できます。OSDではソースコードが入手可能なだけでなく、再配布の自由や利用時の差別禁止などが要件となっています。

- The Open Source Definition | Open Source Initiative
  https://opensource.org/osd
- オープンソースとは？　その定義とは？｜Open Source Group Japan
  https://opensource.jp/osd/

認定を受けたライセンスはOSIで確認できます。Linuxが採用しているGPL（GNU General Public License）だけでなく、Apache-2.0（Apache License 2.0）、MIT（MIT License）など多くのライセンスが認定を受けています。

- Licenses by Name | Open Source Initiative
  https://opensource.org/licenses/alphabetical
- Open Source Licenses by Category | Open Source Initiative
  https://opensource.org/licenses/category

なお、ソースコード入手不可能なソフトウェアを俗に**クローズドソースソフトウェア**、再配布禁止など利用者の権利にさまざまな制限のあるソフトウェアを俗に**プロプライエタリソフトウェア**と呼びます。

ソフトウェアは知的財産であり、囲い込んで保護すべきもののようにも思えますが、多くの企業がOSSに賛同し、OSSの開発に参加しています。クローズドソースなプロプライエタリソフトウェアで最も身近なものは、おそらくMicrosoftのWindowsだと思います。そのMicrosoftですら、(過去にはいろいろありましたが) 現在はOSSの開発と活用を積極的に推進しています。

OSSを利用するメリット

ソフトウェアを開発する企業の立場でソフトウェアをOSSにする利点は、コミュニティ形成による開発促進や利用者獲得などがあります。また、ソフトウェアを利用する企業の立場でOSSを利用する利点は、コミュニティを背景とした多くの利用者がもたらす知見の流通やソフトウェアの機能・品質向上などがあります。

ソフトウェアが利用されることで、ソフトウェアは不具合や性能問題・機能不足を発見する機会を得ることができ、そこから改善の具体的なニーズを得ることができます。これがソフトウェアの改善に繋がり、ソフトウェアの改善は利用者獲得にも繋がります。広く利用され高速に改善する手法は、特定少数の開発者が丁寧に品質検証するよりも、結果的に高品質・高機能のソフトウェアを実現する近道だったりするのです。

ソフトウェアが広く利用されるだけでも多くの利点がありますが、それだけでなく、開発者・利用者双方のコミュニティを形成しソフトウェアに深く関与する人を増やすことで、この利用→発見→改善のサイクルを健全に形成・維持しやすくなります。これらのサイクルの実現を支えているのが、OSDに準拠したライセンスです。

Note

OSS、フリーソフトウェア、フリーウェア

「フリー」という単語は、「自由」と「無料」の2種類の意味で捉えることができます。2000年代半ば頃までの日本で多く利用されていた、無料で利用できる「フリーウェア」と誤解されがちですが、OSSやフリーソフトウェアの文脈の場合、「自由」という意味のことが多いです。無償で利用可能でも、ソースコードは入手不可能なものもあります。単に「無料で使えてラッキー」ということではなく、自由の意味や重さをぜひ考えて、適切に利用してください。

ライセンスと著作権法

ライセンスそのものは法律ではありません。それぞれのライセンスは世界共通の文言になっており、各国の法律にどう適合し、どのように解釈されるかはまた別の議論があります。

日本では、著作権法への適合が主軸になります。法解釈は時代により変化することがあるものなので、そのときどきの最新の情報を把握しておきましょう。一般財団法人ソフトウェア情報センターでは、以下の解釈を紹介しています。

ソフトウェアの複製、改変、配布は、著作権者の権利であり、本来、第三者はこれらを自由に行うことはできません。OSSにおいて、これらの行為が自由とされているのは、法的には、OSSの著作権者が、OSSの著作権を留保しつつ、OSS利用者に対し、ライセンスの規定を遵守することを条件に、複製や改変などの本来著作権者の許諾なくしてはなしえない行為を許諾するものと宣言していることによります。したがって、OSS利用者がライセンス条件に違反する場合には、OSSの著作権侵害となり、OSSの著作権者から、損害賠償や差止めの請求を受けるリスクがあります。OSSの著作権侵害の問題を生じさせないためには、許諾条件であるライセンス条件を遵守することが必要です。

(出典) IoT時代におけるOSSの利用と法的諸問題Q&A集 平成30年3月 一般財団法人ソフトウェア情報センター　14ページ
https://www.softic.or.jp/ossqa/all_180328_mc.pdf

ここまでのまとめ

- **インフラエンジニアはあらゆる法規を遵守する必要があり、違反があれば業務命令に従った結果であっても個人が罰せられる可能性がある**
- **プロフェッショナルとして業務を受託する場合、受託時の明確な定めがなくても一般に期待される品質・内容の水準を満たす必要がある（善管注意義務）**
- **OSSを利用・改変する際はライセンスを遵守する**

参考文献

- 『Webエンジニアが知っておきたいインフラの基本〜インフラの設計から構成、監視、チューニングまで〜』／馬場俊彰［著］／マイナビ／2014年
- 『Webエンジニアのための監視システム実装ガイド』／馬場俊彰［著］／マイナビ出版／2020年)
- 『Site Reliability Engineering』／Betsy Beyer, Chris Jones, Jennifer Petoff, Niall Richard Murphy［編］／O'Reilly Media／2016年
- 『SRE　サイトリライアビリティエンジニアリング―Googleの信頼性を支えるエンジニアリングチーム』／Betsy Beyer, Chris Jones, Jennifer Petoff, Niall Richard Murphy［編］／澤田 武男、関根 達夫、細川 一茂、矢吹 大輔［監修］／Sky株式会社 玉川 竜司［訳］／オライリージャパン／2017年
- 『Effective DevOps―4本柱による持続可能な組織文化の育て方』／Jennifer Davis、Ryn Daniels［著］／吉羽 龍太郎［監訳］／長尾 高弘［訳］／オライリージャパン／2018年
- 『インフラエンジニアの教科書』／佐野 裕［著］／シーアンドアール研究所／2013年
- 『TCP技術入門―進化を続ける基本プロトコル』／安永 遼真、中山 悠、丸田 一輝［著］／技術評論社／2019年
- 『DNSがよくわかる教科書』／株式会社日本レジストリサービス（JPRS）渡邉 結衣、佐藤 新太、藤原和典［著］／森下 泰宏［監修］／SBクリエイティブ／2018年
- 『［改訂新版］プロのためのLinuxシステム構築・運用技術』／中井 悦司［著］／技術評論社／2016年
- 『15時間でわかるCentOS集中講座』／馬場 俊彰［著］／技術評論社／2015年
- 『15時間でわかるMySQL集中講座』／馬場 俊彰［著］／技術評論社／2019年
- 『Amazon Web Services実践入門』／舘岡 守、今井 智明、永淵 恭子、間瀬 哲也、三浦 悟、柳瀬 任章［著］／技術評論社／2015年
- 『エンジニアの知的生産術―効率的に学び、整理し、アウトプットする』／西尾泰和［著］／技術評論社／2018年

索引

ア行

カ行

サ行

著者プロフィール

株式会社X-Tech 5　馬場 俊彰(ばばとしあき)

静岡県の清水出身。電気通信大学の学生時代に運用管理からIT業界入り。MSPベンチャーの立ち上げを手伝ったあと、中堅SIerにて大手カード会社のWebサイトを開発・運用するJavaプログラマ、MSPにてソフトウェアエンジニア・インフラエンジニア・技術統括責任者(CTO)を経て現職。MSP在職中に産業技術大学院大学に入学し無事修了。現在メインのプログラミング言語はPythonとGo。

カバーデザイン　菊池 祐(株式会社ライラック)
本文デザイン／DTP　株式会社マップス
編集　鷹見 成一郎

■お問い合わせについて

本書に関するご質問については、本書に記載されている内容に関するもののみとさせていただきます。本書の内容と関係のないご質問につきましては、一切お答えできませんので、あらかじめご了承ください。また、電話でのご質問は受け付けておりませんので、FAX、書面、またはサポートページの「お問い合わせ」よりお送りください。

<問い合わせ先>
〒162-0846　東京都新宿区市谷左内町21-13
株式会社技術評論社　雑誌編集部
「サーバ／インフラエンジニアの基本がこれ1冊でしっかり身につく本」係
FAX:03-3513-6173

なお、ご質問の際には、書名と該当ページ、返信先を明記してくださいますよう、お願いいたします。お送りいただいたご質問には、できる限り迅速にお答えできるよう努力いたしておりますが、場合によってはお答えするまでに時間がかかることがあります。また、回答の期日をご指定なさっても、ご希望にお応えできるとは限りません。あらかじめご了承くださいますよう、お願いいたします。

▶本書サポートページ
https://gihyo.jp/book/2021/978-4-297-11944-7
本書記載の情報の修正・訂正・補足については、当該Webページで行います。

サーバ／インフラエンジニアの基本がこれ1冊でしっかり身につく本

2021年　4月27日　初版　第1刷発行
2023年　5月　4日　初版　第4刷発行

著　者　馬場 俊彰
発行者　片岡 巌
発行所　株式会社技術評論社
東京都新宿区市谷左内町21-13
電話　03-3513-6150　販売促進部
03-3513-6177　雑誌編集部
印刷所　昭和情報プロセス株式会社

ISBN978-4-297-11944-7 C3055
Printed in Japan